高等职业技术院校房地产类规划教材

U0794240

建筑工程施工技术

主编　王丽梅　任　粟　邓明栩

主审　范幸义

西南交通大学出版社

·成　都·

图书在版编目（CIP）数据

建筑工程施工技术／王丽梅，任粟，邓明栩主编.
—成都：西南交通大学出版社，2015.9（2019.7 重印）
高等职业技术院校房地产类规划教材
ISBN 978-7-5643-4224-1

Ⅰ.①建… Ⅱ.①王… ②任… ③邓… Ⅲ.①建筑工程－工程施工－高等职业教育－教材 Ⅳ.①TU74

中国版本图书馆 CIP 数据核字（2015）第 199283 号

高等职业技术院校房地产类规划教材

建筑工程施工技术

主编　王丽梅　任　粟　邓明栩

责任编辑	杨　勇
封面设计	何东琳设计工作室
出版发行	西南交通大学出版社（四川省成都市二环路北一段 111 号 西南交通大学创新大厦 21 楼）
发行部电话	028-87600564　028-87600533
邮政编码	610031
网　　址	http://www.xnjdcbs.com
印　　刷	成都蜀通印务有限责任公司
成品尺寸	185mm × 260 mm
印　　张	17.5
字　　数	436 千
版　　次	2015 年 9 月第 1 版
印　　次	2019 年 7 月第 3 次
书　　号	ISBN 978-7-5643-4224-1
定　　价	39.00 元

课件咨询电话：028-87600533
图书如有印装质量问题　本社负责退换

前言

建筑施工技术是建筑类专业的一门主干专业课程。其主要内容是研究建筑工程各分部分项工程的施工工艺流程、施工方法、技术措施和要求以及质量验收方法等，对培养学生在施工一线的岗位能力有着重要的作用。

建筑施工技术涉及面广，综合性、实践性强，其发展又日新月异。随着高等教育改革的深入，如何培养适应建筑市场需求的具备工程素质和岗位技能的应用型人才是摆在土木工程教育者面前的首要问题。建筑施工技术课程在教学内容、教学手段、教学方法和教材建设等各方面都面临更新，为适应地方高校培养应用型高级技术人才的需要，本书着眼于编写一本具有实用性、创新性、先进性的立体化教材，主要具有如下特点：注重理论联系实际。教材编写以新颁布的施工验收规范的分部分项工程划分为主线，重点突出主要分部分项工程的施工工艺流程和施工验收标准两大内容，其中施工工艺流程包括施工准备、工序流程及操作要点、常见质量通病预防等主要内容，施工验收方法包括材料取样方法和施工验收规范的相关内容，在一些主要章、节均引入了工程案例。着重培养学生综合运用建筑施工技术理论知识分析、解决工程实践问题的能力。由于施工技术发展较快，新规范、规程更新也较快，本书力求紧扣当前施工实践，如：在钢筋混凝土工程中，重点介绍了现行常用的直螺纹连接，并引入 11G101 等规范抗震构造内容，在钢筋下料计算中以框架梁计算为实例；在预应力混凝土工程中，以现行后张法有黏结、无黏结施工工艺为主。

本书由重庆房地产职业学院王丽梅、任粟、邓明栩任主编，重庆房地产职业学院甘其利、陈万清、孙俊霞、张丽参编。全书由重庆房地产职业学院范幸义担任主审。编写安排为：第一章　陈万清、第二章　甘其利、第三章　邓明栩、第四章　王丽梅、第五章　张丽、第六章　孙俊霞、第七章　任粟、第八章　张丽。

本书在编写过程中，参考了多种规范、教材、手册、著作和论文及网络资料，引用了一些实际工程案例，在此一并致谢。由于编者水平有限和时间仓促，书中难免存在不足之处，诚挚希望广大师生和读者提出宝贵意见，给予批评指正。

编　者

2015 年 6 月

目 录

第一章　土方工程 ………… 1

第一节　土方工程概述 ………… 2
第二节　土方边坡与土方工程量计算 ………… 8
第三节　土方调配 ………… 16
第四节　土壁支撑 ………… 20
第五节　人工降低地下水位 ………… 25
第六节　基坑（槽）的施工 ………… 30
第七节　土方机械化施工 ………… 35

第二章　地基与基础工程 ………… 42

第一节　浅基础施工 ………… 43
第二节　桩基础概述 ………… 51
第三节　钢筋混凝土预制桩的施工 ………… 53
第四节　混凝土灌注桩的施工 ………… 61
第五节　地基的处理与加固 ………… 74

第三章　砌筑工程 ………… 85

第一节　脚手架及垂直运输设施 ………… 86
第二节　砌体施工的准备工作 ………… 97
第三节　砌筑工程的类型与施工 ………… 99
第四节　砌筑工程的质量及安全技术 ………… 111

第四章　混凝土结构工程 ………… 114

第一节　模板工程 ………… 115
第二节　钢筋工程 ………… 128
第三节　混凝土工程 ………… 146

第五章　预应力混凝土工程 ………… 165
第一节　先张法 ………… 166
第二节　后张法 ………… 177
第三节　无黏结预应力施工工艺 ………… 195
第四节　预应力混凝土施工质量检查与安全措施 ………… 199

第六章　防水工程 ………… 205
第一节　防水工程概述 ………… 206
第二节　防水工程的施工 ………… 208

第七章　装饰工程 ………… 244
第一节　抹灰工程施工技术 ………… 245
第二节　饰面安装施工技术 ………… 249
第三节　裱糊工程施工技术 ………… 252

第八章　高层建筑施工 ………… 254
第一节　高层建筑概述 ………… 255
第二节　高层建筑结构施工用机械设备 ………… 259
第三节　高层建筑基础施工 ………… 262
第四节　高层建筑主体结构施工 ………… 269
第五节　高层建筑施工的安全技术 ………… 271

参考文献 ………… 272

第一章
土方工程

学习目标

知识目标

了解土的工程特点、分类及其工程物理性质；基坑（槽）土方量计算，维护坑（槽）稳定的做法；拉锚和土层锚杆的构造及施工工艺，制订土方开挖的方法；了解降低地下水位的方法；了解集水坑降、井点降水；了解轻型井点设计及计算方法，理解轻型井点计算实例。

技能目标

能计算土方工程量；能根据工程具体情况选择合理的排水与降水方法，并能进行排水、降水量的计算；能选择合理的机械土方开挖和平整场地；能利用土方工程质量验收标准进行现场土方开挖，质量和安全验收。

素质目标

通过对土方工程量、排水降水的计算，培养学生求真务实、一丝不苟的工作作风；通过对现场土方开挖及填筑压实设备的选型及组织，锻炼学生运用理论知识解决实际问题的能力，培养学生团队协作精神。

学习方法

结合工程实际进行学习，场地平整、土方开挖、填筑压实等以工地现场参观学习为例进行，也可以通过专业教师模拟工程实际环境，学生以3～4人为一组进行综合实训。

第一节　土方工程概述

一、土方工程主要施工内容及特点

土方工程是建筑施工的一个主要分部工程，也是建筑工程施工的第一道工序。它包括土的开挖、运输和回填压实等主要施工过程，以及排水、降水和土壁支护等准备和辅助过程。

常见的土方工程有平整场地、挖基坑、挖基槽、挖土方和土方回填。

1. 平整场地

平整场地是指厚度在 300 mm 以内的挖填、找平工作。

2. 挖基坑

挖基坑指挖土底面积在 20 m^2 以内，且底长为底宽 3 倍者。

3. 挖基槽

挖基槽指挖土宽度在 3 m 以内，挖土长度等于或大于宽度 3 倍以上者。

4. 挖土方

挖土方指挖土宽度在 3 m 以上，挖土底面积在 20 m^2 以外，平整场地厚度在 300 mm 以外者。

5. 土方回填

常见的有基础回填、室内回填和管道沟槽回填。

土方工程的施工特点：

土方工程施工具有工程量大，施工工期长，施工条件复杂，劳动强度大的特点。建筑工地的场地平整，土方工程量可达数百万立方米以上，施工面积达数平方千米，大型基坑的开挖，有的深达 30 多米。土方施工条件复杂，又多为露天作业，受气候、水文、地质等影响较大，难以确定的因素较多。因此在组织土方工程施工前，必须做好施工组织设计，选择好施工方法和机械设备，制订合理的土方调配方案，实行科学管理，以保证工程质量，并取得好的经济效果。

二、土的工程分类

土的种类繁多，其工程性质直接影响土方工程施工方法的选择、劳动量的消耗和工程费用。

土的分类方法很多，如按照土的沉积年代、按照颗粒级配、按照密实度分类等。在土方工程施工中，按土的开挖难易程度分为八类，一至四类为土，五至八类为岩石。土的分类与现场鉴别方法见表 1.1。

表 1.1　土的分类与现场鉴别方法

土的分类	土的名称	可松性系数		现场鉴别方法
		K'_s	K_s	
一类土（松软土）	砂，亚砂土，冲积砂土层，种植土，泥炭（淤泥）	1.08～1.17	1.01～1.03	能用锹、锄头挖掘
二类土（普通土）	亚黏土，潮湿的黄土，夹有碎石、卵石的砂，种植土，填筑土及亚砂土	1.14～1.28	1.02～1.05	用锹、锄头挖掘，少许用镐翻松
三类土（坚土）	软及中等密实黏土，重亚黏土，粗砾石，干黄土及含碎石、卵石的黄土、亚黏土，压实的填筑土	1.24～1.30	1.04～1.07	要用镐，少许用锹、锄头挖掘，部分用撬棍
四类土（砂砾坚土）	重黏土及含碎石、卵石的黏土，粗卵石，密实的黄土，天然级配砂石，软泥灰岩及蛋白石	1.26～1.32	1.06～1.09	整个用镐、撬棍，然后用锹挖掘，部分用楔子及大锤
五类土（软石）	硬石炭纪黏土，中等密实的页岩、泥灰岩、白垩土，胶结不紧的砾岩，软的石灰岩	1.30～1.45	1.10～1.20	用镐或撬棍、大锤挖掘，部分使用爆破方法
六类土（次坚石）	泥岩，砂岩，砾岩，坚实的页岩，泥灰岩，密实的石灰岩，风化花岗岩，片麻岩	1.30～1.45	1.10～1.20	用爆破方法开挖，部分用风镐
七类土（坚石）	大理岩，辉绿岩，玢岩，粗、中粒花岗岩，坚实的白云岩、砂岩、砾岩、片麻岩、石灰岩，风化痕迹的安山岩、玄武岩	1.30～1.45	1.10～1.20	用爆破方法开挖
八类土（特坚硬石）	安山岩，玄武岩，花岗片麻岩，坚实的细粒花岗岩、闪长岩、石英岩、辉长岩、辉绿岩、玢岩	1.45～1.50	1.20～1.30	用爆破方法开挖

施工现场部分工具依次为：铁锹、锄头、镐、风镐（图 1.1）。

图 1.1　施工工具

三、土的组成

土由土颗粒、水和空气组成，我们一般把它们叫作土的固相、液相和气相。这三部分之间的比例关系是不断变化的。三者之间的比例不同，所反映的物理状态也不同，如干燥、湿润，密实、稍密或松散。这些物理指标对评价土的工程性质，进行土的工程分类具有重要意义。

土的三相物质是混合分布的，为研究阐述方便，一般用土的三相图表示，把土的固体颗粒、水、空气各自划分开来，一般也利用土的三相图来掌握土的组成（见图 1.2）。

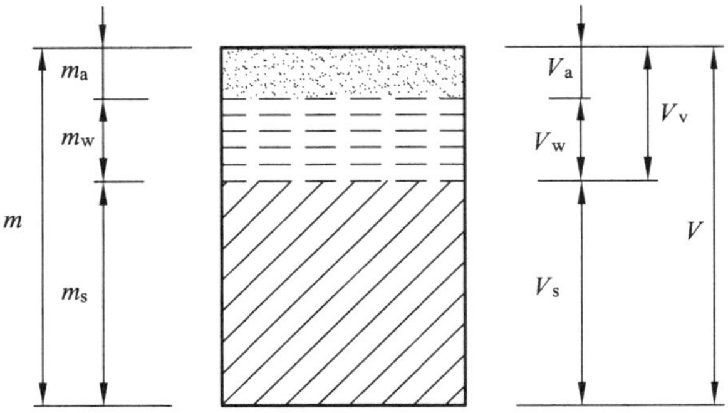

图 1.2　土的三相图

图 1.2 中各符号的含义：

m：土的总质量（kg），$m = m_a + m_w + m_s$

m_s：土中固体颗粒的质量（kg）

m_w：土中水的质量（kg）

V：土的总体积（m^3），$V = V_a + V_w + V_s$

V_a：土中空气体积（m^3）

V_w：土中水所占的体积（m^3）

V_s：土中固体颗粒体积（m^3）

V_v：土中孔隙体积（m^3），$V_v = V_a + V_w$

四、土的物理性质

1. 土的天然含水量

在天然状态下，土中水的质量与固体颗粒质量之比的百分率叫土的天然含水量，反映了土的干湿程度，用ω表示，即：

$$\omega = m_w/m_s \times 100\% \tag{1.1}$$

土的含水量测定方法为：

把土样称量后放入烘箱内进行烘干，温度为 100 ~ 105 °C，直至重量不再减少为止，进行称量。第 1 次称量为含水状态土的质量 G_1，第 2 次称量为烘干后土的质量 G_2，利用公式可计算出土的含水量。

土的含水量表示土的干湿程度：土的含水量在 5%以内，称为干土；土的含水量为 5% ~ 30%，称为潮湿土；土的含水量大于 30%，称为湿土。

2. 土的天然密度和干密度

土的天然密度：在天然状态下，单位体积土的质量。它与土的密实程度和含水量有关。土的天然密度用 ρ 来表示，按下式计算：

$$\rho = \frac{m}{V}$$

干密度是土的固体颗粒质量与总体积的比值，用下式表示：

$$\rho_d = m_s/V \tag{1.2}$$

式中　ρ，ρ_d——土的天然密度和干密度。

图 1.3　环　刀

土的密度一般用环刀法测定，即用一个体积已知的环刀切入土样中，上下端用刀削平，称出质量，减去环刀的质量，与环刀的体积相比，就得到土的天然密度。不同的土，密度不同，密度越大，土越密实，强度越高，压缩变形越小。

在一定程度上，土的干密度反映了土的颗粒排列紧密程度。土的干密度越大，表示土越密实。

3. 土的孔隙比和孔隙率

孔隙比和孔隙率反映了土的密实程度。孔隙比和孔隙率越小，土越密实。孔隙比 e 是土的孔隙体积与固体体积的比值，用下式表示：

$$e = V_v / V_s$$

孔隙率 n 是土的孔隙体积与总体积的比值，用百分率表示，即：

$$n = V_v / V \times 100\%$$

4. 土的渗透系数

土的渗透系数表示单位时间内水穿透土层的能力，以 m/d 表示。根据土的渗透系数的不同，可分为透水性土（如砂土）和不透水性土（如黏土）。它影响施工降水与排水的速度，一般土的渗透系数见表 1.2。

表 1.2　土的渗透系数

土的名称	渗透系数/（m/d）	土的名称	渗透系数/（m/d）
黏土	<0.005	中砂	5.00～20.00
亚黏土	0.005～0.10	均质中砂	35～50
轻亚黏土	0.10～0.50	粗砂	20～50
黄土	0.25～0.50	圆砾石	50～100
粉砂	0.50～1.00	卵石	100～500
细砂	1.005～5.00		

5. 土的可松性

土具有可松性，即自然状态下的土经开挖后，其体积因松散而增大，以后虽经回填压实，仍不能恢复其原来的体积。土的可松性程度用可松性系数表示，分为最初可松性系数 K_s 和最终可松性系数 K_s'，见表 1.3。

表 1.3　土的可松性系数

土的类别	K_s	K_s'	土的类别	K_s	K_s'
一类土	1.08～1.17	1.01～1.04	五类土	1.30～1.45	1.10～1.20
二类土	1.14～1.28	1.02～1.05	六类土	1.30～1.45	1.10～3.20
三类土	1.24～1.30	1.04～1.07	七类土	1.30～1.45	1.10～1.20
四类土	1.26～1.37	1.06～1.09	八类土	1.45～1.50	1.20～1.30

（1）最初可松性系数　$K_s = V_2/V_1$　（1.3a）

（2）最终可松性系数　$K_s' = V_3/V_1$　（1.3b）

式中　V_1——土在天然状态下的体积（m^3）；

V_2——土挖出后在松散状态下的体积（m^3）；

V_3——土经回填压（夯）实后的体积（m^3）。

特别提示：

土的最初可松性系数 K_s 是计算车辆装运土方体积及挖土机械的主要参数。

土的最终可松性系数 K_s' 是计算填方所需挖土工程量的主要参数。

【例 1.1】　某基坑体积为 800 m^3，其基础体积为 200 m^3，试计算取土挖方的体积。如果运土车容量为 5 m^3 一车，回填后剩余土需运多少车次？已知：$K_s = 1.30$，$K_s' = 1.15$。

解：挖土体积：$800 \times 1.30 = 1\ 040\ m^3$

回填土天然体积：$200/1.15 = 174\ m^3$

回填土松散体积：$174 \times 1.30 = 226.2\ m^3$

弃土体积：$1\ 040 - 226.2 = 813.8\ m^3$

运土车次：$n = 813.8/5 = 163$　车次

【例 1.2】　某坑坑底长 80 m，宽 60 m，深 8 m，四边放坡，边坡坡度 1∶0.5，试计算挖土土方工程量。若地下室的外围尺寸为 78 m × 58 m，土的最初可松性系数 $K_s = 1.13$，最终可松性系数 $K_s' = 1.03$，回填结束后，余土外运，用斗容量 5 m^3 的车运，需运多少车？

解：基坑长 $a_{基坑} = 80$ m，宽 $b_{基坑} = 60$ m，挖土土方工程量：

$$V = h(a_{基坑} + mh)(b_{基坑} + mh) + \frac{1}{3}m^2h^3$$

$$= 8 \times (80 + 0.5 \times 8) \times (60 + 0.5 \times 8) + \frac{1}{3} \times 0.5^2 \times 8^3 = 43\ 050.7\ m^3$$

挖土土方工程量为 43 050.7 m^3。

地下室体积：

$$78 \times 58 \times 8 = 36\ 192\ m^3$$

回填土量（夯实状态）：

$$V_3 = 挖土体积 - 地下室体积 = 43\ 050.7 - 36\ 192 = 6\ 858.7\ m^3$$

回填土土方工程量为 6 858.7 m^3。

$$K_s' = \frac{V_3}{V_1} \Rightarrow 回填土量（天然状态）V_1 = \frac{V_3}{K_s'} = \frac{6\ 858.7}{1.03} = 6\ 659\ m^3$$

余土量（松散状态）：$V_{余} = K_s(V - V_1) = (43\ 050.7 - 6\ 659) \times 1.13 = 41\ 122.6\ m^3$

需运车数：$n = \frac{V_{余}}{5} = \frac{41\ 122.6}{5} = 8\ 224.5$　取 8 225

$$n = 8\ 225$$

需运车数 8 225 辆。

第二节　土方边坡与土方工程量计算

一、土方边坡

1. 土方边坡的概念

土方工程施工中，必须使基坑或基槽的土壁保持稳定。为了防止塌方，保证施工安全，在基坑或基槽开挖深度超过一定限度时，土壁应做成有一定斜度的边坡，或者加临时支撑以保证土壁的稳定。

2. 边坡坡度及边坡形式

（1）土方边坡坡度用其高度 H 与其底宽 B 之比表示。

$$土方边坡坡度=\frac{H}{B}=\frac{1}{B/H}=\frac{1}{m}$$

式中，$m=B/H$，称为坡度系数。

（2）土方边坡大小应根据土质、开挖深度、开挖方法、施工工期、地下水位、坡顶荷载及气候条件等因素确定。边坡可做成直线形、折线形或阶梯形（如图 1.4）。

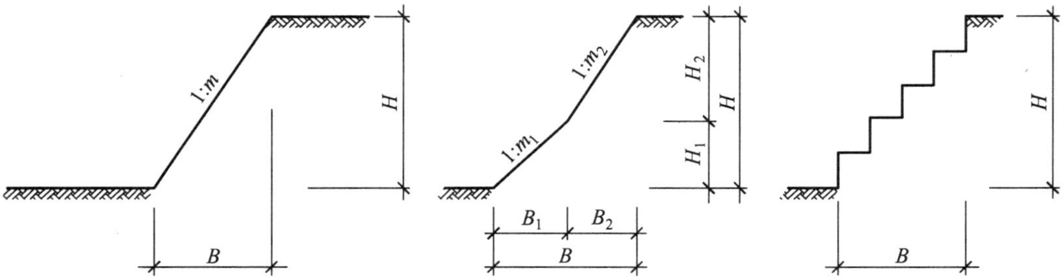

（a）直线形　（b）折线形　（c）阶梯形

图 1.4　边　坡

特别提示：当土质均匀时用直线形；土分层时采用折线形，折线形又分为上陡下缓和上缓下陡；当放坡深度较大时，采用阶梯形。

土方边坡坡度一般在设计文件上有规定，若设计文件上无规定，可按照《建筑地基基础工程施工质量验收规范》（GB 50202—2002）第 6.2.3 条的规定执行。

3. 不放坡的最小深度

规范规定，当地质条件良好、土质均匀且地下水位低于基坑或管沟底面高程时，挖方边坡可挖成直壁而不加支撑，但深度不宜超过下列规定：

密实、中密的砂土和碎石类土（填充物为砂土）　　1.0 m

硬塑、可塑的轻亚黏土及亚黏土　　1.25 m

硬塑、可塑的黏土及碎石类土（填充物为黏性土）　　1.5 m

坚硬的黏土　　2.0 m

4. 边坡坡度值

当土的湿度、土质及其他地质条件较好且地下水位低于基底时，深度 5 m 以内不加支撑的基坑基槽或管沟，其边坡的最陡坡度见表 1.4。

表 1.4　深度在 5 m 内的基坑（槽）或管沟边坡的最陡坡度

土的类别	边坡的坡度		
	坡顶无荷载	坡顶有静载	坡顶有动载
中密的砂土	1∶1.00	1∶0.25	1∶1.50
中密的碎石土（充填物为砂土）	1∶0.75	1∶1.00	1∶1.25
硬塑的轻亚黏土	1∶0.67	1∶0.73	1∶1.00
中密的碎石土（充填物为黏性土）	1∶0.50	1∶0.67	1∶0.75
硬塑的亚黏土、黏土	1∶0.33	1∶0.50	1∶0.67
老黄土	1∶0.10	1∶0.25	1∶0.33
软土（经井点降水后）	1∶1.00		

由于影响因素较多，精确地计算边坡稳定尚有困难，一般工程目前都是根据经验确定土方边坡。

二、土方工程量计算

在土方工程施工之前，必须计算土方的工程量。但各种土方工程的外形有时很复杂，而且不规则。一般情况下，将其划分成为一定的几何形状，采用具有一定精度而又和实际情况近似的方法进行计算。

（一）基坑土方量计算（图 1.5）

基坑土方量可按立体几何中的拟柱体体积公式计算。即

$$V = \frac{H}{6} + (F_1 + 4F_0 + F_2) \tag{1.4}$$

式中　H——基坑深度（m）；

F_1，F_2——基坑上、下的底面积（m^2）；

F_0——基坑中截面的面积（m^2）。

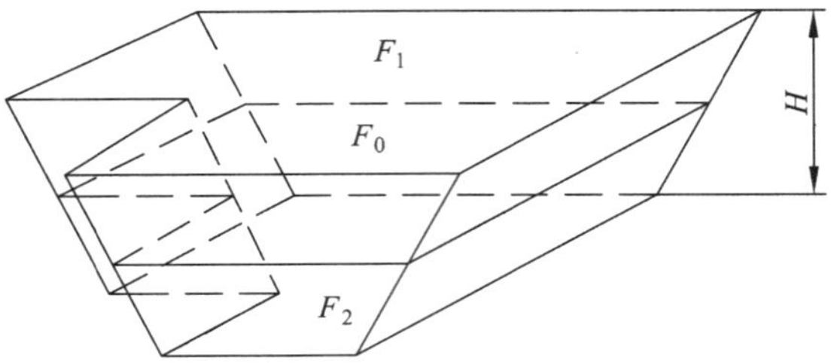

图 1.5　基坑土方量的计算

【例 1.3】　已知某基坑底长 80 m，底宽 60 m。场地地面高程为 176.50，基坑底面的高程为 168.50，四面放坡，坡度系数为 0.5，试计算挖方工程量。

解： 基坑的高度：$H = 176.50 - 168.50 = 8$ m

基坑的上口长度：$80 + 8 \times 0.5 \times 2 = 88$ m

基坑的上口宽度：$60 + 8 \times 0.5 \times 2 = 68$ m

$$F_1 = 68 \times 88 = 5\ 984\ \text{m}^2$$

$$F_2 = 60 \times 80 = 4\ 800\ \text{m}^2$$

$$F_0 = 64 \times 84 = 5\ 376\ \text{m}^2$$

则　$V = H/6 \times (F_1 + 4F_0 + F_2) = 8/6 \times (5\ 984 + 4 \times 5\ 376 + 4\ 800) = 43\ 050.67\ \text{m}^3$

（二）基槽土方量计算

基槽和路堤的土方量计算，可以沿长度方向分段后，按相同的方法计算各段的土方量，再将各段土方量相加即得总土方量。即

$$V = \frac{L_1}{6} + (F_1 + 4F_0 + F_2) \qquad (1.5)$$

$$V = V_1 + V_2 + \cdots + V_n$$

式中　V_1——第 1 段的土方量；

L_1——第 1 段的长度；

V_1，V_2，V_n——各段的总土方量。

思考： 某住宅楼条形基础基槽，已知基槽底宽 1.1 m，深 2.2 m，坡度系数 0.33，基槽全长 54 m，试求基槽开挖土方量。

三、场地平整的计算

（一）定　义

建筑场地通常按照平面图竖向设计要求，设置在一个高程或几个不同高程的平面上。所以土方工程施工时，必须对建设场地进行平整。场地平整就是将高低不平的天然地面改造成我们所要求的设计的平坦地面。当场地对高程无特殊要求时，一般可以根据在平整前和平整

后的土方量相等的原则来确定场地的设计高程。使挖土土方量和填土土方量基本一致，从而减少场地土方施工的工程量，使开挖出的土方得到合理的利用。

（二）方格网法计算场地平整土方量

1. 场地设计标高的确定

确定场地设计标高时应考虑以下因素：

① 满足建筑规划和生产工艺及运输的要求；② 尽量利用地形，减少挖填方数量；③ 场地内的挖、填土方量力求平衡，使土方运输费用最少；④ 有一定的排水坡度，满足排水要求。

如设计文件对场地设计标高无明确规定和特殊要求，可参照下述步骤和方法确定：

（1）初步计算场地设计标高

初步计算场地设计标高的原则是场地内挖填方平衡，即场地内挖方总量等于填方总量。

如图 1.6 所示，根据已有地形图，将场地划分为若干个方格。方格边长一般为 20 m、30 m、40 m，将自然地面高程标注在方格网点上。

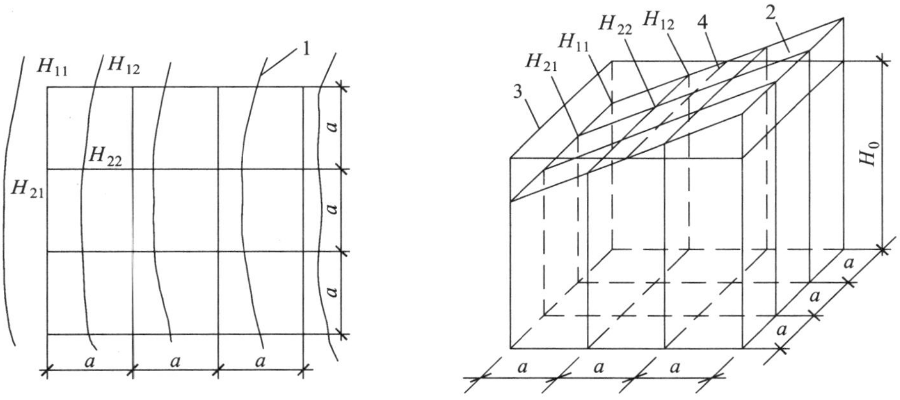

（a）地形图上划分方格　　（b）设计标高示意图

图 1.6　场地设计标高计算简图

1—等高线；2—自然地面；3—设计标高平面；
4—自然地面与设计标高平面的交线（零线）

按照挖填平衡原则，场地设计标高可按下式计算：

$$H_0Na^2=\sum\left(a^2\frac{H_{11}+H_{12}+H_{21}+H_{22}}{4}\right)$$

$$H_0=\frac{\sum(H_{11}+H_{12}+H_{21}+H_{22})}{4N} \tag{1.6a}$$

式中　N——方格网个数。

由图 1.4 可见：H_{11} 系一个方格的角点标高；H_{12}、H_{21} 系相邻两个方格公共角点标高；H_{22} 则系相邻的 4 个方格的公共角点标高。如果将所有方格的 4 个角点标高相加，则类似 H_{11} 这样的角点标高加一次，类似 H_{12} 的角点标高加 2 次，类似 H_{22} 的角点标高要加 4 次。因此，式（1.6a）可改写为：

$$H_0 = \frac{\sum H_1 + 2\sum H_2 + 3\sum H_3 + 4\sum H_4}{4N} \tag{1.6b}$$

式中 H_1——1 个方格共有的角点标高；

H_2——2 个方格共有的角点标高；

H_3——3 个方格共有的角点标高；

H_4——4 个方格共有的角点标高。

（2）场地设计标高的调整

按式（1.6a）或（1.6b）计算的设计标高 H_0 系一理论值，实际上还需考虑以下因素进行调整：

① 由于具有可松性，按 H_0 进行施工，填土将有剩余，必要时可相应地提高设计标高。

② 由于受设计标高以上的填方工程用土量，或设计标高以下的挖方工程挖土量的影响，设计标高会降低或提高。

③ 由于边坡挖填方量不等，或经过经济比较后将部分挖方就近弃于场外、部分填方就近从场外取土而引起挖填土方量的变化，需相应地增减设计标高。

（3）考虑泄水坡度对角点设计标高的影响

按上述计算及调整后的场地设计标高进行场地平整时，整个场地将处于同一水平面，但实际上由于排水的要求，场地表面均应有一定的泄水坡度。因此，应根据场地泄水坡度的要求（单向泄水或双向泄水），计算出场地内各方格角点实际施工时所采用的设计标高。

① 单向泄水时，场地各点设计标高的求法：

场地用单向泄水时，以计算出的设计标高 H_0 作为场地中心线（与排水方向垂直的中心线）的标高（图 1.7），场地内任意一点的设计标高为：

$$H_n = H_0 \pm li$$

式中 H_n——场地内任一点的设计标高；

l——该点至场地中心线的距离；

i——场地泄水坡度（不小于 2‰）；

±——沿坡度方向高处为 +，低处为 -。

例如：图 1.5 中 H_{52} 点的设计标高为：

$$H_{52} = H_0 - li = H_0 - 1.5ai$$

② 双向泄水时，场地各点设计标高的求法：

场地用双向泄水时，以 H_0 作为场地中心点的标高（图 1.8），场地内任意一点的设计标高为：

$$H_n = H_0 \pm l_x i_x \pm l_y i_y$$

式中 l_x，l_y——该点对场地中心线 $x—x$，$y—y$ 的距离；

i_x，i_y——$x—x$，$y—y$ 方向的泄水坡度；

± ——沿坡度方向高处为 +，低处为 -。

例如，图 1.8 中场地内 H_{42} 点的设计标高为：

$$H_{42} = H_0 - 1.5ai_x - 0.5ai_y$$

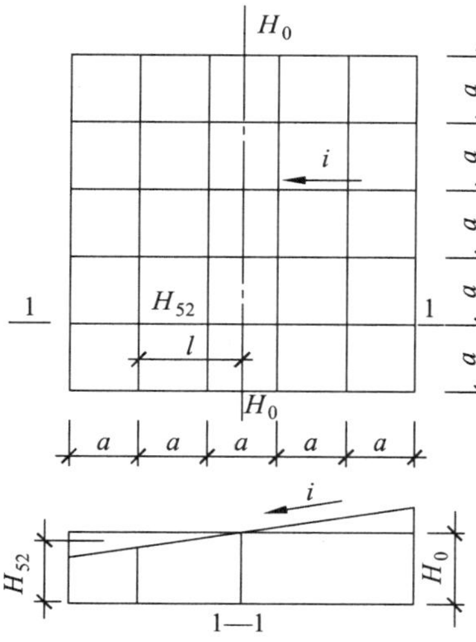

图 1.7　单向泄水坡度的场地

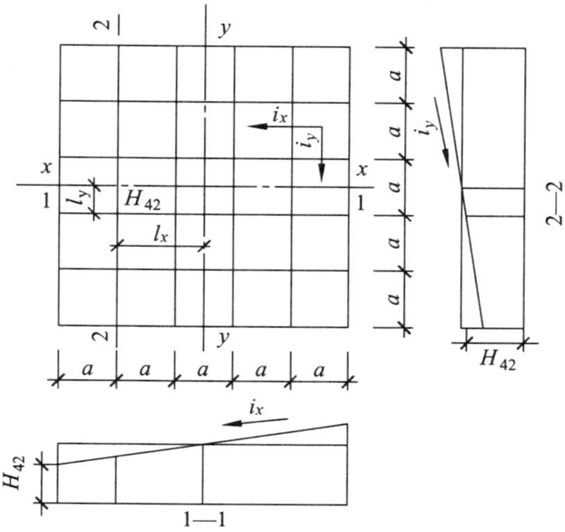

图 1.8　双向泄水坡度的场地

2. 场地土方量计算

大面积场地平整的土方量，通常采用方格网法计算。即根据方格网各方格角点的自然地面标高和实际采用的设计标高，算出相应的角点填挖高度（施工高度），然后计算每一方格的土方量，并算出场地边坡的土方量。这样便可求得整个场地的填、挖土方总量。其步骤如下：

（1）划分方格网并计算各方格角点的施工高度

根据已有地形图，将场地划分为若干个方格。方格边长一般为 20 m、30 m、40 m，将设计高程和自然地面高程分别标注在方格网点上。各方格角点的施工高度按下式计算：

$$h_n = H_n - H$$

式中　h_n——角点施工高度，即填挖高度，以“+”为填，“-”为挖；

H_n ——角点的设计标高（若无泄水坡度时，即为场地的设计标高）；

H——角点的自然地面标高。

（2）计算零点位置，标出零线

当同一方格的 4 个角点的施工高度全为“+”或全为“-”时，说明该方格内的土方全部为填方或全部为挖方；如果一个方格中一部分角点的施工高度为“+”，而另一部分为“-”时，说明此方格中的土方一部分为填方，而另一部分为挖方，这时必定存在不挖不填的点，这样的点叫零点；把一个方格中的所有零点都连接起来，形成直线或曲线，这道线叫零线，即挖方与填方的分界线。

计算零点的位置，是根据方格角点的施工高度用几何法求出，如图 1.9 所示。

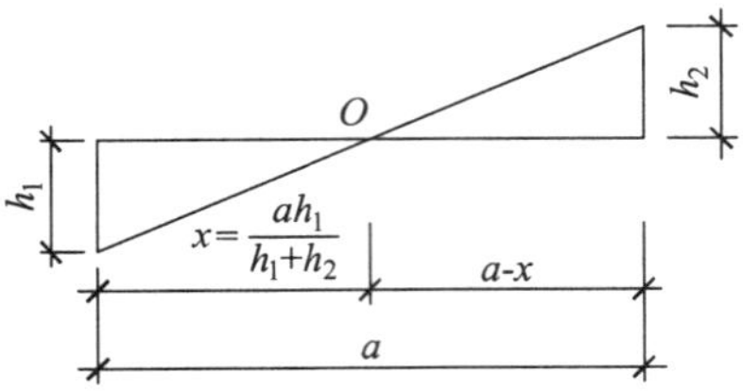

图 1.9　求零点的方法

$$x_1=\frac{h_1}{h_1+h_2}\cdot a\ ,\quad x_2=\frac{h_2}{h_1+h_2}\cdot a \tag{1.7}$$

式中　x_1，x_2——角点至零点的距离（m）；

h_1，h_2——相邻两角点的施工高度（m），均用绝对值；

a——方格网的边长（m）。

（3）计算方格土方工程量

按方格网底面积图形和表 1.5 所列公式，计算每个方格内的挖方或填方量。

表 1.5　常用方格网计算公式

项　目	图　示	计算公式
一点填方或挖方（三角形）	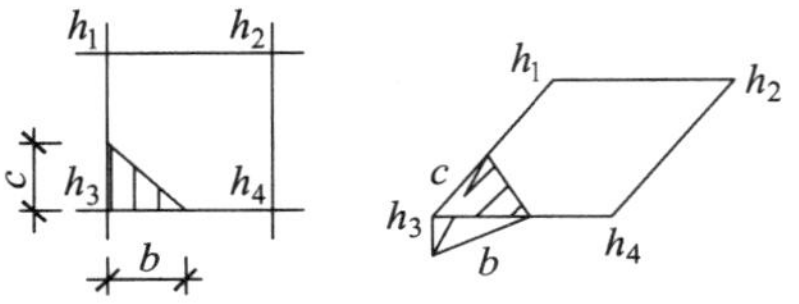	$V=\frac{1}{2}bc\frac{\sum h}{3}=\frac{bch_3}{6}$ 当 $b=c=a$ 时，$V=\frac{a^2h_3}{6}$
二点填方或挖方（梯形）	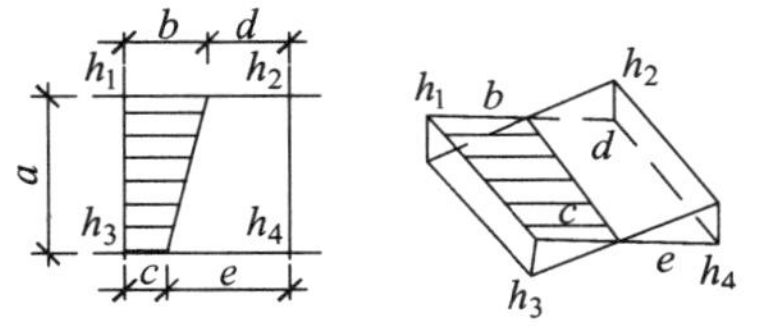	$V_+=\frac{b+c}{2}a\frac{\sum h}{4}=\frac{a}{8}(b+c)(h_1+h_3)$ $V_-=\frac{d+e}{2}a\frac{\sum h}{4}=\frac{a}{8}(d+e)(h_2+h_4)$
三点填方或挖方（五角形）	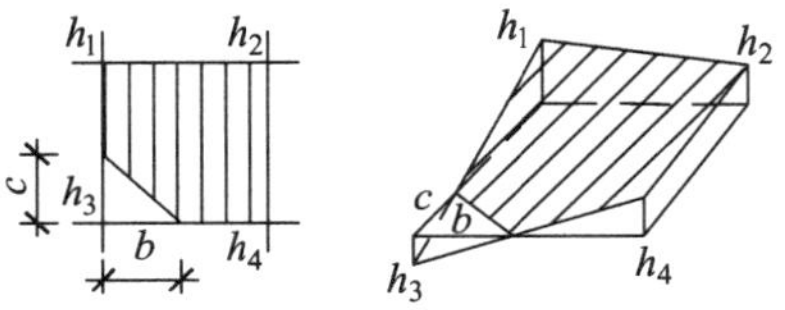	$V=\left(a^2-\frac{bc}{2}\right)\frac{\sum h}{5}$ $=\left(a^2-\frac{bc}{2}\right)\frac{h_1+h_2+h_4}{5}$
四点填方或挖方（正方形）	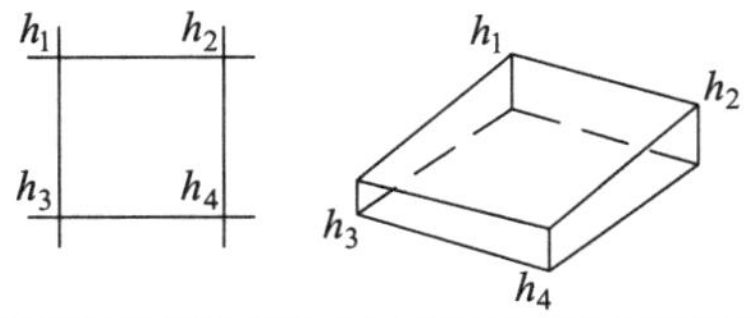	$V=\frac{a^2}{4}\sum h=\frac{a^2}{4}(h_1+h_2+h_3+h_4)$

注：a—方格网的边长（m）；

b，c—零点到一角的边长（m）；

h_1，h_2，h_3，h_4—方格网四角点的施工高程（m），用绝对值代入；

$\sum h$—填方或挖方施工高程的总和（m），用绝对值代入。

特别提示： 以上公式可理解为柱体体积等于底面积乘以其所有角点的平均高度。

3. 边坡土方量计算

边坡的土方量可以划分为两种近似几何形体来计算，一种为三角棱锥体，另一种为三角棱柱体，其计算公式如下：

（1）三角棱锥体边坡体积

三角棱锥体边坡体积（图 1.10 中的①）计算公式如下：

$$V_1 = \frac{1}{3}A_1 l_1$$

式中　l_1——边坡①的长度；

A_1——边坡①的端面积，即

$$A_1 = \frac{h_2(mh_2)}{2} = \frac{mh_2^2}{2}$$

其中　h_2——角点的挖土高度；

m——边坡的坡度系数。

（2）三角棱柱体边坡体积

三角棱柱体边坡体积（图 1.10 中的④）计算公式如下：

$$V_4 = \frac{A_1 + A_2}{2} l_4$$

当两端横断面面积相差很大的情况下，则：

$$V_4 = \frac{l_4}{6}(A_1 + 4A_0 + A_2)$$

式中　l_1——边坡④的长度；

A_1，A_2，A_0——边坡④两端及中部的横断面面积，算法同上。

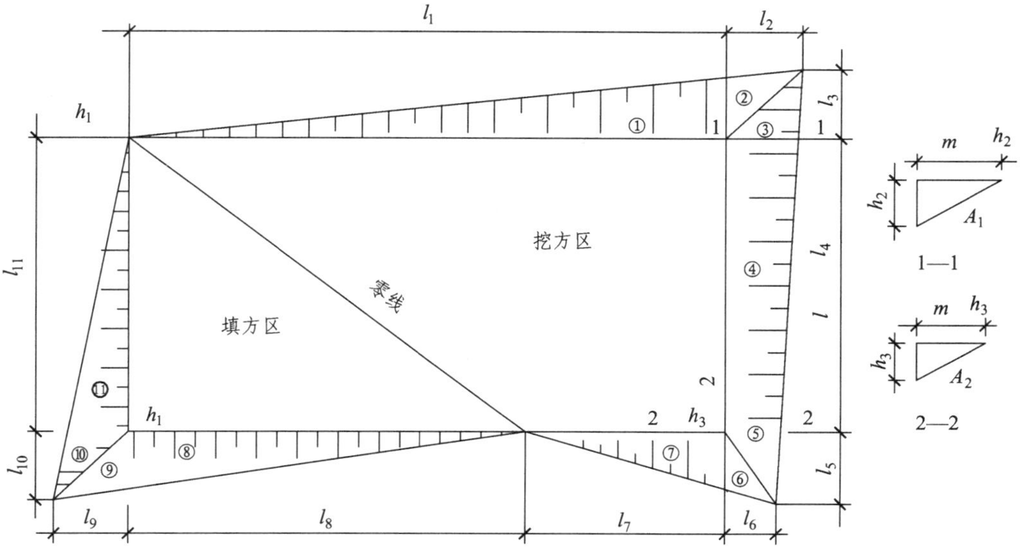

图 1.10　场地边坡平面图

4. 场地总土方量计算

计算场地总土方量时，先按上表求出各方格的挖、填方土方量和场地周围边坡的挖、填方土方量，把挖、填方土方量分别加起来，就得到场地挖、填方的总土方量。

【例 1.4】 某建筑场地方格网、地面标高如图 1.11 所示，格边长 $a = 20$ m，泄水坡度 $i_x = 2‰$，$i_y = 3‰$，不考虑土的可松性的影响，确定方格各角点的设计标高，计算总挖方量和总填方量。

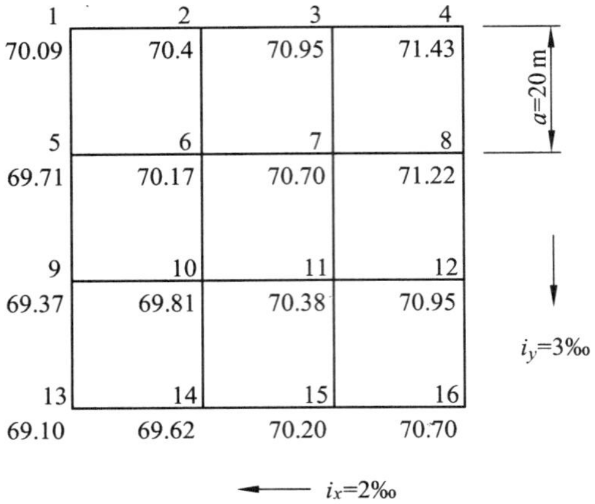

图 1.11 某建筑场地方格网和地面标高

第三节 土方调配

土方量计算完成后，即可着手土方的调配工作。土方调配，就是对挖土的利用、堆弃和填土的取得三者之间的关系进行综合协调的处理。好的土方调配方案，应该是使土方运输量或费用达到最小，而且又能方便施工。

（一）土方调配原则

（1）应力求达到挖方与填方基本平衡和就近调配，使挖方量与运距的乘积之和尽可能为最小，即土方运输量或费用最小。

（2）土方调配应考虑近期施工与后期利用相结合的原则，考虑分区与全场相结合的原则，还应尽可能与大型地下建筑物的施工相结合，以避免重复挖运和场地混乱。

（3）合理布置挖、填方分区线，选择恰当的调配方向、运输线路，使土方机械和运输车辆的性能得到充分发挥。

（4）好土用在回填质量要求高的地区。

（5）土方平衡调配应尽可能与城市规划和农田水利相结合，将余土一次性运到指定弃土场，做到文明施工。

总之，进行土方调配，必须根据现场具体情况、有关技术资料、工期要求、土方施工方法与运输方法综合考虑，并按上述原则，经计算比较，来选择经济合理的调配方案。

（二）土方调配的步骤与方法

步骤一：划分调配区。

在场地平面图上先划出挖、填区的分界线（零线），然后在挖方区和填方区适当地分别划出若干个调配区，如图 1.12 所示。

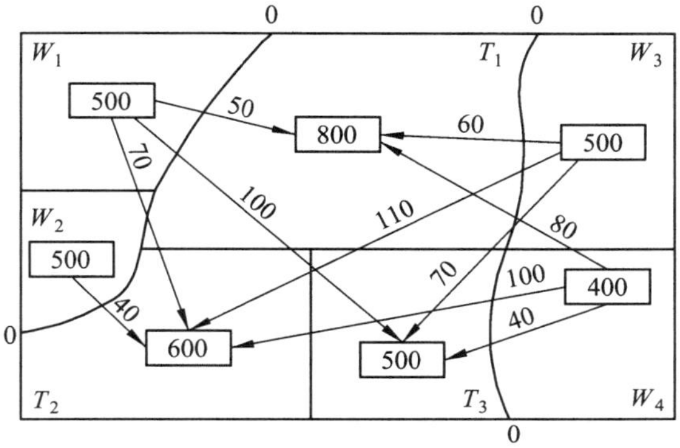

图 1.12　划分调配区

步骤二：计算各调配区的土方量，并将它标注于图上。

步骤三：求出每对调配区之间的平均运距。

平均运距即挖方区土方重心至填方区土方重心的距离。取场地或方格网中的纵横两边为坐标轴，以一个角作为坐标原点，分别求出各区土方的重心坐标 X_0，Y_0，即：

$$X_0 = \frac{\sum V_i x_i}{\sum V_i}, \quad Y_0 = \frac{\sum V_i y_i}{\sum V_i} \tag{1.8}$$

式中　X_0，Y_0——调配区的重心坐标；

V_i——每个方格的土方量；

x_i，y_i——每个方格的重心坐标。

填、挖方区之间的平均运距 L 为：

$$L = \sqrt{(X_{0W} - X_{0T})^2 + (Y_{0W} - Y_{0T})^2}$$

当填、挖方调配区之间的距离较远，采用自行式铲运机或其他运土工具沿现场道路或规定路线运土时，其运距应按实际情况进行计算。

步骤四：用“最小元素法”编制初始调配方案。

【例 1.5】　已知某场地的挖方区为 W_1、W_2、W_3、W_4，填方区为 T_1、T_2、T_3，其挖填方量如图 1.11 所示，其每一调配区的平均运距如图 1.11 和表 1.6。试用“最小元素法”编制初始调配方案。

表 1.6　土方平衡运距表

挖方区	填方区			挖方量/m^3
	T_1	T_2	T_3	
W_1	50 X_{11}	70 X_{12}	100 X_{13}	500
W_2	70 X_{21}	40 X_{22}	90 X_{23}	500
W_3	60 X_{31}	110 X_{32}	70 X_{33}	500
W_4	80 X_{41}	100 X_{42}	40 X_{43}	400
填方量/m^3	800	600	500	$\sum=1\,900$

注：表中小方格内的数字为平均运距，单位为 m；X_{ij} 表示 i 挖方区调入 j 填方区的土方量，单位为 m^3。

先在运距表小方格中找一个最小数值。找出来后确定此最小运距所对应的土方量，使其尽可能地大。运距可用 C_{ij} 表示。由表中可知 $C_{22}=C_{43}=40$ 最小，在这两个最小运距中任取一个，现取 $C_{43}=40$，所对应的需调配的土方量 X_{43}，从表中表明对应 X_{43} 最大的挖方量是 400，即把 W_4 挖方区的土方全部调到 T_3 填方区，而 W_4 的土方全部运往 T_3，就不能满足 X_{41}、X_{42} 的需要了，所以 $X_{41}=X_{42}=0$。将 400 填入 X_{43} 格内，同时将 X_{41}、X_{42} 格内画上一个“×”号，然后在没有填上数字和“×”号的方格内再选一个运距最小的方格，即 $C_{22}=40$，便可确定 $X_{22}=500$，同时使 $X_{21}=X_{23}=0$。此时，又将 500 填入 X_{22} 格内，并在 X_{21}、X_{23} 格内画上“×”号。重复上述步骤，依次确定 X_{ij} 其余的数值，最后得出如表 1.7 的初始调配方案。

表 1.7　初始调配方案

挖方区	填方区			挖方量/m^3
	T_1	T_2	T_3	
W_1	50 500	70 ×	100 ×	500
W_2	70 ×	40 500	90 ×	500
W_3	60 300	110 100	70 100	500
W_4	80 ×	100 ×	40 400	400
填方量/m^3	800	600	500	$\sum=1\,900$

步骤五：用“表上作业法”确定最优调配方案。

表上作业法是设法求得无调配土方方格的检验数 λ_{ij}，判别 λ_{ij} 是否非负，如所有 $\lambda_{ij} \geqslant 0$，则方案为最优方案，否则该方案不是最优方案，需要进行调整。即：

$$\lambda_{ij} = C_{ij} - C'_{ij}$$

式中 λ_{ij}——检验数；

C_{ij}——实际运距；

C'_{ij}——假想运距。

表中只要将无调配土方的方格右边两小格的数字上下相减即可得到 λ_{ij}。如：$\lambda_{21} = 70 - (-10) = +80$，$\lambda_{12} = 70 - 100 = -30$。将计算结果填入表 1.6 中无调配土方"×"的右上角，但只写出各检验数的正负号，因为根据前述判别法则，只有检验数的正负号才能判别是否是最优方案。表中出现了负检验数，说明初始方案不是最优方案，需要进一步调整。

步骤六：方案的调整。

（1）在所有负检验数中选一个（一般可选最小的一个），本例中负的是 C_{12}，将它所对应的变量 X_{12} 作为调整对象。

（2）找出 X_{12} 的闭回路。其作法是：从 X_{12} 格出发，沿水平与竖直方向前进，遇到适当有数字的方格作 90° 转弯（也可不转弯），然后继续前进，以此类推，有限步后便能回到出发点，形成一条以有数字的方格为转角点的、用水平和竖直线联起来的闭合回路，见表 1.8。

表 1.8 最优调配方案

挖方区 \ 位势数 \ 填方区		T_1 $V_1 = 50$	T_2 $V_2 = 70$	T_3 $V_3 = 60$	挖方量/m^3
W_1	$U_1 = 0$	400 (50)	100 (70)	+ (100)	500
W_2	$U_2 = 30$	+ (70)	500 (40)	+ (90)	500
W_3	$U_3 = 10$	400 (60)	+ (110)	100 (70)	500
W_4	$U_4 = 20$	+ (80)	+ (100)	400 (40)	400
填方量/m^3		800	600	500	$\Sigma = 1\,900$

（3）从空格 X_{12}（其转角次数为零偶数）出发，沿着闭合回路（方向任意转角次数逐次累加）一直前进，在各奇数次转角点的数字中，挑出一个最小的（本表即为 500、100 中选 100），将它由 X_{32} 调到 X_{12} 方格中（即空格中）。

（4）将 100 填入 X_{12} 方格中，被挑出的 X_{32} 为 0（该格变为空格）；同时将闭合回路上其他奇数次转角上的数字都减去 100，偶数转角上数字都增加 100，使得填挖方区的土方量仍然保持平衡，这样调整后，便可得到表 1.8 的新调配方案。

对新调配方案，再进行检验，看其是否已是最优方案。如果检验数中仍有负数出现，那就按上述步骤继续调整，直到找出最优方案为止。表 1.8 中所有检验数均为正号，故该方案即为最优方案。

将表中的土方调配数值绘成土方调配如图 1.13 所示，图中箭杆上数字为调配区之间的运距，箭杆下数字为最终土方调配量。

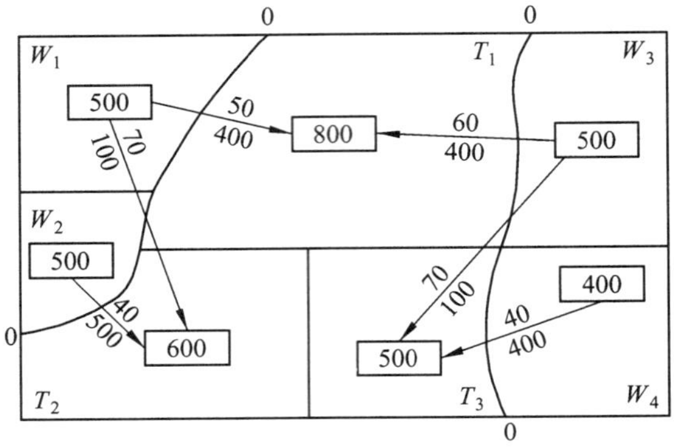

图 1.13　土方调配

最佳方案与初始方案的运输量比较如下。

初始调配方案总土方运输量为：

$$Z_1 = 500 \times 50 + 500 \times 40 + 300 \times 60 + 100 \times 110 + 100 \times 70 + 400 \times 40 = 97\ 000\ \text{m}^3 \cdot \text{m}$$

最优调配方案总土方运输量为：

$$Z_2 = 400 \times 50 + 100 \times 70 + 500 \times 40 + 400 \times 60 + 100 \times 70 + 400 \times 40 = 94\ 000\ \text{m}^3 \cdot \text{m}$$

即调整后总运输量减少了 3 000 $\text{m}^3 \cdot \text{m}$。

特别提示：土方调配的最优方案不止一个，这些方案调配区或调配土方量可以不同，但它们的总土方运输量都是相同的，有若干最优方案可以提供更多的选择余地。

第四节　土壁支撑

开挖基坑（槽）时，如地质和周围条件允许，可放坡开挖，这往往是比较经济的。但在建筑稠密地区施工，有时不允许按要求放坡的宽度开挖，或有防止地下水渗入基坑要求时，就需要土壁支撑或板桩支撑土壁，以保证施工的顺利和安全，并减少对相邻已有建筑物的不利影响。

一、基槽的支撑方法

横撑式支撑开挖较窄的沟槽，多用横撑式土壁支撑（见图 1.14）。

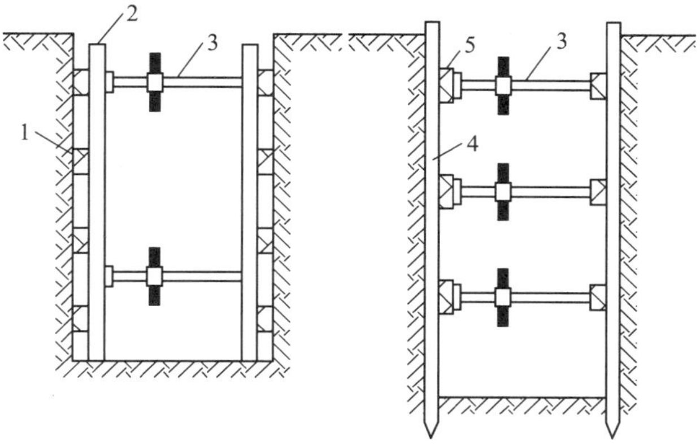

图 1.14　横撑式支撑

1—水平挡土板；2—竖楞木；3—工具式支撑；4—竖直挡土板；5—横楞木

横撑式土壁支撑根据挡土板的不同，分为水平挡土板和垂直挡土板两类（见图 1.15）。水平挡土板的布置又分为断续式和连续式两种。湿度小的黏性土挖土深度小于 3 m 时，可用断续式水平挡土板支撑；对松散、湿度大的土壤可用连续式水平挡土板支撑，挖土深度可达 5 m。对松散和湿度很高的土可用垂直式挡土板支撑，挖土深度不限。

（a）间断式水平挡土板

（b）垂直挡土板

图 1.15　挡土板

二、浅基坑的支撑方法

开挖浅基坑时，采用的支撑方法有斜撑支撑和锚拉支撑，如图 1.16 所示。

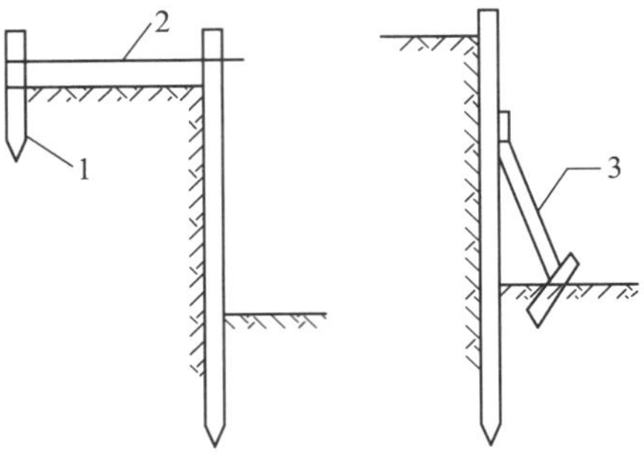

（a）锚拉支撑　　（b）斜撑支撑

图 1.16　浅基坑常用支撑形式

1—锚固桩；2—拉条；3—斜撑

（1）斜撑支撑。水平挡土板钉在柱桩内侧，柱桩外侧用斜撑支顶，斜撑底端支在木桩上，在挡土板内侧回填土。适用于开挖较大型、深度不大的基坑或使用机械挖土。

（2）锚拉支撑。水平挡土板支在柱桩的内侧，柱桩一端打入土中，另一端用拉杆与锚桩拉紧，在挡土板内侧回填土。适用于开挖较大型，深度不大的基坑或使用机械挖土，而能安设横撑时使用。

三、深基坑的支护方法

深基坑开挖时，采用的支护方法有型钢桩加挡板支护、钢板桩支护、灌注桩排桩支护、挡土灌注桩与土层锚杆结合支护、双层挡土灌注桩支护和地下连续墙支护和护坡桩加锚杆支护等。

（1）型钢桩横挡板支护。挡土位置预先打入钢轨、工字钢或 H 型钢桩，间距 1 ~ 1.5 m，然后边挖方，边将 3 ~ 6 cm 厚的挡土板塞进钢桩之间挡土，并在横向挡板与型钢桩之间打入楔子，使横板与土体紧密接触（见图 1.17）。适用于地下水位较低，深度不很大的一般黏性或砂土层中应用。

图 1.17　型钢桩横挡板支护

（2）钢板桩。钢板桩为一种支护结构，既挡土又防水。当开挖的基坑较深，地下水较高且出现流砂的危险时，如未采用降低地下水位的方法，则可用钢板桩打入土中，使地下水在土中渗流的路线延长，降低水力坡度，从而防止流砂产生。在靠近原有建筑物开挖基坑时，为了防止原建筑物基础的下沉，也应打设板桩支护。钢板桩在临时工程中可多次重复使用（见图 1.18）。

图 1.18　钢板桩

（3）灌注桩排桩支护。在开挖基坑的周围，用钻机钻孔，现场灌注钢筋混凝土桩，达到强度后，在基坑中间用机械或人工挖土，下挖 1 m 左右装上横撑，在桩背面装上拉杆与已设锚桩拉紧，然后继续挖土至要求深度。在桩间土方挖成外拱形，使之起土拱作用。如基坑深度小于 6 m，或邻近有建筑物，也可不设锚拉杆，采取加密桩距或加大桩径处理。适于开挖较大、较深（>6 m）基坑，临近有建筑物，不允许支护，背面地基有下沉、位移时采用（见图 1.19）。

图 1.19　灌注桩排桩支护

（4）挡土灌注桩与土层锚杆结合支护。同挡土灌注桩支撑，但在桩顶不设锚桩锚杆，而是挖至一定深度，每隔一定距离向桩背面斜下方用锚杆钻机打孔，安放钢筋锚杆，用水泥压力灌浆，达到强度后，安上横撑，拉紧固定，在桩中间进行挖土，直至设计深度。如设 2 ~ 3 层锚杆，可挖一层土，装设一次锚杆。适用于大型较深基坑，施工期较长，邻近有高层建筑，不允许支护，邻近地基不允许有任何下沉位移时采用。

（5）双层挡土灌注桩支护。将挡土灌注桩在平面布置上由单排桩改为双排桩，呈对应或梅花式排列，桩数保持不变，双排桩的桩径 d 一般为 400 ~ 600 mm，排距 L 为（1.5 ~ 3）d。适用于基坑较深，采用单排混凝土灌注桩挡土，强度和刚度均不能胜任时使用（见图 1.20）。

图 1.20　挡土灌注桩

（6）地下连续墙支护。在开挖的基坑周围，先建造混凝土或钢筋混凝土地下连续墙，达到强度后，在墙中间用机械或人工挖土，直至要求深度。对跨度、深度很大时，可在内部加设水平支撑及支柱。用于逆作法施工，每下挖一层，将下一层梁、板、柱浇筑完成，以此作为地下连续墙的水平框架支撑，如此循环作业，直到地下室的底层全部挖完土，浇筑完成。适用于开挖较大、较深（>10 m）、有地下水、周围有建筑物、公路的基坑，作为地下结构外墙的一部分，或用于高层建筑的逆作法施工，作为地下室结构的部分外墙。

（7）土钉墙。土钉墙是一种边坡稳定式的支护，其作用与被动起挡土作用的上述围护墙不同，它是起主动嵌固作用，增加边坡的稳定性，使基坑开挖后坡面保持稳定。施工时，每挖深 1.5 m 左右，挂细钢筋网，喷射细石混凝土面层厚 50 ~ 100 mm，然后钻孔插入钢筋（长 10 ~ 15 m，纵、横间距 1.5 m × 1.5 m），加垫板并灌浆，依次进行直至坑底。基坑坡面有较陡的坡度。土钉墙适用于基坑侧壁安全等级宜为二级、三级的非软土场地；基坑深度不宜大于 12 m（见图 1.21、图 1.22）。

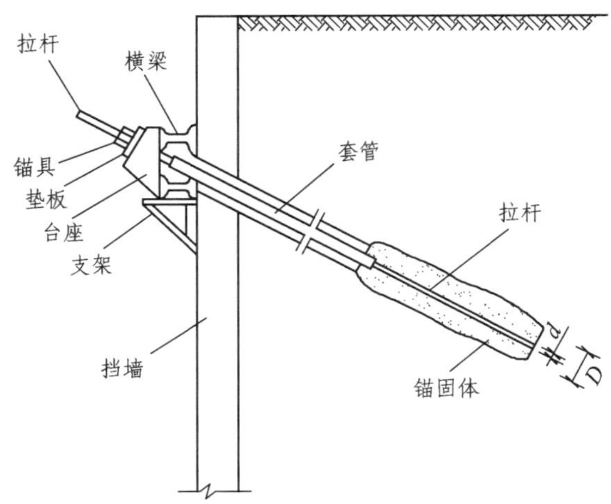

图 1.21　土钉墙（1）

图 1.22　土钉墙（2）

第五节　人工降低地下水位

施工排水和人工降低地下水位是配合基坑开挖的安全措施之一。当基坑或基槽开挖至地下水位以下时，土的含水层被切断，地下水将不断渗入坑内。大气降水、施工用水等也会流入坑内。基坑或沟槽内的土被水浸泡后可能引起边坡的坍塌，使施工不能正常进行，还会影响地基承载能力。所以，做好施工排水和降水工作，保持干燥的开挖工作面是十分重要的。施工前应进行降水与排水的设计。

基坑或沟槽降水的方法通常有集水井降水法和井点降水法。无论采用何种方法，降水工作应持续到基础施工完毕并回填土后才能停止。

一、集水井降水法

集水井降水法是在基坑开挖过程中，沿坑底周围开挖排水沟，排水沟纵坡宜控制在1‰～2‰，在坑底每隔 30～40 m 设置集水井，地下水通过排水沟流入集水井中，然后用水泵抽至坑外，如图 1.23 所示。

集水井降水法是一种常用的简易的降水方法，适用于面积较小、降水深度不大的基坑（槽）开挖工程。

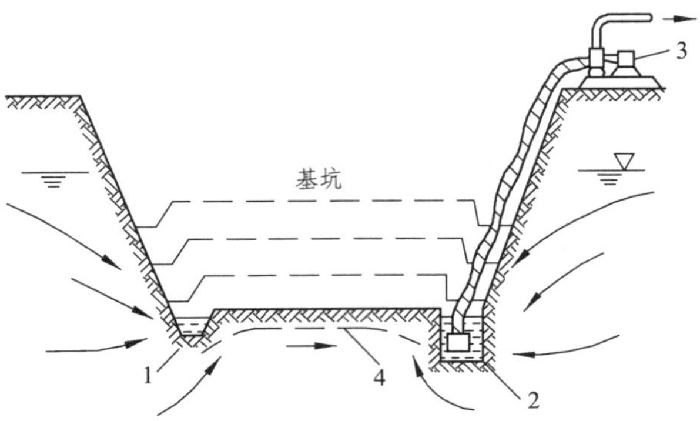

图 1.23　明沟、集水井排水

1—排水明沟；2—集水井；3—水泵；4—降低后的地下

1. 集水井设置

四周的排水沟及集水井一般应设置在基础 0.4 m 以外，地下水流的上游。沟边缘离开边坡坡脚不应小于 0.3 m，底面比挖土面低 0.3 ~ 0.4 m，排水纵坡控制在 0.1% ~ 0.2%以内。集水井的直径或宽度，一般为 0.6 ~ 0.8 m（其深度随着挖土的加深而加深，要始终低于挖土面 0.7 ~ 1.0 m）。当基坑挖至设计标高后，井底应低于坑底 1 ~ 2 m，并铺设 0.3 m 碎石滤水层，以免在抽水时将泥沙抽出，并防止井底的土被搅动。排水沟和集水井应设置在建筑物基础底面范围以外，且在地下水走间的上游。根据基坑涌水量的大小、基坑平面形状和尺寸、水泵的抽水能力等，确定集水井的数量和间距。一般每 20 ~ 40 m 设置 1 个。

2. 水泵的选用

集水明沟排水是用水泵从集水井中抽水，常用的水泵有潜水泵、离心泵和泥浆泵。选用水泵的抽水量为基坑涌水量的 1.5 ~ 2 倍。

二、井点降水法

对软土或土层中含有细砂、粉砂或淤泥层时，不宜采用集水井降水法，因为在基坑中直接排水，地下水将产生自下而上或从边坡向基坑方向流动的动水压力，容易导致边坡塌方和产生“流砂现象”使基底土结构遭受破坏，这种情况应考虑采用井点降水法。

【知识链接】

流沙现象：当开挖深度大、地下水位较高而土质为细沙或粉沙时，如果采用集水井法降水开挖，当挖至地下水位以下时，坑底下面的土会形成流动状态，随地下水涌入基坑，这种现象称为流沙。

如果土层中产生局部流沙现象，应采取减小动水压力的处理措施，使坑底土颗粒稳定，不受水压干扰。其方法有：

（1）安排枯水期施工，使最高地下水位不高于坑底 0.5 m。

（2）水中挖土时，不抽水或减少抽水，保持坑内水压与地下水压基本平衡。

（3）采用井点降水法、打板桩法、地下连续墙法防止流沙产生。

井点降水是在基坑开挖前，预先在基坑四周以一定的距离埋入井点管至地下蓄水层内，在土方开挖过程中，利用抽水设备不断从井点管里抽出地下水，使地不水位降低到坑底以下，从而保证土方在干燥状态下施工，可以有效地防止流沙现象的产生。

井点降水有轻型井点和管井井点两类。对不同类型的井点降水可根据土的渗透系数、降水深度、设备条件及经济性选用，可参见表 1.9 选择。其中轻型井点应用最为广泛。

表 1.9　各种井点的适用范围

井点类型		土层渗透系数/（m/d）	降低水位深度/m
轻型井点	一级轻型井点	0.1 ~ 50	3 ~ 6
	二级轻型井点	0.1 ~ 50	6 ~ 12
	喷射井点	0.1 ~ 5	8 ~ 20
	电渗井点	<0.1	根据选用的井点确定
管井类	管井井点	20 ~ 200	3 ~ 5
	深井井点	10 ~ 250	>15

1. 轻型井点设备

轻型井点设备由管路系统和抽水设备组成，如图 1.24 所示。

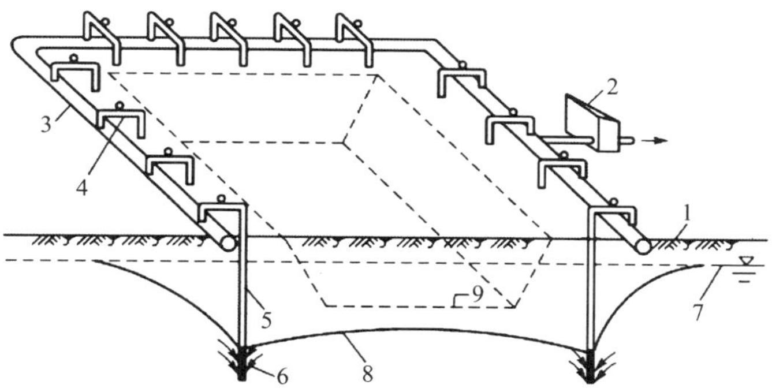

图 1.24　轻型井点法降低地下水位示意图

1—地面；2—水泵房；3—总管；4—弯联管；5—井点管；6—滤管；7—原地下水位；8—降水后水位；9—基坑底

（1）管路系统。它包括：滤管、井点管、弯联管及总管等。

① 滤管。滤管为进水设备，通常采用长 1.0 ~ 1.5 m、直径 38 mm 或 51 mm 的无缝钢管，管壁钻有直径为 12 ~ 18 mm 的呈梅花形排列的滤孔，滤孔面积为滤管表面积的 20% ~ 25%。管壁外面包以两层孔径不同的滤网，内层为 30 ~ 50 孔/cm^2 的黄铜丝或尼龙丝布的细滤网，外层为 3 ~ 10 孔/cm^2 的同样材料粗滤网或棕皮。滤网外面再绕一层粗铁丝保护网，滤管下端为一铸铁塞头，如图 1.25 所示。滤管上端与井点管连接。

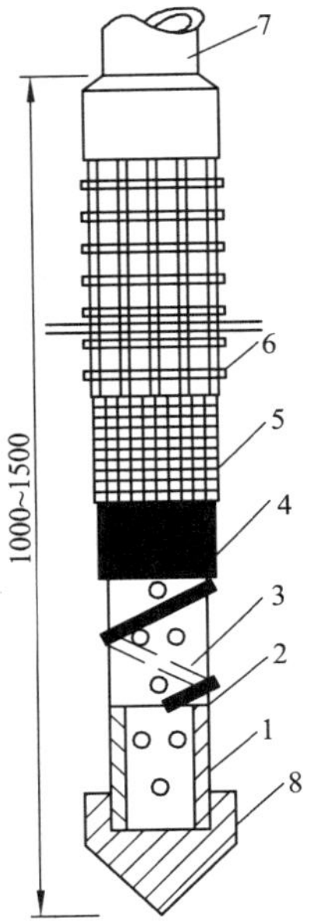

图 1.25　滤管构造

1—钢管；2—管壁上小孔；3—塑料管；4—细滤网；5—粗滤网；
6—粗铁丝保护网；7—井点管；8—铸铁头

② 井点管。井点管为直径 38 mm 或 51 mm、长 5 ~ 7 m 的钢管，可整根或分节组成。井点管的上端用弯联管与总管相连。

③ 总管。总管为直径 100 ~ 127 mm 的无缝钢管，每段长 4 m，其上装有与井点管连接的短接头，间距为 0.8 ~ 1.6 m。

（2）抽水设备。抽水设备常用的有真空泵、射流泵和隔膜泵井点设备。

2. 轻型井点的布置

井点系统的布置，应根据基坑大小与深度、土质、地下水位高低与流向、降水深度要求等而定。

（1）平面布置。当基坑或沟槽宽度小于 6 m，且降水深度不超过 5 m 时，可用单排线状井点，布置在地下水流的上游一侧，两端延伸长度不小于坑槽宽度，如图 1.26 所示。

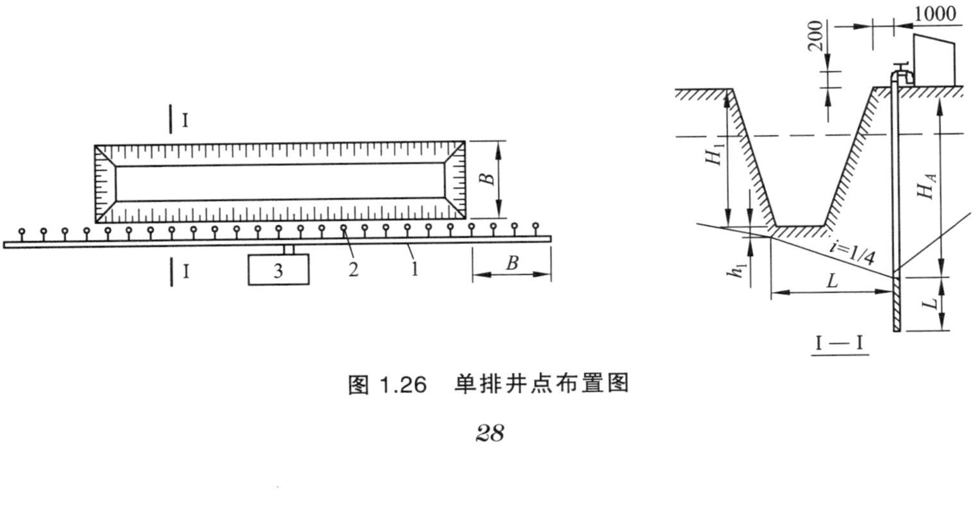

图 1.26　单排井点布置图

当基坑或沟槽宽度大于 6 m 或土质不良，则用双排线状井点，位于地下水流上游一排井点管的间距应小些，下游一排井点管的间距可大些。

当基坑面积较大时，基坑宜用环状井点，如图 1.27 所示，有时亦可布置成 U 形，以利于挖土机和运土车辆出入基坑。井点管距离基坑壁一般可取 0.7 ~ 1.2 m，以防局部发生漏气。井点管间距一般为 0.8 m、1.2 m、1.6 m，由计算或经验确定。井点管在总管四角部位适当加密。

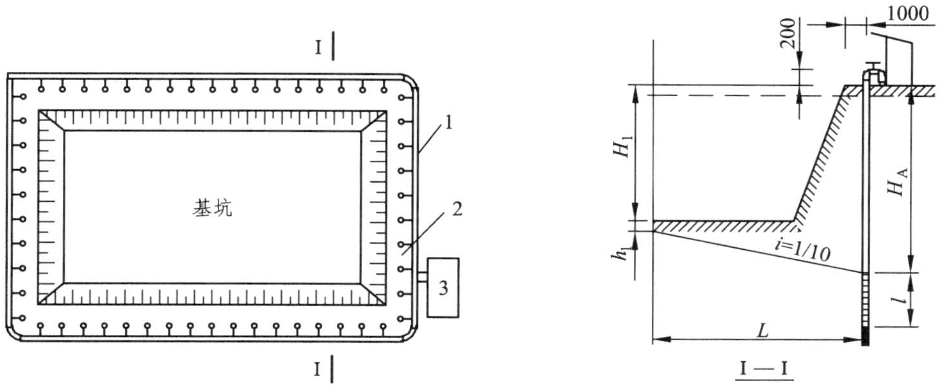

图 1.27　环形井点布置图

（2）高程布置。轻型井点的降水深度，从理论上讲可达 10.3 m，但由于管路系统的水头损失，其实际降水深度一般不超过 6 m。井点管埋设深度（不包括滤管）按式（1.9）计算：

$$H = H_1 + h + iL \tag{1.9}$$

式中　H_1——井点管埋设面至基坑底面的距离（m）；

h——降低后的地下水位至基坑中心底面的距离，一般取 0.5 ~ 1.0 m；

i——水力坡度，单排井点为 1/4，双排井点为 1/7，环状井点为 1/10；

L——井点管至基坑中心的水平距离，当井点管为单排布置时 L 为井点管至对边坡脚的水平距离。

根据上式算出的 H，如大于 6 m，则应降低井点管抽水设备的埋置面，以适应降水深度要求。即将井点系统的埋置面接近原有地下水位线（要事先挖槽），个别情况下甚至稍低于地下水位（当上层土的土质较好时，先用集水井排水法挖去一层土，再布置井点系统），就能充分利用抽吸能力，使降水深度增加，井点管露出地面的长度一般为 0.2 ~ 0.3 m，以便与弯联管连接，滤管必须埋在透水层内。

当一级轻型井点达不到降水要求时，可采用二级井点降水，即先挖去第一级井点所疏干的土，然后再在其底部装设第二级井点，如图 1.28 所示。

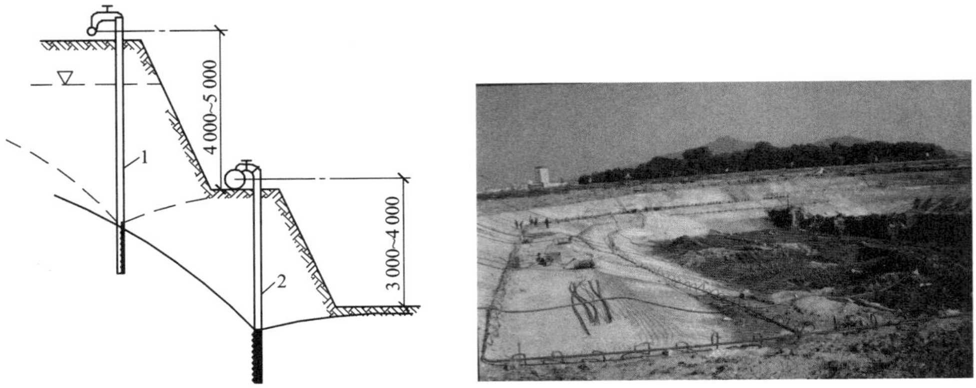

图 1.28　二级井点降水示意图

1—一级井点降水；2—二级井点降水

3. 轻型井点的施工

井孔冲成后，立即拔出冲管，插入井点管，并在井点管与孔壁之间迅速填灌砂滤层，以防孔壁塌土。砂滤层的填灌质量是保证轻型井点顺利抽水的关键。一般宜选用干净粗砂，填灌均匀，并填至滤管顶上 1 ~ 1.5 m，以保证水流畅通。井点填砂后，在地面以下 0.5 ~ 1.0 m 内应用黏土封口，以防漏气。

轻型井点的施工程序为敷设总管，冲孔埋设井点管，安装抽水设备，抽水试运转。

井点管埋设有多种方法。一般采用冲孔法。用起重设备将冲管吊起插在井点位置上，然后开动高压水泵，将土冲松，冲管则边冲边沉。冲孔直径一般为 300 mm，以保证井管四周有一定厚度的砂滤层，冲孔深度宜比滤管底深 0.5 m 左右，以防冲管拔出时，部分土颗粒沉于底部而触及滤管底部。井点管埋设完毕，应接通总管与抽水设备进行试抽水，检查有无漏水、漏气，出水是否正常，有无淤塞等现象，如有异常情况，应检修好后方可使用。

井点管使用时，应保证连续不断地抽水，并准备双电源，正常出水规律是“先大后小，先混后清”。抽水时需要经常观测真空度，以判断井点系统工作是否正常。若井点管淤塞，可以听管内水流声响，用手扶管壁有振动感，夏、冬季手摸管子有夏冷、冬暖感等简便方法检查。如发现淤塞井点管太多，严重影响降水效果时，应逐根用高压水反向冲洗或拔出重埋。

井点管的拆除：地下构筑物竣工并进行回填土后，方可拆除井点系统。拔出井点管多借助于起重机，所留孔洞用砂或土填实，对地基有防渗要求时，地面上 2 m 应用黏土填实。

第六节　基坑（槽）的施工

一、基坑（基槽）的开挖技术要求

放灰线时，在地上撒出灰线，标出基础挖土的界限。根据房屋主轴线控制点，确定开挖边线，如图 1.29 所示。

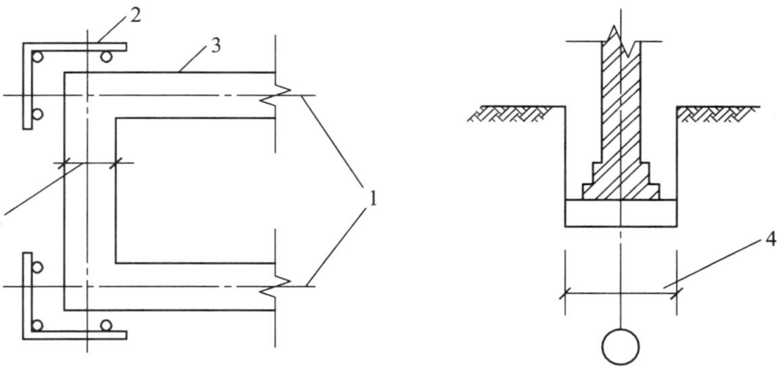

图 1.29　放线示意图

1—墙（柱）轴线；2—龙门板；3—白灰线（基础边线）；4—基槽宽度

基坑（槽）土方开挖时，主要注意以下几方面的问题：

（1）选择合理的施工机械、开挖顺序和开挖路线。

（2）土方开挖施工宜在干燥环境下作业。

（3）不宜在坑边堆置弃土或使用其他重型机械。

（4）应避免超挖。

（5）基坑开挖后，应及时做好坡面的防护工作。

（6）与原有基础保持一定距离。

二、基坑（槽）验收

1. 检验内容

（1）核实基坑的位置、平面尺寸、坑底高程。

（2）核对基坑土质和地下水情况。

（3）核对地下物体及空洞的位置、深度、形状。

2. 检验方法

直接观察法、轻型动力触探法。

3. 验槽的目的

基槽（坑）挖至基底设计高程后，必须通知勘察、设计、监理、建设部门会同验槽，经处理合格后签证，再进行基础工程施工，这是确保工程质量的关键程序之一。验槽目的在于检查地基是否与勘察设计资料相符合。

一般设计依据的地质勘察资料取自建筑物基础的有限几个点，无法反映钻孔之间的土质变化，只有在开挖后才能确切地了解。如果实际土质与设计地基土不符，则应由结构设计人员提出地基处理方案，处理后经有关单位签署后归档备查。

4. 验槽的方法

验槽主要靠施工经验观察为主，而对于基底以下的土层不可见部位，要辅以钎探、夯探配合共同完成。

（1）观察验槽

主要观察基槽基底和侧壁土质情况、土层构成及其走向情况以及是否有异常现象等，以判断是否达到设计要求的土层。观察内容主要为槽底土质、土的颜色、土的软硬、土的虚实情况。

（2）钎　探

对基槽底以下 2 ~ 3 倍基础宽度的深度范围内，土的变化和分布情况，或软弱土层，需要用钎探明。钎探方法为：将一定长度的钢钎打入槽底以下的土层内，根据每打入一定深度的锤击次数，间接地判断地基土质的情况。打钎分人工和机械两种方法。

① 钢钎的规格和数量

人工打钎时，钢钎用直径为 22 ~ 25 mm 的钢筋制成，钎尖为 60°，尖锥状，钎长为 1.8 ~ 2.5 m。打钎用的锤质量为 1.63 ~ 2.04 kg，举锤高度一般为 50 ~ 70 cm。将钢钎垂直打入土中，并记录每打入土层 30 cm 的锤击数。用打钎机打钎时，其锤质量约 10 kg，锤的落距为 50 cm，钢钎直径为 25 mm，长 1.8 m，见图 1.30。

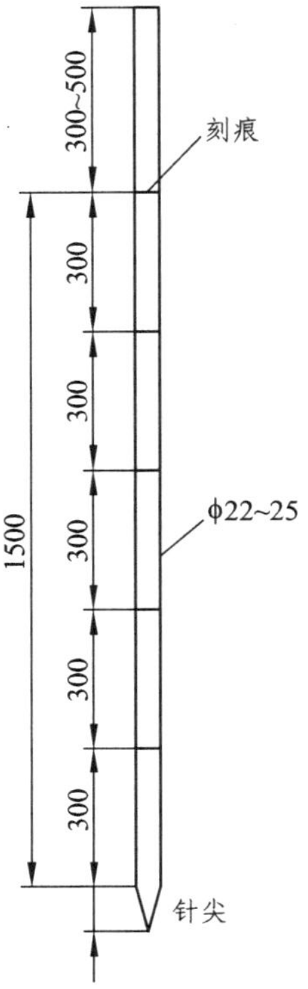

图 1.30　钢　钎

② 钎探记录和结果分析

先绘制基槽平面图，在图上根据要求确定钎探点的平面位置，并依次编号制成钎探平面图。钎探时按钎探平面图标定的钎探点顺序进行，最后整理成钎探记录表。全部钎探完毕后，逐层地分析研究钎探记录，逐点进行比较，将锤击数显著过多或过少的钎孔在钎探平面图上做上记号，然后再在该部位进行重点检查，如有异常情况，要认真进行处理。

（3）夯　探

夯探较之钎探方法更为简便，不用复杂的设备而是用铁夯或蛙式打夯机对基槽进行夯击，凭夯击时的声响来判断下卧后的强弱或有无土洞或暗墓。

三、土方回填与压实

（一）回填土的选择

为了保证填方工程在强度和稳定性方面的要求，必须正确选择土的种类和填筑方法。

（1）含有大量有机物的土，石膏或水溶性硫酸盐含量大于 5%的土，冻结或液化状态的黏土或粉状砂质黏土等，一般不能作填土之用。但在场地平整工程中，除修建房屋和构筑物的地基填土外，其余各部分填方所用的土不受此限制。

（2）填土应分层进行，并尽量采用同类土填筑。

（3）填土必须具有一定的密实度，以避免建筑物的不均匀沉陷。

（4）如采用不同土填筑时，应将透水性较大的土层置于透水性较小的土层之下。

（5）在填土施工时，土的实际干密度若大于或等于控制干密度，则符合质量要求。

填土时应先清除基底的树根、积水、淤泥和有机杂物，并分层回填、压实。填土应尽量采用同类土填筑。如采用不同种类填料分层填筑时，上层宜填筑透水性较小的填料，下层宜填筑透水性较大的填料。填方基土表面应做成适当的排水坡度，边坡不得用透水性较小的填料封闭。填方施工应接近水平地分层填筑。当填方位于倾斜的地面时，应先将斜坡挖成阶梯状，然后分层填筑，以防填土横向移动。分段填筑时，每层接缝处应做成斜坡形，上、下层错缝距离不应小于 1 m。

（二）填土压实方法

1. 碾压法

碾压法是由沿着表面滚动的鼓筒或轮子的压力压实土壤。一切拖动和自动的碾压机具，常见的如平碾、羊足碾和气胎碾等，其工作原理都相同（见图 1.31）。这些机具主要用于大面积填土。平碾又叫压路机，适用于压实砂类土和黏性土；羊足碾和平碾不同，它是碾轮表面上装有许多羊蹄形的碾压凸脚，一般用拖拉机牵引作业。羊足碾有单桶和双桶之分，桶内根据要求可分为空桶、装水、装砂，以提高单位面积的压力，增加压实效果。羊足碾只能用来压实黏性土。气胎碾对土壤碾压较为均匀。

（a）平碾　（b）羊足碾　（c）气胎碾

图 1.31　碾压机具

按碾轮重量，平碾可分为轻型（0 ~ 50 kN）、中型（60 ~ 90 kN）和重型（100 ~ 140 kN）三种。适于压实砂类土和黏性土，适用土类范围较广。轻型平碾压实土层的厚度不大，但土层上部变得较密实，当用轻型平碾初碾后，再用重型平碾碾压松土，就会取得较好的效果。如直接用重型平碾碾压松土，则由于强烈的起伏现象，其碾压效果较差。

用碾压法压实填土时，铺土应均匀一致，碾压遍数要一样，碾压方向应从填土区的两边逐渐压向中心，每次碾压应有 15 ~ 20 cm 的重叠；碾压机械开行速度不宜过快，一般平碾不应超过 2 km/h，羊足碾控制在 2 km/h 之内，否则会影响压实效果。

2. 夯实法

夯实法是利用夯锤自由下落的冲击力来夯实土壤，主要用于小面积的回填土或作业面受到限制的环境下的土壤压实。

夯实法分人工夯实和机械夯实两种。人工夯实所用的工具有木夯、石夯（见图 1.32）等；常用的夯实机械有夯锤、内燃夯土机、蛙式打夯机和利用挖土机或起重机装上夯板后的夯土机等，其中蛙式打夯机如图 1.32 所示。它的特点是轻巧灵活，构造简单，在小型土方工程中应用最广。

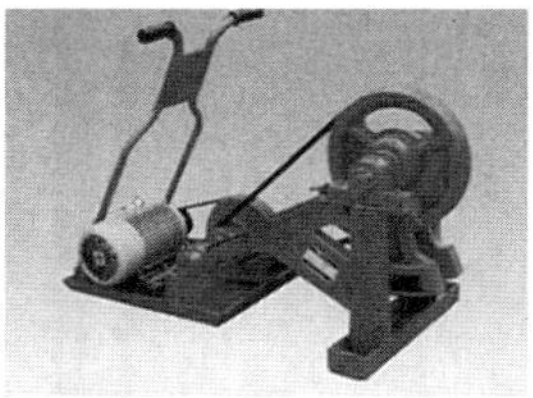

蛙式打夯机

石夯（抬硪）

石夯（飞硪）

夯土机

图 1.32　夯实机械和工具

夯实法可夯实较厚的土层。重型夯土机（1 t 以上的重锤），其夯实厚度可达 1 ~ 1.5 m，但木夯、石夯、蛙式打夯机等夯实工具，其夯实厚度则较小，一般在 200 mm 以内。

3. 振动压实法

振动压实法是用振动压实机械来压实土壤，用这种方法振实非黏性土效果较好。

振动平碾、振动凸块碾是将碾压和振动法结合起来的新型压实机械（见图 1.33）。振动平碾适用填料为爆破碎石砟、碎石类土、杂填土或轻亚黏土的大型填方，振动凸块碾则适用于亚黏土或黏土的大型填方。当压实爆破石砟或碎石类土时，可选用质量为 8 ~ 15 t 的振动平碾，铺土厚度为 0.6 ~ 1.5 m，先静压，后振动碾压，碾压遍数由现场试验确定，一般为 6 ~ 8 遍。

图 1.33　振动平碾

特别提示：对于平整场地、室内填土等大面积填土工程，多采用碾压和利用运土工具压实。对较小面积的填土工程，则宜用夯实机具进行压实。

四、影响填土压实质量的因素

1. 压实功的影响

填土压实后的密度与压实机械在其上所施加的功有一定的关系。土的密度与所消耗的功的关系见图1.34。当土的含水量一定，在开始压实时，土的密度急剧增加，待到接近土的最大密度时，压实功虽然增加许多，而土的密度则变化甚小。在实际施工中，对于砂土只需碾压 2～3 遍，对亚砂土只需 3～4 遍，对亚黏土或黏土只需 5～6 遍。

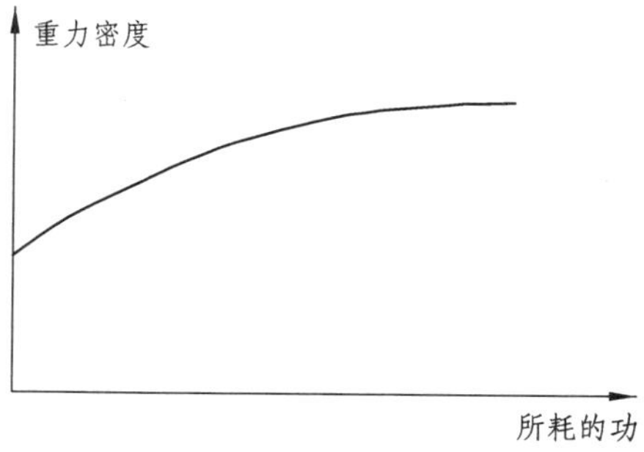

图 1.34　土的密度与压实功的关系

2. 含水量的影响

土的含水量对填土压实有很大影响，较干燥的土，由于土颗粒之间的摩阻力大，填土不易被夯实。而含水量较大，超过一定限度，土颗粒间的空隙全部被水充填而呈饱和状态，填土也不易被压实，容易形成橡皮土。只有当土具有适当的含水量，土颗粒之间的摩阻力由于水的润滑作用而减少，土才易被压实。为了保证填土在压实过程中具有最优的含水量，当土过湿时，应予翻松晾晒或掺入同类干土及其他吸水性材料。如土料过干，则应预先洒水湿润。土的含水量一般以“手握成团、落地开花”为宜。

3. 铺土厚度的影响

土在压实功的作用下，其应力随深度增加而逐渐减少，在压实过程中，土的密实度也是表层大，而随深度加深逐渐减少，超过一定深度后，虽经反复碾压，土的密实度仍与未压实前一样。各种不同压实机械的压实影响深度与土的性质、含水量有关，所以，填方每层铺土的厚度，应根据土质、压实的密实度要求和压实机械性能确定。

一般情况下，用羊足碾铺土时厚度为 30 cm 左右，用动力打夯机时为 40 cm 左右，人工打夯时为 20 cm 左右。

第七节　土方机械化施工

由于土方工程量大，尤其是建设一个大型工业企业，往往有几十万、几百万甚至几千万立方米的土方，其施工面积往往可达几平方千米，甚至几十平方千米。在这种情况下，土方工程全部由人工来完成，消耗的劳动量将是个庞大的数字且工期也会拖得很长。因此，为了减轻繁重的体力劳动、提高劳动生产率、加快工程进度、降低工程成本，在组织土方工程施工时，应尽可能采用机械化施工。

一、土方工程施工机械的种类

土方工程施工机械的种类繁多，常用的有推土机、铲运机、装载机、平土机、松土机、单斗挖土机、多斗挖土机和各种碾压、夯实机械等。

（一）推土机

推土机是土方工程施工的主要机械之一，按行走的方式，可分为履带式推土机和轮胎式推土机。履带式推土机附着力强，爬坡性能好，适应性强。轮胎式推土机行驶速度快，灵活性好。如图 1.35 所示。

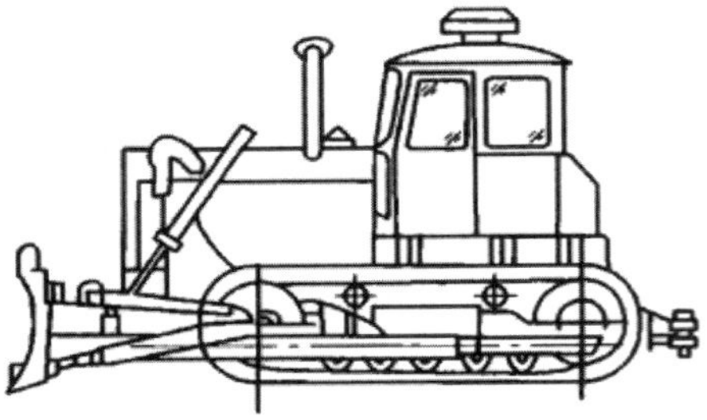
（a）侧视外形

（b）正视外形

图 1.35 液压式推土机外形图

推土机适应于场地清理和平整，开挖深度 1.5 m 以内的基坑、填平沟坑，也可配合铲运机和挖土机工作。推土机可推挖一至三类土，经济运距 100 m 以内，效率最高为 40 ~ 60 m。

为提高生产率，常采用下坡推土、槽形推土和并列推土等施工方法（见图 1.36），在运距较远而土质又比较坚硬时，对于切土深度不大的，可采用多次铲土、分批集中、再一次推送的施工方法。

（a）下坡推土

（b）槽形推土

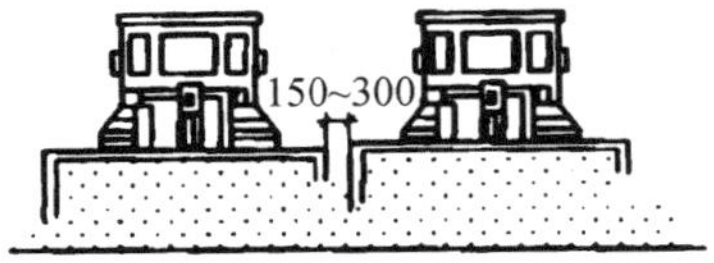

（c）并列推土

图 1.36 推土施工方法

（二）铲运机

铲运机是一种能够独立完成铲土、运土、卸土、填筑、整平的土方机械。可在一至三类土中直接挖、运土，常用于坡度在 20°以内的大面积土方挖、填、平整和压实，大型基坑、沟槽的开挖，路基和堤坝的填筑，不适于砾石层、冻土地带及沼泽地区使用。坚硬土开挖时要用推土机助铲或用松土机配合。

铲运机按行走机构可分为拖式铲运机（见图 1.37）和自行式铲运机（见图 1.38）两种。自行式铲运机适用于运距 800 ~ 3 500 m 的大型土方工程施工，以运距在 800 ~ 1 500 m 内的生产效率最高。拖式铲运机适用于运距为 80 ~ 800 m 的土方工程施工，运距在 200 ~ 350 m 时，效率最高。

图 1.37　C_6-2.5 型拖式铲运机外形图

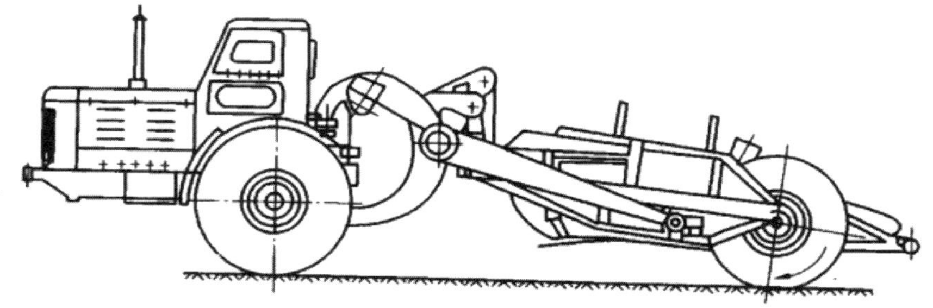

图 1.38　C_3-6 型自行式铲运机外形图

铲运机的运行路线（见图 1.39）。

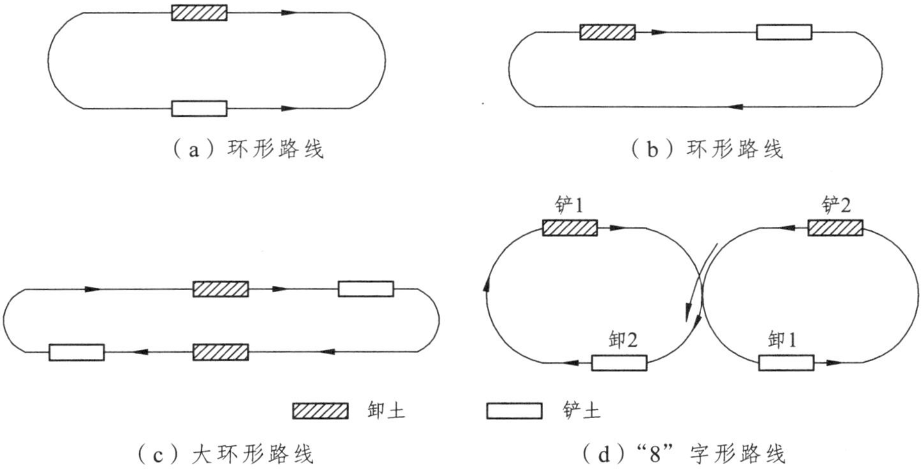

图 1.39　铲运机开行路线

1. 环形路线

对于地形起伏不大，而施工地段较短（50 ~ 100 m）和填方不高（0.1 ~ 1.5 m）的路堤及基坑与场地平整工程，宜采用环形路线。

2. 大环形路线

当填、挖交替，且相互间的距离又不大时，可采用大环形路线。这样可进行多次铲土和卸土，减少铲运机转弯次数，提高其工作效率。

3. “8” 字形路线

在地形起伏较大，施工地段狭长的情况下，宜采用字形路线，按照这种路线运行，铲运机上、下坡时斜向行驶，所以坡度平缓，减少了转弯次数及空车行驶距离，可缩短运行时间，提高生产率。装土、运土和卸土时，按“8”字形运行，一个循环完成两次装土和卸土工序。装土和卸土沿直线运行，转弯时刚好把土装完或卸完，但两条路线间的夹角应小于 60°，此法可减少转弯次数和空车行驶距离，提高工效。

（三）单斗挖土机

单斗挖土机是基坑（槽）土方开挖常用的一种机械。依其工作装置的不同可分为正铲、反铲、拉铲和抓铲四种，如图 1.40 所示。

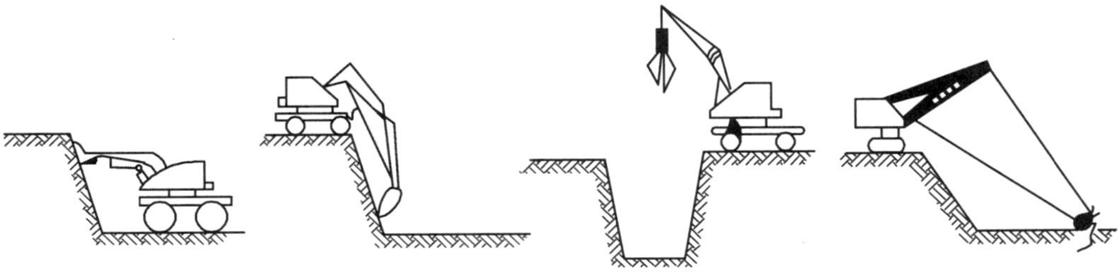

（a）正铲　（b）反铲　（c）拉铲　（d）抓铲

图 1.40　单斗挖土机

1. 正铲挖土机

正铲挖土机的挖土特点是：前进向上，强制切土。它适用于开挖停机面以上的一至三类土，且需与运土汽车配合完成整个挖运任务。开挖大型基坑时需设坡道，挖土机在坑内作业，适宜在土质较好、无地下水的地区工作，当地下水位较高时，应采取降低地下水位的措施，把基坑水疏干。

正铲挖土机挖土方式有两种：一种是正向挖土，侧向卸土，如图 1.41（b）所示。即挖土机沿前进方向挖土，运输车辆停在侧面卸土。另一种是正向挖土，后方卸土，如图 1.41（a）所示，即挖土机沿前进方向挖土，运输车辆停在挖土机后方装土。此法挖土机卸土时动臂转角大、生产率低，运输车辆要倒车进入。一般在基坑窄而深的情况下采用。

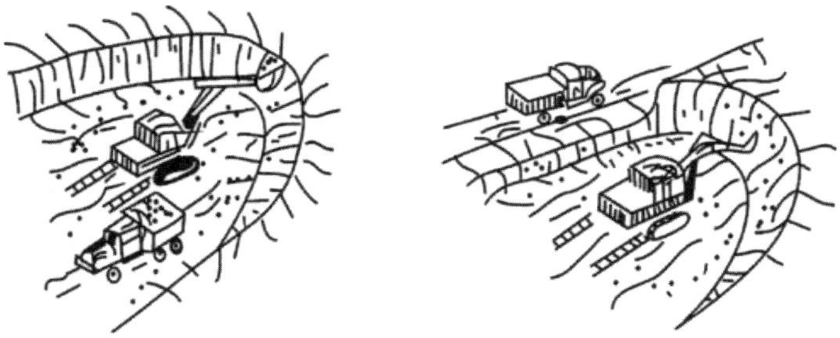

（a）正向挖土，后方卸土　（b）正向挖土，侧向卸土

图 1.41　正铲挖土机卸土方式

2. 反铲挖土机

反铲挖土机的挖土特点是：后退向下，强制切土。其挖掘力比正铲小，能开挖停机面以下的一至三类土（机械传动反铲只宜挖一至二类土）。适用于一次开挖深度在 4 m 左右的基坑、基槽和管沟，也可用于地下水位较高的土方开挖；在深基坑开挖中，依靠止水挡土结构或井点降水，反铲挖土机通过下坡道，采用台阶式接力方式挖土也是常用方法。

反铲挖土机的开挖方式有沟端开挖和沟侧开挖两种，如图 1.42 所示。沟端开挖，就是挖土机停在基坑（槽）的端部，向后倒退挖土，汽车停在基槽两侧装土。沟侧开挖，就是挖土机沿基槽的一侧直线移动，边走边挖土。

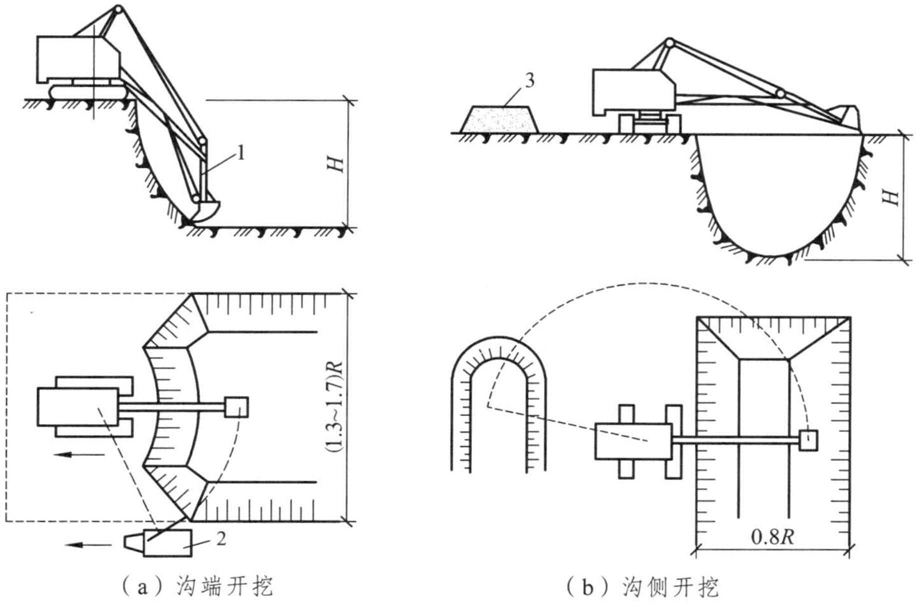

图 1.42　反铲挖土机的开挖方式

1—反铲挖土；2—自卸汽车；3—弃土堆

3. 拉铲挖土机

挖土特点是：后退向下，自重切土；其挖土深度和挖土半径均较大，能开挖停机面以下的一类和二类土，但不如反铲动作灵活准确。适用于开挖较深较大的基坑（槽）、沟渠，挖取水中泥土以及填筑路基，修筑堤坝等。拉铲挖土机的开挖方式与反铲挖土机的开挖方式相似，有沟侧开挖和沟端开挖两种。

4. 抓铲挖土机

挖土特点是：直上直下，自重切土。其挖掘力较小，只能开挖停机面以下的一类和二类土。适用于开挖软土地基基坑，特别是窄而深的基坑、深槽、深井等；抓铲还可用于疏通旧有渠道以及挖取水中淤泥等，或用于装卸碎石、矿渣等松散材料。

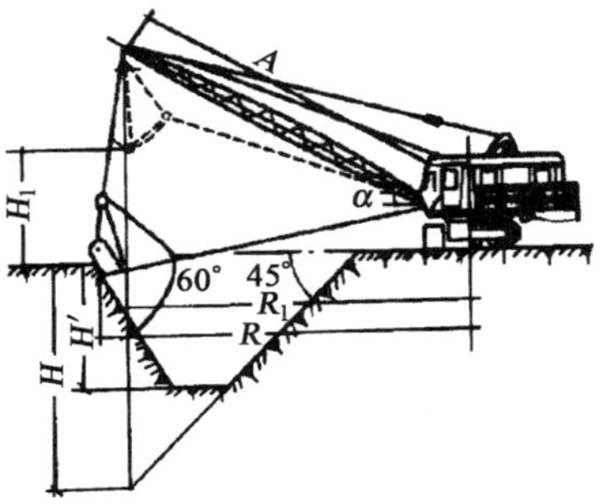

图 1.43　拉铲挖土机工作示意图

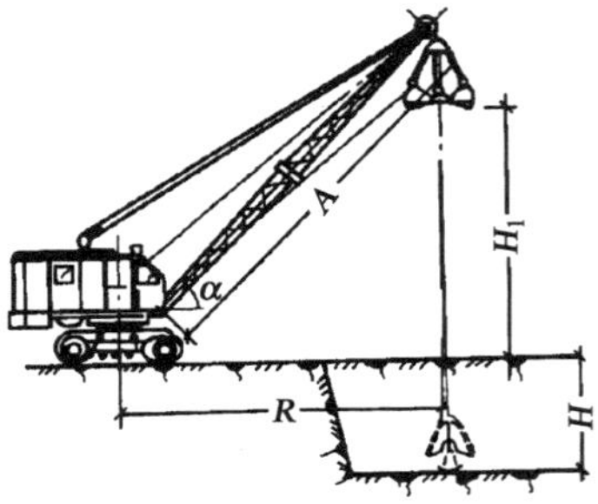

图 1.44　抓铲挖土机工作示意图

二、土方工程机械的选择

在实际施工中，土方工程机械主要依据以下几方面因素选择：

（1）基坑情况，包括几何尺寸大小、深浅、土质、有无地下水及开挖方式等。

（2）作业环境，包括占地范围，工程呈大小，地上与地下障碍物等。

（3）季节，包括冬、雨期时间长短，冬期温度与雨期降水量等情况。

（4）机械配套与供应情况。

（5）施工工期较短和经济效益目标。

习　题

一、简答题

1. 土按开挖的难易程度分几类？各类的特征是什么？
2. 简述土的可松性及其对土方施工的影响。
3. 土方调配应遵循哪些原则？调配区如何划分？
4. 简述一般基槽、一般浅基坑和深基坑的支护方法和适用范围。
5. 简述流沙形成的原因以及因地制宜防治流沙的方法。
6. 简述人工降低地下水位的方法及适用范围，轻型井点系统的布置方案和设计步骤。
7. 简述推土机、铲运机的工作特点、适用范围及提高生产率的措施。
8. 单斗挖土机有哪几种类型？各有什么特点？
9. 土方挖运机械如何选择？土方开挖注意事项有哪些？
10. 简述填土压实的方法和适用范围。
11. 影响填土压实的主要因素有哪些？怎样检查填土压实的质量？

二、案例分析

1. 某基坑底长 82 m，宽 64 m，深 8 m，四边放坡，边坡坡度 1∶0.5。

（1）画出平、剖面图，试计算土方开挖工程量。

（2）若混凝土基础和地下室占有体积为 24 600 m^3，则应预留多少回填土（以自然状态的土体积计）？

（3）若多余土方外运，问外运土方为多少（以自然状态的土体积计）？

（4）如果用斗容量为 3 m^3 的汽车外运，需运多少车（已知土的最初可松性系数 $K_s = 1.14$，最后可松性系数 $K_s' = 1.05$）？

2. 某基坑底面积为 22 m × 34 m，基坑深 4.8 m，地下水位在地面下 1.2 m，天然地面以下 1.0 m 为杂填土，不透水层在地面下 11 m，中间均为细砂土，地下水为无压水，渗透系数为 15 m/d，四边放坡，基坑边坡坡度为 1∶0.5。现有井点管长 6 m，直径 38 mm，滤管长 1.2 m，准备采用环形轻型井点降低地下水位，试进行井点系统的布置和设计，要求如下：

（1）轻型井点的高程布置（计算并画出高程布置图）。

（2）轻型井点的平面布置（计算涌水量、井点管数量和间距并画出平面布置图）。

第二章
地基与基础工程

学习目标

知识目标

熟悉常用的地基处理方法；掌握浅埋式钢筋混凝土的施工工艺及要求；掌握钢筋混凝土预制桩、混凝土灌注桩基础的施工工艺、质量控制及验收标准；了解地下连续墙施工的要点；熟悉箱形基础的施工要点。

技能目标

正确处理常见地基，掌握桩基施工工艺。

素质目标

能够根据地基形式选择正确地基处理方法，能按照有关规定、规范对地基与基础工程进行质量验收。

学习方法

结合工程实际进行学习，通过学校统一组织或者学生自己安排等方式结合本章知识点到类似施工现场进行参观学习，以理论联系实际的方式进行学习。充分利用多媒体教学手段，对地基的处理方法、基础的施工过程形成直观的、全面的认识。

技能点

学生学会处理常见的地基问题、浅基础钢筋工程，掌握基础工程施工工艺以及质量验收技术。

第一节　浅基础施工

地基是指建筑物荷载作用下基底下方产生的变形不可忽略的那部分地层，而基础则是指将建筑物荷载传递给地基的下部结构。作为支承建筑物荷载的地基，必须能防止强度破坏和失稳，同时，必须控制基础的沉降不超过地基的变形允许值。在满足上述要求的前提下，尽量采用相对埋深不大，只须普通的施工程序就可建造起来的基础类型，即称天然地基上的浅基础；地基不能满足上述条件，则应进行地基加固处理，在处理后的地基上建造的基础，称人工地基上的浅基础。当上述地基基础形式均不能满足要求时，则应考虑借助特殊的施工手段相对埋深大的基础形式，即深基础（常用桩基），以求把荷载更多地传到深部的坚实土层中去。

一、浅基础的分类

浅基础按受力特点可分为刚性基础和柔性基础。用抗压强度较大，而抗弯、抗拉强度小的材料建造的基础，如砖、毛石、灰土、混凝土、三合土等基础均属于刚性基础。刚性基础的最大拉应力和剪应力必定在其变截面处，其值受基础台阶的宽高比影响很大。因此，刚性基础按制台阶的宽高比（称刚性角）是个关键。用钢筋混凝土建造的基础叫柔性基础。它的抗弯、抗拉、抗压能力都很大，适用于地基土处较软弱，上部结构荷载较大的基础。

浅基础按构造形式分为单独基础、带形基础、箱形基础、筏板基础等。单独基础也称独立基础，多呈柱墩形，截面可做成阶梯形或锥形等；带形基础是指长度远大于其高度和宽度的基础，常见的是墙下条形基础，材料主要采用砖、毛石、混凝土和钢筋混凝土等。

二、刚性基础施工

（一）砖基础

以砖为砌筑材料，形成的建筑物基础即为砖基础。这种基础的特点是抗压性能好，整体性、抗拉、抗弯、抗剪性能较差，材料易得，施工操作简便，造价较低。适用于地基坚实、均匀，上部荷载较小，六层和六层以下的一般民用建筑和墙承重的轻型厂房基础工程。

1. 构造要求

砖基础分带形基础和独立基础，基础下部扩大称为大放脚。大放脚有等高式和不等高式（图 2.1）。当地基承载力≥150 kPa 时，采用等高式大放脚，即两皮一收，两边各收进 1/4 砖长。当地基承载力<150 kPa 时，采用不等高式大放脚，即两皮一收与一皮一收相间隔，两边各收进 1/4 砖长。大放脚的宽度应根据计算而定，各层大放脚的宽度应为半砖长的整数倍。

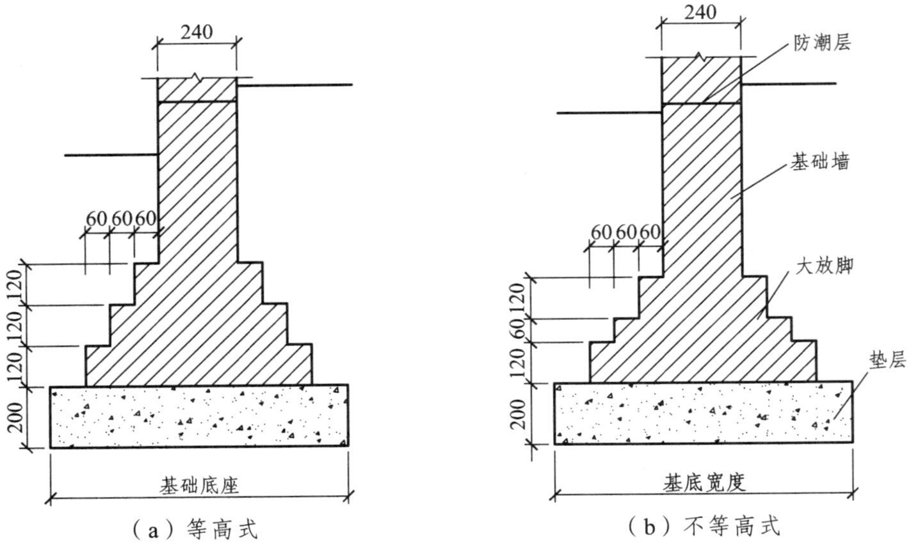

图 2.1　基础大放脚形式

2. 施工要点

基槽（坑）开挖前，在建筑物的主要轴线部位设置龙门板，标明基础、墙身和轴线的位置。在挖土过程中，严禁碰撞或移动龙门板。

砖基础若不在同一深度，则应先由底往上砌筑。在高低台阶接头处，下面台阶要砌一定长度实砌体，砌到上面后和上面的砖一起退台。

砖基础的灰缝厚度为 8 ~ 12 mm，一般为 10 mm。砖基础接槎应留成斜槎，如因条件限制留成直槎时，应按规范要求设置拉结筋。砖基础内宽度超过 300 mm 的预留孔洞，应砌筑平拱或设置过梁。

（二）毛石基础

毛石基础是用强度等级不低于 MU30 的毛石，不低于 M5 的砂浆砌筑而形成。毛石基础的抗冻性较好，在寒冷潮湿地区可用于 6 层以下建筑物基础。

1. 构造要求

毛石基础的断面形式有阶梯形和梯形（图 2.2）。基础的顶面宽度比墙厚大 200 mm，即每边宽出 100 mm，每阶高度一般为 300 ~ 400 mm，并至少砌二皮毛石。上阶梯的石块应至少压砌下级阶梯石块的 1/2。

2. 施工要点

毛石基础可用毛石或毛条石，以铺浆法砌筑。灰缝厚度宜为 20 ~ 30 mm，砂浆应饱满。

石基础宜分皮卧砌，并应上下错缝，内外搭接，不得采用外面侧立石块、中间填心的砌筑方法。每日砌筑高度不宜超过 1.2 m。在转角处及交接处应同时砌筑，如不能同时砌筑，应留成斜槎。

施工时，相邻阶梯的毛石应相互搭砌。砌第 1 层石块时，基底要坐浆，石块大面向下，基础的最上一层石块宜选用较大的毛石砌筑。基础的第 1 层及转角、交接处和洞口处选用较大的平毛石砌筑。毛石基础砌筑砂浆的强度等级应符合设计要求。

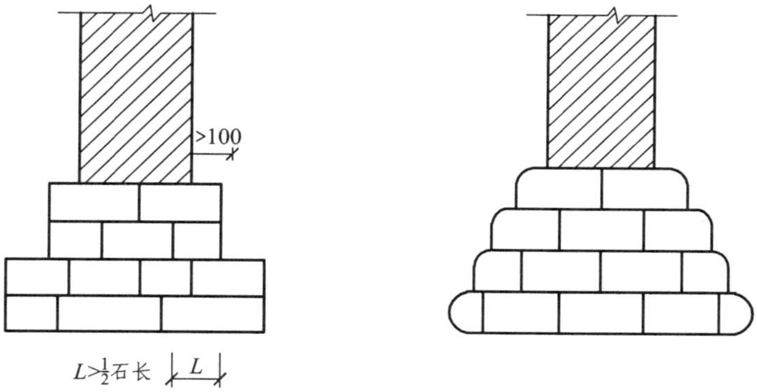

（a）阶梯形　　（b）梯形

图 2.2　毛石基础

（三）混凝土和毛石混凝土基础

在浇筑混凝土基础时，应分层进行，并使用插入式振动器捣实。对阶梯形基础，每一阶高内应整分浇筑层。对于锥形基础要逐步地随浇筑随安装其斜面部分的模板，并注意边角处混凝土的密实。独立基础应连续浇筑完毕，不能分数次浇筑。

为了节约水泥，在浇筑混凝土时，可投入 25%左右的毛石，这种基础称为毛石混凝土基础。毛石的最大粒径不超过 150 mm，也不超过结构截面最小尺寸的 1/4。毛石投放前应用水冲洗干净并晾干。投放时，应分层、均匀地投放，保证毛石边缘包裹有足够的混凝土并振捣密实。

当基坑（槽）深度超过 2 m 时，不能直接倾落混凝土，应用溜槽将混凝土送入基坑。混凝土浇筑完毕，终凝后要加以覆盖和浇水养护。

三、浅埋式钢筋混凝土基础施工

（一）条式基础

条式基础包括柱下钢筋混凝土独立基础（图 2.3）和墙下钢筋混凝土条形基础（图 2.4）。这种基础的抗弯和抗剪性能良好，可在竖向荷载较大、地基承载力不高以及承受水平力和力矩等荷载情况下使用。因高度不受台阶宽高比的限制，故适宜于需要“宽基浅埋”的场合下采用。

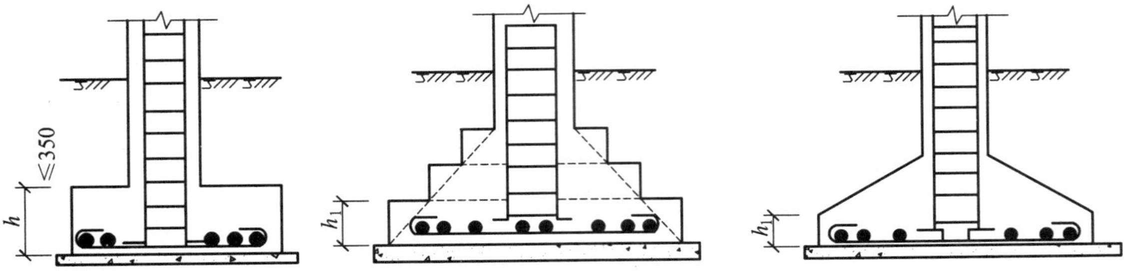

（a），（b）阶梯形　　　　（c）锥形

图 2.3　柱下钢筋混凝土基础

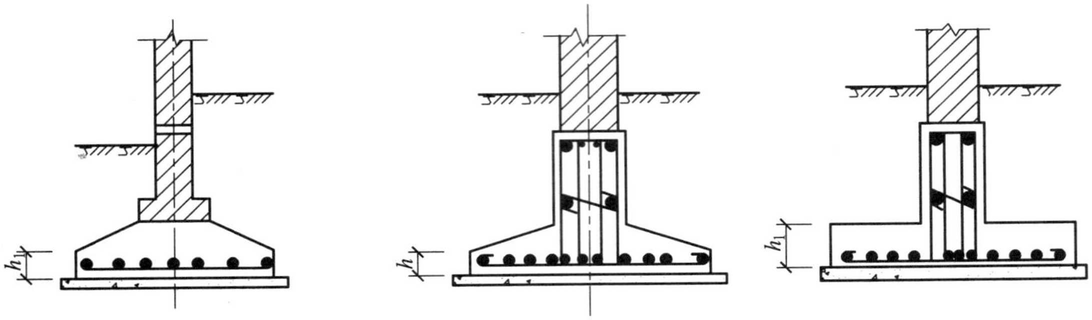

（a）板式　　　　（b），（c）梁、板结合式

图 2.4　墙下钢筋混凝土基础

1. 构造要求

（1）锥形基础（条形基础）边缘高度 h 不宜小于 200 mm；阶梯形基础的每阶高度 h_1 宜为 300 ~ 500 mm。

（2）垫层厚度一般为 100 mm，混凝土强度等级为 C10，基础混凝土强度等级不宜低于 C15。

（3）底板受力钢筋的最小直径不宜小于 8 mm，间距不宜大于 200 mm。当有垫层时钢筋保护层的厚度不宜小于 35 mm，无垫层时不宜小于 70 mm。

（4）插筋的数目与直径应与柱内纵向受力钢筋相同。插筋的锚固及柱的纵向受力钢筋的搭接长度，按国家现行《混凝土结构设计规范》的规定执行。

2. 施工要点

（1）基坑（槽）应进行验槽，局部软弱土层应挖去，用灰土或砂砾分层回填夯实至基底相平。基坑（槽）内浮土、积水、淤泥、垃圾、杂物应清除干净。验槽后地基混凝土应立即浇筑，以免地基土被扰动。

（2）垫层达到一定强度后，在其上弹线、支模。铺放钢筋网片时底部用与混凝土保护层同厚度的水泥砂浆垫塞，以保证位置正确。

（3）在浇筑混凝土前，应清除模板上的垃圾、泥土和钢筋上的油污等杂物，模板应浇水加以湿润。

（4）基础混凝土宜分层连续浇筑完成。阶梯形基础的每一台阶高度内应分层浇捣，每浇筑完一台阶应稍停 0.5～1.0 h，待其初步获得沉实后，再浇筑上层，以防止下台阶混凝土溢出，在上台阶根部出现烂脖子，台阶表面应基本抹平。

（5）锥形基础的斜面部分模板应随混凝土浇捣分段支设并顶压紧，以防模板上浮变形，边角处的混凝土应注意捣实。严禁斜面部分不支模，用铁锹拍实。

（6）基础上有插筋时，要加以固定，保证插筋位置的正确，防止浇捣混凝土发生移位。混凝土浇筑完毕，外露表面应覆盖浇水养护。

（二）杯形基础

杯形基础常用作钢筋混凝土预制柱基础，基础中预留凹槽（即杯口），然后插入预制柱，临时固定后，即在四周空隙中灌细石混凝土。其形式有一般杯口基础、双杯口基础和高杯口基础等（图 2.5）。

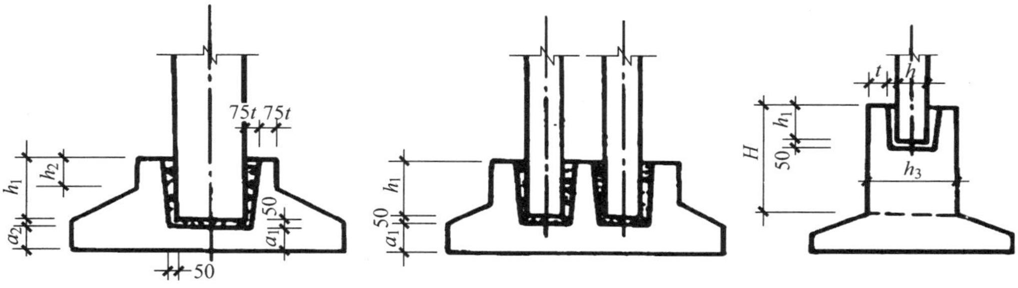

（a）一般杯口基础　　（b）双杯口基础　　（c）高杯口基础

图 2.5　杯形基础形式、构造示意图

H—短柱高度

1. 构造要求

（1）柱的插入深度可按表 2.1 选用，并应满足锚固长度的要求（一般为 20 倍纵向受力钢筋直径）和吊装时柱的稳定性（不小于吊装时柱长的 0.05 倍）的要求。

表 2.1　柱的插入深度

矩形或工字形柱				单肢管柱	双肢柱
$h<500$	$500\leqslant h<800$	$800\leqslant h<1\,000$	$h>1\,000$		
（1～1.2）h	H	$0.9h\geqslant 800$	$0.8h\geqslant 1\,000$	$1.5d\geqslant 500$	（1/3～2/3）h_a 或（1.5～1.8）h_b

注：① h 为柱截面长边尺寸；d 为管柱的外直径；h_a 为双肢柱整个截面长边尺寸；h_b 为双肢柱整个截面短边尺寸。

② 柱轴心受压或小偏心受压时，h_1 可以适当减少；偏心距 $e_0>2h$（或 $e_0>2d$）时，h_1 应适当加大。

（2）基础的杯底厚度和杯壁厚度，可按表 2.2 采用。

（3）当柱为轴心或小偏心受压，且 $t/h_2\geqslant 0.65$ 时，或大偏心受压且 $t/h_2\geqslant 0.75$ 时，杯壁可不配筋；当柱为轴心或小偏心受压且 $0.5\leqslant t\leqslant 0.65$ 时，杯壁可按表 2.3 和图 2.6 构造配筋；当柱为轴心或小偏心受压且 $t/h_2<0.5$ 时，或大偏心受压且 $t/h_2<0.75$ 时，按计算配筋。

（4）预制钢筋混凝土柱（包括双肢柱）和高杯口基础的连接与一般杯口基础构造相同。

表 2.2　基础的杯底厚度和杯壁厚度

柱截面长边尺寸 h/mm	杯底厚度 a_1/mm	杯壁厚度 t/mm
h<500	≥150	150～200
500≤h<800	≥200	≥200
800≤h<1 000	≥200	≥300
1 000≤h<1 500	≥250	≥350
1 500≤h≤2 000	≥300	≥400

注：① 双肢柱的 a_1 值，可适当加大。
② 当有基础梁时，基础梁下的杯壁厚度应满足其支承宽度的要求。
③ 柱子插入杯口部分的表面应尽量凿毛。柱子与杯口之间的空隙，应用细石混凝土（比基础混凝土强度等级高一级）密实充填，其强度达到基础设计强度等级的 70%以上（或采取其他相应措施）时，方能进行上部吊装。

表 2.3　杯壁构造配筋

柱截面长边尺寸/mm	<1 000	1 000≤h<1 500	1 500≤h≤2 000
钢筋直径/mm	8～10	10～12	12～16

注：表中钢筋置于杯口顶部，每边两根。

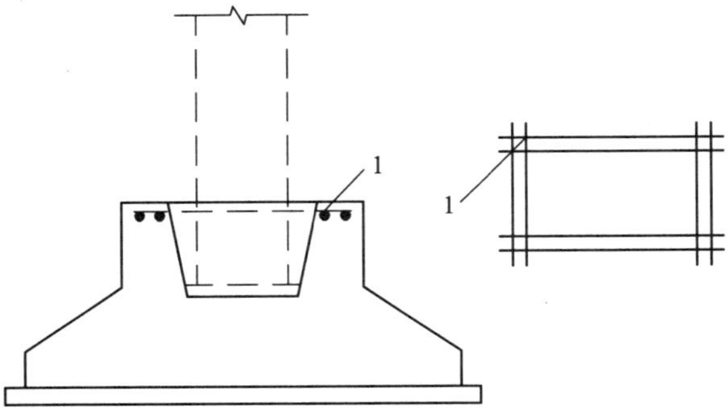

图 2.6　杯壁内配筋示意图

1—钢筋焊网或钢筋箍

2. 施工要点

杯形基础除参照板式基础的施工要点外，还应注意以下几点：

（1）混凝土应按台阶分层浇筑对高杯口基础的高台阶部分按整段分层浇筑。

（2）杯口模板可做成二半式的定型模板，中间各加一块楔形板，拆模时，先取出楔形板，然后分别将两半杯口模板取出。为便于周转宜做成工具式的，支模时杯口模板要固定牢固并压浆。

（3）浇筑杯口混凝土时，应注意四侧要对称均匀进行，避免将杯口模板挤向一侧。

（4）施工时应先浇筑杯底混凝土并振实，注意在杯底一般有 50 mm 厚的细石混凝土找平层，应仔细留出。待杯底混凝土沉实后，再浇筑杯口四周混凝土。基础浇捣完毕，在混凝土初凝后终凝前将杯口模板取出，并将杯口内侧表面混凝土凿毛。

（5）施工高杯口基础时，可采用后安装杯口模板的方法施工，即当混凝土浇捣接近杯口底时，再安装固定杯口模板，继续浇筑杯口四周混凝土。

（三）筏式基础

筏式基础由钢筋混凝土底板、梁等组成，适用于地基承载力较低而上部结构荷载很大的场合。其外形和构造上像倒置的钢筋混凝土楼盖，整体刚度较大，能有效将各柱子的沉降调整得较为均匀。筏式基础一般可分为梁板式和平板式两类（图 2.7）。

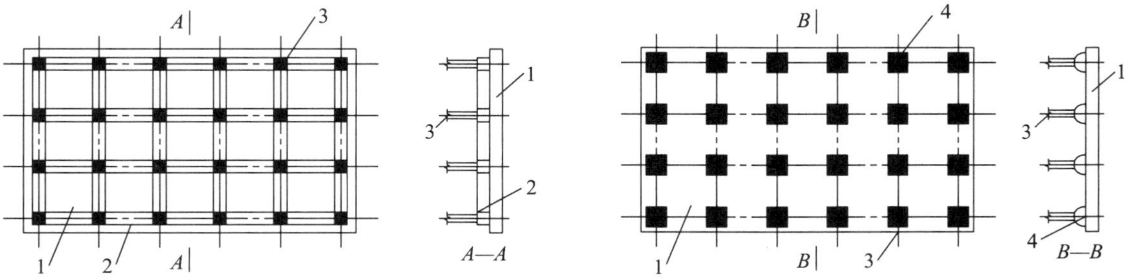

（a）梁板式　　（b）平板式

图 2.7　筏式基础

1—底板；2—梁；3—柱；4—支墩

1. 构造要求

（1）混凝土强度等级不宜低于 C20，钢筋无特殊要求，钢筋保护层厚度不小于 35 mm。

（2）基础平面布置应尽量对称，以减小基础荷载的偏心距。底板厚度不宜小于 200 mm，梁截面和板厚按计算确定，梁顶高出底板顶面不小于 300 mm，梁宽不小于 250 mm。

（3）底板下一般宜设厚度为 100 mm 的 C10 混凝土垫层，每边伸出基础底板不小于 100 mm。

2. 施工要点

（1）施工前，如地下水位较高，可采用人工降低地下水位至基坑底不少于 500 mm，以保证在无水情况下进行基坑开挖和基础施工。

（2）施工时，可采用先在垫层上绑扎底板、梁的钢筋和柱子锚固插筋，浇筑底板混凝土，待达到 25%设计强度后，再在底板上支梁模板，继续浇筑完梁部分混凝土；也可采用底板和梁模板一次同时支好，混凝土一次连续浇筑完成，梁侧模板采用支架支承并固定牢固。

（3）混凝土浇筑时一般不留施工缝，必须留设时，应按施工缝要求处理，并应设置止水带。

（4）基础浇筑完毕，表面应覆盖和洒水养护，并防止地基被水浸泡。

（四）箱形基础

箱形基础是由钢筋混凝土底板、顶板、外墙以及一定数量的内隔墙构成封闭的箱体（图 2.8），基础中部可在内隔墙开门洞作地下室。该基础具有整体性好，刚度大，调整不均匀沉降能力及抗震能力强，可消除因地基变形使建筑物开裂的可能性，减少基底处原有地基自重应力，降低总沉降量等特点。适用作软弱地基上的面积较小、平面形状简单、上部结构荷载大且分布不均匀的高层建筑物的基础和对沉降有严格要求的设备基础或特种构筑物基础。

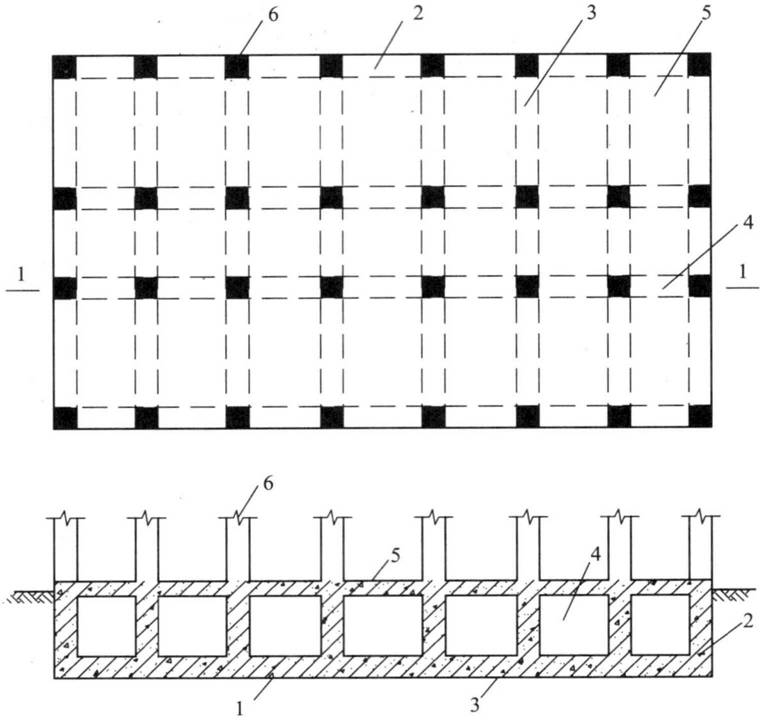

1—1

图 2.8　箱形基础

1—底板；2—外墙；3—内墙隔墙；4—内纵隔墙；5—顶板；6—柱

1. 构造要求

（1）箱形基础在平面布置上尽可能对称，以减少荷载的偏心距，防止基础过度倾斜。

（2）混凝土强度等级不应低于 C20，基础高度一般取建筑物高度的 1/8～1/12，不宜小于箱形基础长度的 1/16～1/18，且不小于 3 m。

（3）底、顶板的厚度应满足柱或墙冲切验算要求，并根据实际受力情况通过计算确定。底板厚度一般取隔墙间距的 1/8～1/10，一般为 300～1 000 mm，顶板厚度一般为 200～400 mm，内墙厚度不宜小于 200 mm，外墙厚度不应小于 250 mm。

（4）为保证箱形基础的整体刚度，平均每平方米基础面积上墙体长度应不小于 400 mm，或墙体水平截面面积不得小于基础面积的 1/10，其中纵墙配置量不得小于墙体总配置量的 3/5。

2. 施工要点

（1）基坑开挖，如地下水位较高，应采取措施降低地下水位至基坑底以下 500 mm 处，并尽量减少对基坑底土的扰动。当采用机械开挖基坑时，在基坑底面以上 200～400 mm 厚的土层，应用人工挖除并清理，基坑验槽后，应立即进行基础施工。

（2）施工时，基础底板、内外墙和顶板的支模、钢筋绑扎和混凝土浇筑，可采取分块进行，其施工缝的留设位置和处理应符合钢筋混凝土工程施工及验收规范有关要求，外墙接缝应设止水带。

（3）基础的底板、内外墙和顶板宜连续浇筑完毕。为防止出现温度收缩裂缝，一般应设置贯通后浇带，带宽不宜小于 800 mm，在后浇带处钢筋应贯通，顶板浇筑后，相隔 2 ~ 4 周，用比设计强度提高一级的细石混凝土将后浇带填灌密实，并加强养护。

（4）基础施工完毕，应立即进行回填土。停止降水时，应验算基础的抗浮稳定性，抗浮稳定系数不宜小于 1.2，如不能满足时，应采取有效措施，譬如继续抽水直至上部结构荷载加上后能满足抗浮稳定系数要求为止，或在基础内采取灌水或加重物等，防止基础上浮或倾斜。

第二节　桩基础概述

一般建筑物都应该充分利用地基土层的承载能力，而尽量采用浅基础。但若浅层土质不良，无法满足建筑物对地基变形和强度方面的要求时，可以利用下部坚实土层或岩层作为持力层，这就要采取有效的施工方法建造深基础了。深基础主要有桩基础、墩基础、沉井和地下连续墙等几种类型，其中以桩基最为常用。

一、桩基础的作用

桩基一般由设置于土中的桩和承接上部结构的承台组成（图 2.9）。桩的作用在于将上部建筑物的荷载传递到深处承载力较大的土层上；或使软弱土层挤压，以提高土壤的承载力和密实度，从而保证建筑物的稳定性和减少地基沉降。

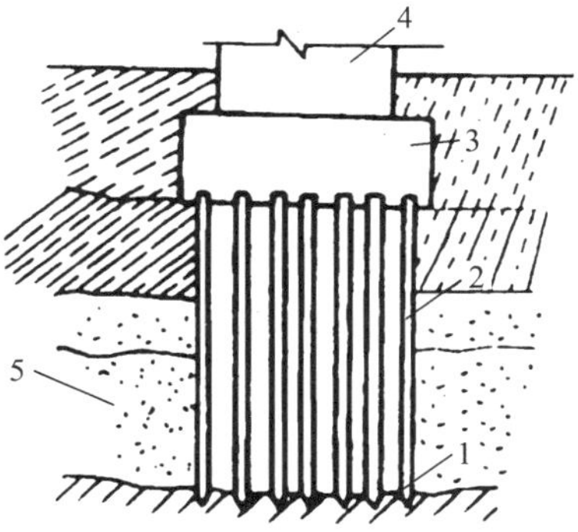

图 2.9　桩基础示意图

1—持力层；2—桩；3—桩基承台；4—上部建筑物；5—软弱层

绝大多数桩基的桩数不止一根，而将各根桩在上端（桩顶）通过承台联成一体。根据承台与地面的相对位置不同，一般有低承台与高承台桩基之分。前者的承台底面位于地面以下，而后者则高出地面以上。一般来说，采用高承台主要是为了减少水下施工作业和节省基础材料，常用于桥梁和港口工程中。而低承台桩基承受荷载的条件比高承台好，特别在水平荷载作用下，承台周围的土体可以发挥一定的作用。在一般房屋和构筑物中，大多都使用低承台桩基。

二、桩基础的分类

1. 按承载性质分

（1）摩擦型桩

摩擦型桩又可分为摩擦桩和端承摩擦桩。摩擦桩是指在极限承载力状态下，桩顶荷载由桩侧阻力承受的桩；端承摩擦桩是指在极限承载力状态下，桩顶荷载主要由桩侧阻力承受的桩。

（2）端承型桩

端承型桩又可分为端承桩和摩擦端承桩。端承桩是指在极限承载力状态下，桩顶荷载由桩端阻力承受的桩；摩擦端承桩是指在极限承载力状态下，桩顶荷载主要由桩端阻力承受的桩。

2. 按承台位置的高低不同分

（1）高承台桩基础

承台底面高于地面，它的受力和变形不同于低承台桩基础。一般应用在桥梁、码头工程中。

（2）低承台桩基础

承台底面低于地面，一般用于房屋建筑工程中。

3. 按桩的使用功能分

竖向抗压桩、竖向抗拔桩、水平受荷载桩、复合受荷载桩。

4. 按桩身材料分

混凝土桩、钢桩、组合材料桩。

5. 按成桩方法分

非挤土桩（如干作业法桩、泥浆护壁法桩、套筒护壁法桩）、部分挤土桩（如部分挤土灌注桩、预钻孔打入式预制桩等）、挤土桩（如挤土灌注桩、挤土预制桩等）。

6. 按桩制作工艺分

预制桩和现场灌注桩，现在使用较多的是现场灌注桩。

第三节　钢筋混凝土预制桩的施工

一、桩的种类

1. 钢筋混凝土实心方桩

钢筋混凝土实心桩，断面一般呈方形。桩身截面一般沿桩长不变。实心方桩截面尺寸一般为 200 mm×200 mm～600 mm×600 mm。

钢筋混凝土实心桩的优点是长度和截面可在一定范围内根据需要选择，由于在地面上预制，制作质量容易保证，承载能力高，耐久性好。因此，工程上应用较广。

钢筋混凝土实心桩由桩尖、桩身和桩头组成。钢筋混凝土实心桩所用混凝土的强度等级不宜低于 C30。采用静压法沉桩时，可适当降低，但不宜低于 C20，预应力混凝土桩的混凝土的强度等级不宜低于 C40。

2. 钢筋混凝土管桩

混凝土管桩一般在预制厂用离心法生产。桩径有ϕ300、ϕ400、ϕ500 等，每节长度 8 m、10 m、12 m 不等。接桩时，接头数量不宜超过 4 个。混凝土管桩各节段之间的连接可以用角钢焊接或法兰螺栓连接。由于用离心法成型，混凝土中多余的水分由于离心力而甩出，故混凝土致密、强度高，抵抗地下水和其他腐蚀的性能好。混凝土管桩应达到设计强度 100%后方可运到现场打桩。堆放层数不超过 4 层，底层管桩边缘应用楔形木块塞紧，以防滚动。

二、桩的制作、运输和堆放

1. 桩的制作

较短的桩一般在预制厂制作，较长的桩一般在施工现场附近露天预制。预制场地的地面要平整、夯实，并防止浸水沉陷。预制桩叠浇预制时，桩与桩之间要做隔离层，以保证起吊时不互相黏结。叠浇层数，应由地面允许荷载和施工要求而定，一般不超过 4 层，上层桩必须在下层桩的混凝土达到设计强度等级的 30%以后，方可进行浇筑。

钢筋混凝土预制桩的钢筋骨架的主筋连接宜采用对焊。主筋接头配置在同一截面内的数量，当采用闪光对焊和电弧焊时，不得超过 50%；同一根钢筋两个接头的距离应大于 $30d$，且不小于 500 mm。预制桩的混凝土浇筑工作应由桩顶向桩尖连续浇筑，严禁中断，制作完成后，应洒水养护不少于 7 d。

制作完成的预制桩应在每根桩土标明编号及制作日期，如设计不埋设吊环，则应标明绑扎点位置。

预制桩的几何尺寸允许偏差为：横截面边长 ± 5 mm；桩顶对角线之差 10 mm；混凝土保护层厚度 ± 5 mm；桩身弯曲矢高不大于 0.1%桩长；桩尖中心线 10 mm；桩顶面平整度小于 2 mm。预制桩制作质量还应符合下列规定：

（1）桩的表面应平整、密实，掉角深度小于 10 mm，且局部蜂窝和掉角的缺损总面积不得超过该桩表面全部面积的 0.5%，同时不得过分集中。

（2）由于混凝土收缩产生的裂缝，深度小于 20 mm，宽度小于 0.25 mm；横向裂缝长度不得超过边长的一半。

2. 桩的运输

钢筋混凝土预制桩应在混凝土达到设计强度等级的 70%后方可起吊，达到设计强度等级的 100%后才能运输和打桩。如提前吊运，必须采取措施并经过验算合格后才能进行。

桩在起吊搬运时，必须做到平稳，避免冲击和振动，吊点应同时受力，且吊点位置应符合设计规定。如无吊环，设计又未作规定时，绑扎点的数量及位置按桩长而定，应符合起吊弯矩最小的原则，可按图 2.10 所示的位置捆绑。长 20 ~ 30 m 的桩，一般采用 3 个吊点。

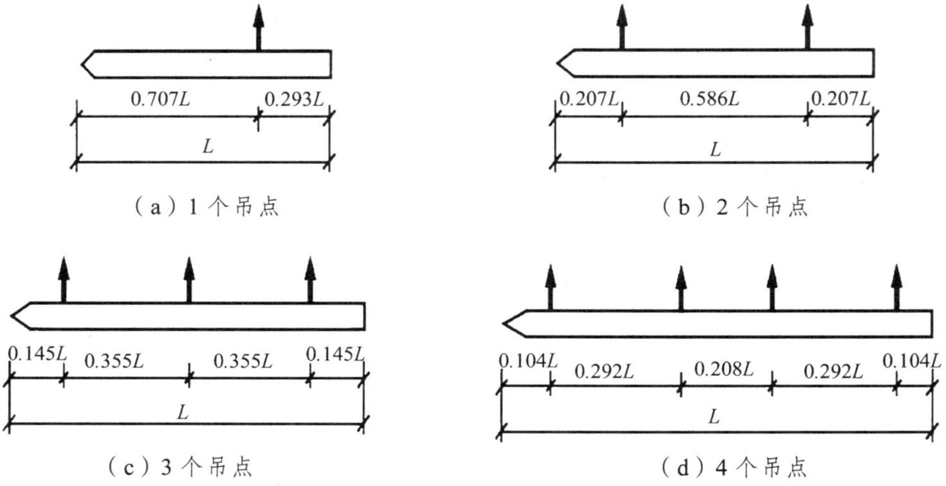

图 2.10 吊点的合理位置

3. 桩的堆放

桩堆放时，地面必须平整、坚实，垫木间距应根据吊点确定，各层垫木应位于同一垂直线上，最下层垫木应适当加宽，堆放层数不宜超过 4 层，不同规格的桩应分别堆放。

三、打入法施工

预制桩的打入法施工，就是利用锤击的方法把桩打入地下（图 2.11）。这是预制桩最常用的沉桩方法。

1. 打桩机具及选择

打桩机具主要有打桩机及辅助设备。打桩机主要有桩锤、桩架和动力装置三部分。如图 2.11 所示。

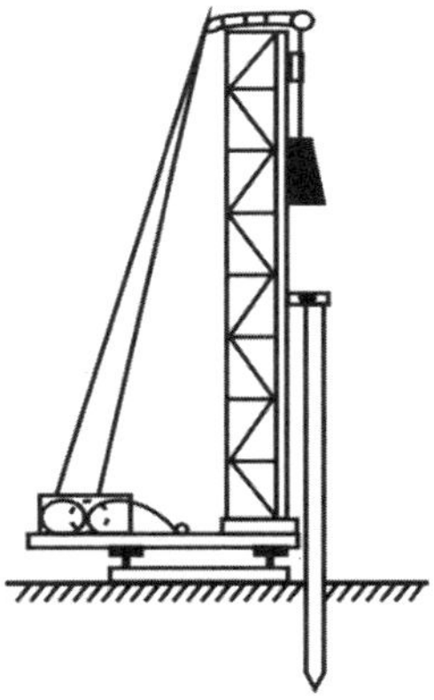

图 2.11　打入桩施工

（1）桩　锤

常见桩锤类型有落锤、单动汽锤、双动汽锤、柴油锤、液压锤等。

① 落锤：一般由生铁铸成，利用卷扬机提升，以脱钩装置或松开卷扬机刹车使其坠落到桩头上，逐渐将桩打入土中。落锤重力为 5 ~ 20 kN，构造简单，使用方便，故障少。适用于普通黏性土和含砾石较多的土层中打桩，但打桩速度较慢，效率低。

② 单动汽锤：单动汽锤的冲击部分为汽缸，活塞是固定于桩顶上的，动力为蒸汽，单动汽锤具有落距小、冲击力大的优点，适用于打各种桩。但存在蒸汽没有被充分利用，软管磨损较快，软管与汽阀联结处易脱开等缺点。

③ 双动汽锤：双动汽锤冲击部分为活塞，动力是蒸汽。具有活塞冲程短、冲击力大、打桩速度快、工作效率高等优点。适用于打各种桩，并可以用于拔桩和水下打桩。

④ 柴油锤：柴油锤是以柴油为燃料，利用柴油点燃爆炸时膨胀产生的压力，将锤抬起，然后自由落下冲击桩顶，同时汽缸中空气压缩，温度骤增，喷嘴喷油，柴油在汽缸内自行燃烧爆发，使汽缸上抛，落下时又击桩进入下一循环。如此反复循环进行，把桩打入土中。

（2）桩　架

桩架一般由底盘、导向杆、起吊设备、撑杆等组成。

① 作用：支持桩身和桩锤，将桩吊到打桩位置，并在打入过程中引导桩的方向，保证桩锤沿着所要求的方向冲击。

② 桩架的选择：选择桩架时，应考虑桩锤的类型、桩的长度和施工条件等因素。桩架的高度由桩的长度、桩锤高度、桩帽厚度及所用滑轮组的高度来确定。此外，还应留 1 ~ 3 m 的高度作为桩锤的伸缩余地。故桩架的高度 = 桩长 + 桩锤高度 + 滑轮组高 + 起锤移位高度 + 安全工作间隙。

③ 桩架用钢材制作，按移动方式有轮胎式、履带式、轨道式等。

（3）动力装置

动力设备包括驱动桩锤用的动力设施，如卷扬机、锅炉、空气压缩机和管道、绳索和滑轮等。

2. 打桩前的准备工作

（1）处理障碍物

打桩前，应认真处理高空、地上和地下障碍物，如地下管线、旧基础、树木杂草等。此外，打桩前应对现场周围的建筑物作全面检查，如有危房或危险构筑物，必须预先加固，不然由于打桩振动，可造成倒塌。

（2）平整场地

在建筑物基线以外 4 ~ 6 m 内的整个区域或桩机进出场地及移动路线上，应作适当平整压实，并做适当放坡，保证场地排水良好。否则由于地面高低不平，不仅使桩机移动困难，降低沉桩生产率，而且难以保证使就位后的桩机稳定和入土的桩身垂直，以致影响沉桩质量。

（3）材料、机具、水电的准备

桩机进场后，按施工顺序铺设轨道，选定位置架设桩机和设备，接通水电源，进行试机，并移机至桩位，力求桩架平稳垂直。

（4）进行打桩试验

进行打桩试验又叫沉桩试验。沉桩前应作数量不少于 2 根桩的打桩工艺试验，用以了解桩的贯入度、持力层强度、桩的承载力，以及施工过程中遇到的各种问题和反常情况等。

（5）确定打桩顺序

打桩时，由于桩对土体的挤密作用，先打入的桩被后打入的桩水平挤推而造成偏移和变位或被垂直挤拔造成浮桩，而后打入的桩难以达到设计高程或入土深度，造成土体隆起和挤压，截桩过大。所以，群桩施工时，为了保证质量和进度，防止周围建筑物破杯，打桩前根据桩的密集程度、规格、长短以及桩架移动是否方便等因素来选择正确的打桩顺序。

常用的打桩顺序一般有：自两侧向中间打设、逐排打设、自中间向四周打设、自中间向两侧打设。当桩的中心距不大于 4 倍桩的直径或边长时，应由中间向两侧对称施打或由中间向四周施打。当桩的中心距大于 4 倍桩的边长或直径时，可采用上述两种打法，或逐排单向打设。

（6）抄平放线，定桩位

3. 打　桩

打桩开始时，应先采用小的落距（0.5 ~ 0.8 m）作轻的锤击，使桩正常沉入土中 1 ~ 2 m 后，经检查桩尖不发生偏移，再逐渐增大落距至规定高度，继续锤击，直至把桩打到设计要求的深度。

桩的施打原则是重锤低击，这样桩锤对桩头的冲击小，回弹也小，桩头不易损坏，大部分能量都用于克服桩身与土的摩阻力和桩尖阻力上，桩能较快地沉入土中。

四、静力压桩施工

打桩机打桩施工噪声大，特别是在城市人口密集地区打桩，影响居民休息，为了减少噪声，可采用静力压桩。静力压桩是在软弱土层中，利用静压力将预制桩逐节压入土中的一种沉桩法。这种方法节约钢筋和混凝土，降低工程造价，而且施工时无噪声、无振动、无污染，对周围环境的干扰小，适用于软土地区、城市中心或建筑物密集处的桩基础工程，以及精密工厂的扩建工程。

1. 压桩机械设备

压桩机有两种类型：一种是机械静力压桩机（图 2.12）。它由压桩架（桩架与底盘）、传动设备（卷扬机、滑轮组、钢丝绳）、平衡设备（铁块）、量测装置（测力计、油压表）及辅助设备（起重设备、送桩）等组成；另一种是液压静力压桩机（图 2.13）。它由液压吊装机构、液压夹持、压桩机构（千斤顶）、行走及回转机构、液压及配电系统、配重铁等部分组成，该机具有体积轻巧、使用方便等特点。

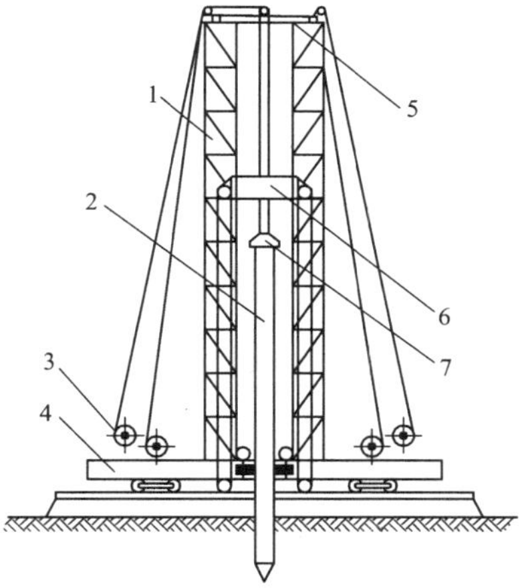

图 2.12　机械静力压桩机

1—桩架；2—桩；3—卷扬机；4—底盘；5—顶梁；6—压梁；7—桩帽

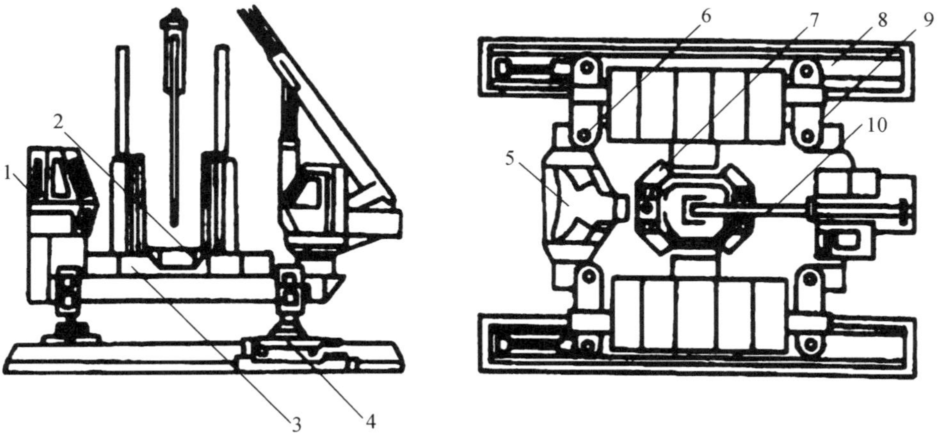

图 2.13　液压静力压桩机

1—操作室；2—夹持与压桩机构；3—配重铁块；4—短船及回转机构；5—电控系统；6—液压系统；7—导向架；8—长船行走机构；9—支腿式底盘结构；10—液压起重机

2. 压桩工艺方法

（1）施工程序

静力压桩的施工程序为：测量定位—桩机就位—吊桩插桩—桩身对中调直—静压沉桩—接桩—再静压沉桩—终止压桩—切割桩头。

（2）压桩方法

用起重机将预制桩吊运或用汽车运至桩机附近，再利用桩机自身设置的起重机将其吊入夹持器中，夹持油缸将桩从侧面夹紧，压桩油缸作伸程动作，把桩压入土层中。伸长完后，夹持油缸回程松夹，压桩油缸回程，重复上述动作，可实现连续压桩操作，直至把桩压入预定深度土层中。

（3）桩拼接的方法

钢筋混凝土预制长桩在起吊、运输时受力极为不利，因而一般先将长桩分段预制，后再在沉桩过程中接长。常用的接头连接方法有以下两种：

① 浆锚接头（图 2.14）。它是用硫黄水泥或环氧树脂配制成的黏结剂，把上段桩的预留插筋黏结于下段桩的预留孔内。

② 焊接接头（图 2.15）。在每段桩的端部预埋角钢或钢板，施工时于上下段桩身相接触，用扁钢贴焊连成整体。

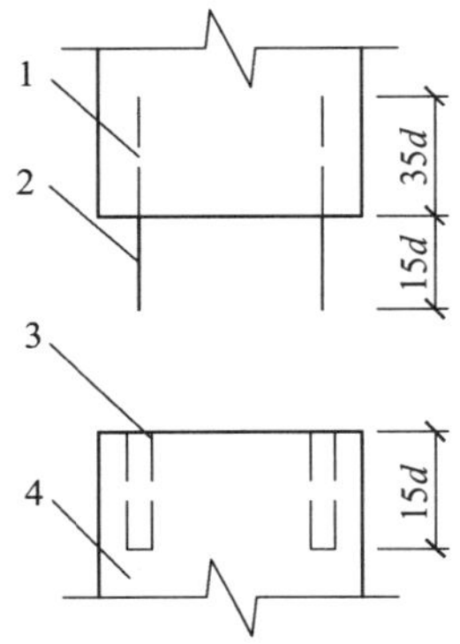

图 2.14　桩拼接的浆锚接头

1—上节桩；2—锚筋；3—锚筋孔；4—下节桩

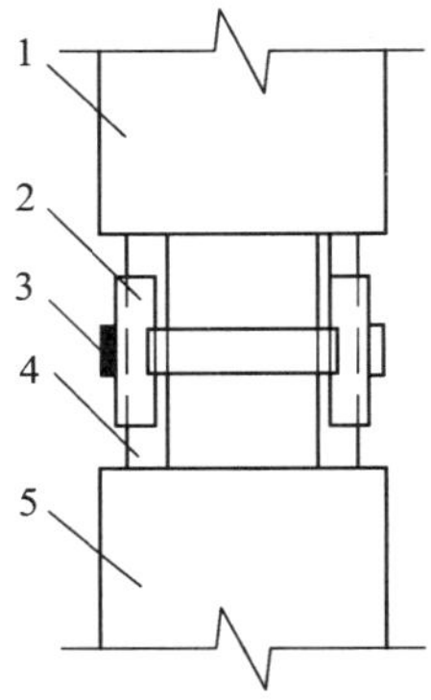

图 2.15　桩拼接的焊接接头

1—上节桩；2—连接角钢；3—拼接板；4—与主筋连接的角钢；5—下节桩

（4）压桩施工要点

① 压桩应连续进行，因故停歇时间不宜过长，否则压桩力将大幅度增长而导致桩压不下去或桩机被抬起。

② 压桩的终压控制很重要。一般对纯摩擦桩，终压时以设计桩长为控制条件；对长度大于 21 m 的端承摩擦型静压桩，应以设计桩长控制为主，终压力值作对照；对一些设计承载力较高的桩基，终压力值宜尽量接近压桩机满载值；对长 14 ~ 21 m 静压桩，应以终压力达满载值为终压控制条件；对桩周土质较差且设计承载力较高的，宜复压 1 ~ 2 次为佳，对长度小于 14 m 的桩，宜连续多次复压，特别对长度小于 8 m 的短桩，连续复压的次数应适当增加。

③ 静力压桩单桩竖向承载力，可通过桩的终止压力值大致判断。如判断的终止压力值不能满足设计要求，应立即采取送桩加深处理或补桩，以保证桩基的施工质量。

五、振动沉桩施工

振动沉桩是利用固定在桩顶部的振动器所产生的激振力，通过桩身使土颗粒受迫振动，使其改变排列组织，产生收缩和位移，这样桩表面与土层间的摩擦力就减少，桩在自重和振动力共同作用下沉入土中。

振动沉桩设备简单，不需要其他辅助设备，质量轻、体积小、搬运方便、费用低、工效高，适用于往黏土、松散砂土及黄土和软土中沉桩，更适合于打钢板桩，同时借助起重设备可以拔桩。

六、打桩中常见问题的分析和处理

打桩施工常会发生打坏、打歪、打不下等问题。发生这些问题的原因是复杂的，有工艺和操作上的原因，有桩的制作质量上的原因，也有土层变化复杂等原因。因此，发生这些问题时，必须具体分析、具体处理，必要时，应与设计单位共同研究解决。

1. 桩顶、桩身被打坏

这个现象一般是桩顶周围和四角打坏，或者顶面被打碎。有时甚至将桩头钢筋网部分的混凝土全部打碎，几层钢筋网都露在外面，有的是桩身混凝土崩裂脱落，甚至桩身断折。发生这些问题的原因及处理方法如下：

（1）打桩时，桩的顶部由于直接受到冲击而产生很高的局部应力。因此，桩顶的配筋应作特别处理。

（2）桩身混凝土保护层太厚，直接受冲击的是素混凝土，因此容易剥落。主筋放得不正是引起保护层过厚的原因，必须注意避免。

（3）桩的顶面与桩的轴线不垂直，则桩处于偏心受冲击状态，局部应力增大，极易损坏。

（4）桩下沉速度慢而施打时间长、锤击次数多或冲击能量过大称为过打。遇到过打，应分析地质资料，判断土层情况，改善操作方法，采取有效措施解决。

（5）桩身混凝土强度不高。

2. 打　歪

桩顶不平、桩身混凝土凸肚、桩尖偏心、接桩不正或土中有障碍物，都容易使桩打歪；另外，桩被打歪往往与操作有直接关系，例如桩初入土时，桩身就有歪斜，但未纠正即予施打，就很容易把桩打歪。

3. 打不下

在城市内打桩，如初入土 1～2 m 就打不下去，贯入度突然变小，桩锤严重回弹，则可能遇上旧的灰土或混凝土基础等障碍物，必要时应彻底清除或钻透后再打，或者将桩拔出，适当移位后再打。如桩已打入土中很深，突然打不下去，这可能有以下几种情况：

桩顶或桩身已打坏；土层中央有较厚的砂层或其他硬土层；遇上钢渣、孤石等障碍。

4. 一桩打下，邻桩上升

这种现象多在软土中发生，即桩贯入土中时，由于桩身周围的土体受到急剧的挤压和扰动，被挤压和扰动的土，靠近地面的部分，将在地表面隆起和水平移动。若布桩较密，打桩顺序又欠合理时，一桩打下，将影响到邻桩上升，或将邻桩拉断，或引起周围土坡开裂、建筑物出现裂缝。

七、打桩质量要求与验收

打桩质量评定包括两个方面：一是能否满足设计规定的贯入度或高程的要求；二是桩打入后的偏差是否在施工规范允许的范围内。

1. 贯入度或高程必须符合设计要求

桩端达到坚硬、硬塑的黏性土、碎石土，中密以上的粉土和砂土或风化岩等土层时，应以贯入度控制为主，桩端进入持力层深度或桩尖高程作参考；若贯入度已达到而桩端标高未达到时，应继续锤击 3 阵，其每阵 10 击的平均贯入度不应大于规定的数值；桩端位于其他软土层时，以桩端设计高程控制为主，贯入度作参考。这里的贯入度是指最后贯入度，即施工中最后 10 击内桩的平均入土深度。它是打桩质量标准的重要控制指标。

2. 平面位置或垂直度必须符合施工规范要求

桩打入后，桩位的允许偏差应符合《建筑地基基础工程施工质量验收规范》（GB 50202—2002）的规定。

3. 验　收

基桩工程验收时应提交下列资料：

（1）工程地质勘察报告、桩基施工图、图纸会审纪要、设计变更单及材料代用通知单等。
（2）经审定的施工组织设计、施工方案及执行中的变更情况。
（3）桩位测量放线图，包括工程桩位线复核签证单。
（4）成桩质量检查报告。
（5）单桩承载力检测报告。
（6）基坑挖至设计高程的基桩竣工平面图及桩顶高程图。

八、打桩施工时对临近建筑物的影响及预防措施

打桩对周围环境的影响，除振动、噪声外，还有土体的变形、位移和形成超静孔隙水压力，这使土体后来所处的平衡状态破坏，对周围原有的建筑物和地下设施带来不良影响。轻则使建筑物的粉刷脱落，墙体和地坪开裂，重则使圈梁和过梁变形，门窗启闭困难，它还会使临近的地下管线破损和断裂，甚至中断使用，还能使临近的路基变形，影响交通安全等；如附近有生产车间和大型设备基础，它也可能使车间跨度发生变化、基础被推移，因而影响正常的生产。

总结多年来的施工经验，减少或预防沉桩对周围环境的有害影响，可采用钻孔打桩工艺、合理安排沉桩顺序、控制沉桩速率、挖防震沟等方法达到降低不良影响的目的。

第四节　混凝土灌注桩的施工

混凝土灌注桩是直接在施工现场的桩位上成孔，然后在孔内浇筑混凝土成桩。钢筋混凝土灌注桩还需在桩孔内安放钢筋笼后再浇筑混凝土成桩。

与预制桩相比较，灌注桩可节约钢材、木材和水泥，且施工工艺简单，成本较低。能适应持力层的起伏变化制成不同长度的桩，可按工程需要制作成大口径桩。施工时无需分节制作和接桩，减少大幅的运输和起吊工作量。施工时无振动、噪声小，对环境干扰较小。但其操作要求较严格，施工后需一定的养护期，不能立即承受荷载。

灌注桩按成孔方法分为钻孔灌注桩、沉管灌注桩、人工挖孔灌注桩、爆扩成孔灌注桩等。

一、钻孔灌注桩

钻孔灌注桩是指利用钻孔机械钻出桩孔，并在孔中浇筑混凝土（或先在孔中吊放钢筋笼）而成的桩。根据钻孔机械的钻头是否在土壤的含水层中施工，又分为泥浆护壁成孔和干作业成孔两种施工方法。

（一）泥浆护壁成孔灌注桩

泥浆护壁成孔是利用泥浆保护稳定孔壁的机械钻孔方法。它通过循环泥浆将切削碎的泥石渣屑悬浮后排出孔外，泥浆护壁钻孔灌注桩适用于地下水位以下的黏性土、粉土、砂土、填土、碎（砾）石土及风化岩层，以及地质情况复杂，夹层多、风化不均、软硬变化较大的岩层，冲孔灌注桩除适应上述地质情况外，还能穿透旧基础、大孤石等障碍物，但在岩溶发育地区应慎重使用。

泥浆护壁成孔灌注桩施工工艺流程如下所述。

1. 测定桩位

平整清理好施工场地后，设置桩基轴线定位点和水准点，根据桩位平面布置施工图，定出每根桩的位置，并做好标志。施工前，桩位要检查复核，以防被外界因素影响而造成偏移。

2. 埋设护筒

护筒的作用是：固定桩孔位置，防止地面水流入，保护孔口，增高桩孔内水压力，防止塌孔，成孔时引导钻头方向。护筒用 4 ~ 8 mm 厚钢板制成，内径比钻头直径大 100 ~ 200 mm，顶面高出地面 0.4 ~ 0.6 m，上部开 1 ~ 2 个溢浆孔。埋设护筒时，先挖去桩孔处表土，将护筒埋入土中，其埋设深度，在黏土中不宜小于 1 m，在砂土中不宜小于 1.5 m。其高度要满足孔内泥浆液面高度的要求，孔内泥浆面应保持高出地下水位 1 m 以上。采用挖坑埋设时，坑的直径应比护筒外径大，护筒中心与桩位中心线偏差不应大于 50 mm，对位后应在护筒外侧填入黏土并分层夯实。

3. 泥浆制备

泥浆的作用是护壁、携砂排土、切土润滑、冷却钻头等，其中以护壁为主。泥浆制备方法应根据土质条件确定：在黏土和粉质黏土中成孔时，可注入清水，以原土造浆。在其他土层中成孔，泥浆可选用高塑性的黏土制备。施工中应经常测定泥浆密度，并定期测定黏度、含砂率和胶体率。为了提高泥浆质量可加入外掺料，如增重剂、增黏剂、分散剂等。

4. 成　孔

（1）潜水钻机成孔

潜水钻机成孔示意图如图 2.16 所示。潜水钻机是一种旋转式钻孔机，其防水电机变速机构和钻头密封在一起，由桩架及钻杆定位后可潜入水、泥浆中钻孔。注入泥浆后通过正循环或反循环排渣法将孔内切削土粒、石渣排至孔外。目前使用的潜水钻，钻孔直径 400 ~ 800 mm，最大钻孔深度 50 m。潜水钻机既适用于水下钻孔，也可用于地下水位较低的干土层中钻孔。

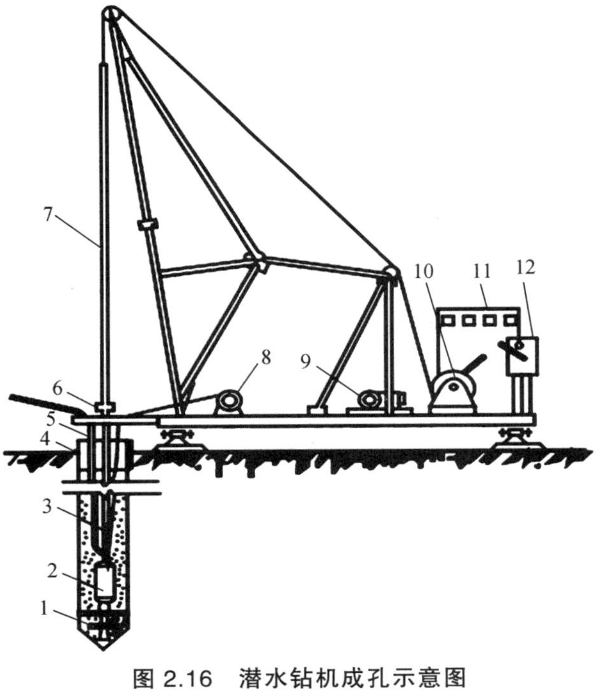

图 2.16　潜水钻机成孔示意图

1—钻头；2—潜水钻机；3—电缆；4—护筒；5—水管；6—滚轮；7—钻杆；8—电缆盘；9—5 kN 卷扬机；10—10 kN 卷扬机；11—电流电压表；12—启动开关

潜水钻机成孔排渣有正循环排渣和泵举反循环排渣两种方式（图 2.17）。

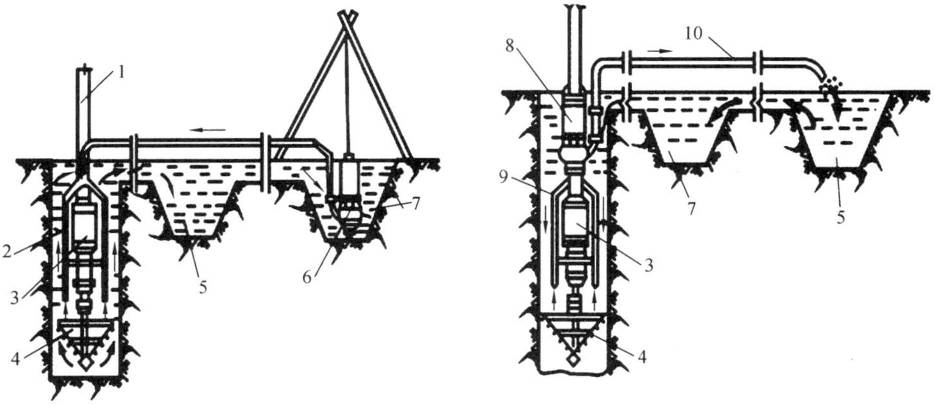

（a）正循环排渣　　　　（b）泵举反循环排渣

图 2.17　循环排渣方法

1—钻杆；2—送水管；3—主机；4—钻头；5—沉淀池；6—潜水泥浆泵；7—泥浆池；8—砂石泵；9—抽渣管；10—排渣胶管

① 正循环排渣法：在钻孔过程中，旋转的钻头将碎泥渣切削成浆状后，利用泥浆泵压送高压泥浆，经钻机中心管、分叉管送入到钻头底部强力喷出，与切削成浆状的碎泥渣混合，携带泥土沿孔壁向上运动，从护筒的溢流孔排出。

② 泵举反循环排渣法：砂石泵随主机一起潜入孔内，直接将切削碎泥渣随泥浆抽排出孔外。

（2）冲击钻成孔

冲击钻机通过机架、卷扬机把带刃的重钻头（冲击锤）提高到一定高度，靠自由下落的冲击力切削破碎岩层或冲击土层成孔（图 2.18）。冲孔前应埋设钢护筒，并准备好护壁材料。

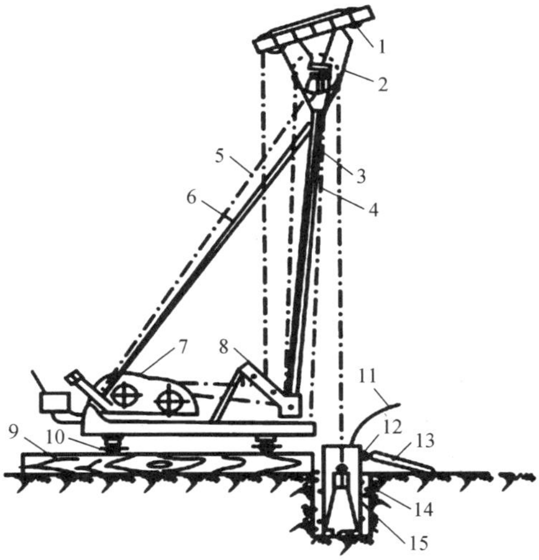

图 2.18　简易冲击钻孔机示意图

1—副滑轮；2—主滑轮；3—主杆；4—前拉索；5—后拉索；6—斜撑；7—双滚筒卷扬机；8—导向轮；9—垫木；10—钢管；11—供浆管；12—溢流口；13—泥浆渡槽；14—护筒回填土；15—钻头

冲击钻头形式有十字形、工字形、人字形等，一般常用十字形冲击钻头（图 2.19）。

（3）冲抓锥成孔

冲抓锥（图 2.20）锥头上有一重铁块和活动抓片，通过机架和卷扬机将冲抓锥提升到一定高度，下落时松开卷筒刹车，抓片张开，锥头便自由下落冲入土中，然后开动卷扬机提升锥头，这时抓片闭合抓土。冲抓锥整体提升至地面上卸去土渣，依次循环成孔。该法成孔直径为 450 ~ 600 mm，成孔深度 10 m 左右，适用于松软土层（砂土、黏土）中冲孔，但遇到坚硬土层时宜换用冲击钻施工。

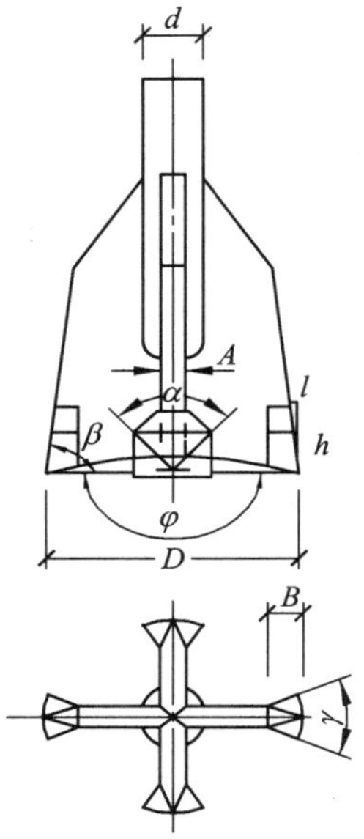

图 2.19　十字形冲击钻头

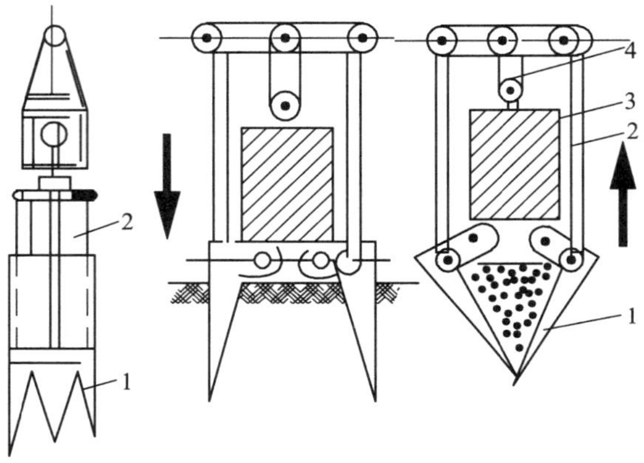

（a）抓土　　（b）提土

图 2.20　冲抓锥头

1—抓片；2—连杆；3—压重；4—滑轮组

（4）回转钻成孔

回转钻成孔（图 2.21）是我国灌注桩施工中最常用的方法之一。按排渣方式不同也分为正循环回转钻成孔和反循环回转钻成孔两种。

① 正循环固转钻成孔由钻机回转装置带动钻杆和钻头固转切削破碎岩土，由泥浆泵往钻杆输进泥浆，泥浆沿孔壁上升，从孔口溢浆孔溢出流入泥浆池，经沉淀处理返回循环池。正循环成孔泥浆的上返速度低，携带土粒直径小，排渣能力差，岩土重复破碎现象严重，适用于填土、淤泥、黏土、粉土、砂土等地层，对于卵砾石含量不大 15%，粒径小于 10 mm 的部分砂卵砾石层和软质基岩及较硬基岩也可使用。

② 反循环回转钻成孔是由钻机回转装置，动钻杆和钻头回转切削破碎岩土，利用泵吸、气举、喷射等措施抽吸循环护壁泥浆，挟带钻渣从钻杆内腔抽吸出孔外的成孔方法。

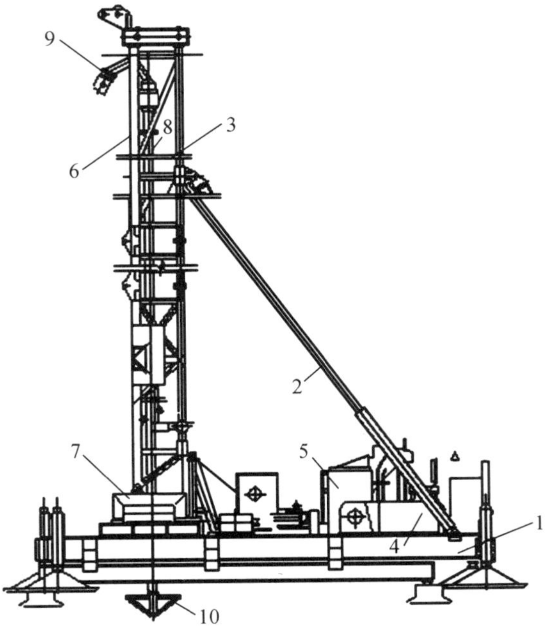

图 2.21　回转钻机示意图

1—座盘；2—斜撑；3—塔架；4—电机；5—卷扬机；6—塔架；7—转盘；
8—钻杆；9—泥浆输送管；10—钻头

5. 清　孔

当钻孔达到设计要求深度并经检查合格后，应立即进行清孔，目的是清除孔底沉渣以减少桩基的沉降量，提高承载能力，确保桩基质量。清孔方法有真空吸泥渣法、射水抽渣法、换浆法和掏渣法。

对以原土造浆的钻孔，可使钻机空转不进尺，同时注入清水，等孔底残余的泥块已磨浆，排出泥浆比重降至 1.1 左右（以手触泥浆无颗粒感觉），即可认为清孔已合格。对注入制备泥浆的钻孔，可采用换浆法清孔，至换出泥浆比重小于 1.15 ~ 1.25 为合格。

6. 吊放钢筋笼

清孔后应立即安放钢筋笼、浇混凝土。钢筋笼一般都在工地制作，制作时要求主筋环向均匀布置，箍筋直径及间距、主筋保护层、加劲箍的间距等均应符合设计要求。分段制作的钢筋笼，其接头采用焊接且应符合施工及验收规范的规定。吊放钢筋笼时应保持垂直缓慢放入，防止碰撞孔壁。若造成塌孔或安放钢筋笼时间太长，应进行二次清孔后再浇筑混凝土。

7. 水下混凝土浇筑

泥浆护壁成孔灌注桩的水下混凝土浇筑常用导管法，混凝土强度等级不低于 C20，坍落度为 18 ~ 22 cm，导管一般用无缝钢管制作，直径为 200 ~ 300 mm，每节长度为 2 ~ 3 m，最下一节为脚管，长度不小于 4 m，各节管用法兰盘和螺栓连接。

（二）干作业成孔灌注桩

干作业成孔灌注桩适用于地下水位以上的干土层中桩基的成孔施工。施工设备主要有螺旋钻机、钻孔扩机、机动或人工洛阳铲等。但在施工中，一般采用螺旋钻成孔（图 2.22）。螺旋钻头外径分别为ϕ400 mm、ϕ500 mm、ϕ600 mm，钻孔深度相应为 12 m、10 m、8 m。

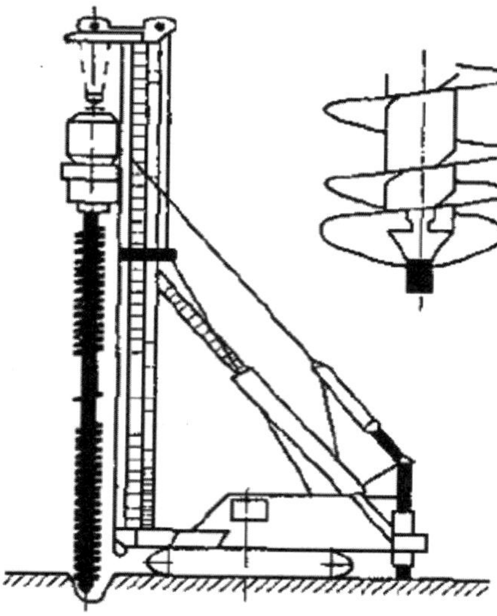

图 2.22　螺旋钻孔机

干作业成孔灌注桩施工流程一般为：场地清理—测量放线定桩位—桩机就位—钻孔取土成孔—清除孔底沉渣—成孔质量检查验收—吊放钢筋笼—浇筑孔内混凝土（图 2.23）。为了确保成桩质量，施工过程中应注意以下几点：

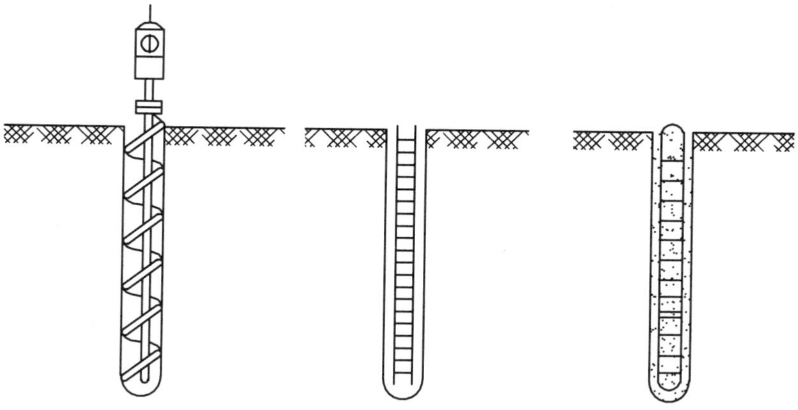

（a）钻机钻孔　（b）放入钢筋骨架　（c）浇筑混凝土

图 2.23　螺旋钻机钻孔灌注桩施工过程示意图

（1）钻机钻孔前，应做好现场准备工作。钻孔场地必须平整、碾压或夯实，雨季施工时需要加白灰碾压以保证钻孔行车安全。

（2）钻机按桩位就位时，钻杆要垂直对准桩位中心，放下钻机使钻头触及土面。钻孔时，开动转轴旋动钻杆钻进，先慢后快，避免钻杆摇晃，并随时检查钻孔偏移，有问题应及时纠正。施工中应注意钻头在穿过软硬土层交界处时，保持钻杆垂直，缓慢进尺。在含砖头、瓦块的杂填土或含水量较大的软塑黏性土层中钻进时，应尽量减小钻杆晃动，以免扩大孔径及增加孔底虚土。当出现钻杆跳动、机架摇晃、钻不进等异常现象，应立即停钻检查。钻进过程中应随时清理孔口积土，遇到地下水、缩孔、坍孔等异常现象，应会同有关单位研究处理。

（3）钻孔至要求深度后，可用钻机在原处空转清土，然后停止回转，提升钻杆卸土。如孔底虚土超过容许厚度，可用辅助掏土工具或二次投钻清底。清孔完毕后应用盖板盖好孔口。

（4）桩孔钻成并清孔后，先吊放钢筋笼，后浇筑混凝土。为防止孔壁坍塌，避免雨水冲刷，成孔经检查合格后，应及时浇筑混凝土。若土层较好，没有雨水冲刷，从成孔至混凝土浇筑的时间间隔，也不得超过 24 h。灌注桩的混凝土强度等级不得低于 C15，坍落度一般采用 80～100 mm；混凝土应连续浇筑，分层捣实，每层的高度不得大于 1.50 m；当混凝土浇筑到桩顶时，应适当超过桩顶标高，以保证在凿除浮浆层后，使桩顶标高和质量能符合设计要求。

（三）常见工程质量事故及处理方法

泥浆护壁成孔灌注桩施工时常易发生孔壁坍塌、斜孔、孔底隔层、夹泥、流砂等工程问题，水下混凝土浇筑属隐蔽工程，一旦发生质量事故难以观察和补救，所以应严格遵守操作规程，在有经验的工程技术人员指导下认真施工，并做好隐蔽工程记录，以确保工程质量。

1. 孔壁坍塌

孔壁坍塌指成孔过程中孔壁土层不同程度坍落。主要原因是提升下落冲击锤、掏渣筒或钢筋骨架时碰撞护筒及孔壁；护筒周围未用黏土紧密填实，孔内泥浆液面下降，孔内水压降低等造成塌孔。塌孔处理方法有：一是在孔壁坍塌段用石子黏土投入，重新开钻，并调整泥浆容重和液面高度；二是使用冲孔机时，填入混合料后低锤密击，使孔壁坚固后，再正常冲击。

2. 偏　孔

偏孔指成孔过程中出现孔位偏移或孔身倾斜。偏孔的主要原因是桩架不稳固，导杆不垂直或土层软硬不均。对于冲孔成孔，则可能是由于导向不严格或遇到探头石及基岩倾斜所引起的。处理方法为：将桩架重新安装牢固，使其平稳垂直；如孔的偏移过大，应填入石子黏土，重新成孔；如有探头石，可用取岩钻将其除去或低锤密击将石击碎；如遇基岩倾斜，可以投入毛石于低处，再开钻或密打。

3. 孔底隔层

孔底隔层指孔底残留石砟过厚，孔脚涌进泥砂或塌壁泥土落底。造成孔底隔层的主要原因是清孔不彻底，清孔后泥浆浓度减少或浇筑混凝土、安放钢筋骨架时碰撞孔壁造成塌孔落土。主要防止方法为：做好清孔工作，注意泥浆浓度及孔内水位变化，施工时注意保护孔壁。

4. 夹泥或软弱夹层

夹泥或软弱夹层指桩身混凝土混进泥土或形成浮浆泡沫软弱夹层。其形成的主要原因是浇筑混凝土时孔壁坍塌或导管口埋入混凝土高度太小，泥浆被喷翻，掺入混凝土中。防治措施是：经常注意混凝土表面高程变化，保持导管下口埋入混凝土表面高程变化，保持导管下口埋入混凝土下的高度，并应在钢筋笼下放孔内 4 h 内浇筑混凝土。

5. 流　砂

指成孔时发现大量流砂涌塞孔底。流砂产生的原因是孔外水压力比孔内水压力大，孔壁土松散。流砂严重时可抛入碎砖石、黏土，用锤冲入流砂层，防止流砂涌入。

二、沉管灌注桩

沉管灌注桩是指利用锤击打桩法或振动打桩法，将带有活瓣式桩靴或预制钢筋混凝土桩尖的钢管沉入土中，然后边浇筑混凝土（或先在管内放入钢筋笼）边锤击或振动拔管而成。前者称为锤击沉管灌注桩，后者称为振动沉管灌注桩。

（一）锤击沉管灌注桩

锤击沉管灌注桩是采用落锤、蒸汽锤或柴油锤将钢套管沉入土中成孔，然后灌注混凝土或钢筋混凝土，抽出钢管而成。其施工设备如图 2.24 所示。

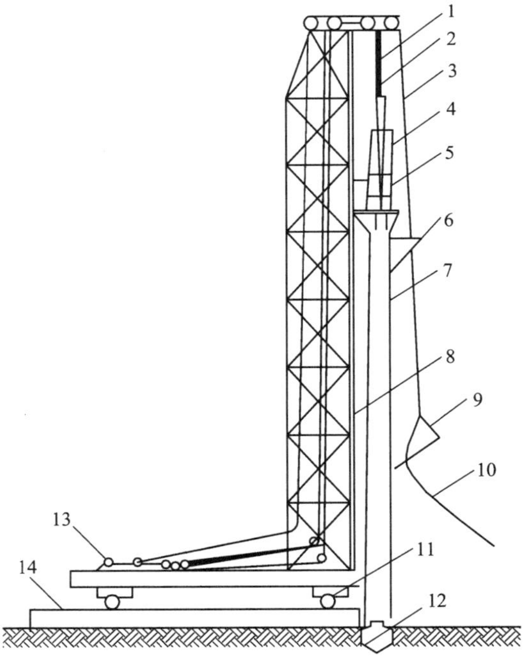

图 2.24　锤击沉管灌注桩桩机

1—钢丝绳；2—滑轮组；3—吊斗钢丝绳；4—桩锤；5—桩帽；6—混凝土漏斗；
7—套管；8—桩架；9—混凝土吊斗；10—回绳；11—钢管；
12—桩尖；13—卷扬机；14—枕木

锤击沉管灌注桩的施工方法如下：

施工时，先将桩机就位，吊起桩管，垂直套入预先埋好的预制混凝土桩尖，压入土中。桩管与桩尖接触处应垫以稻草绳或麻绳垫圈，以防地下水渗入管内。当检查桩管与桩锤、桩架等在同一垂直线上（偏差≤5%）即可在桩管上扣上桩帽，起锤沉管。先用低锤轻击，观察需无偏移后方可进入正常施工，直至符合设计要求深度，并检查管内有无泥浆或水进入，即可灌注混凝土。桩管内混凝土应尽量灌满，然后开始拔管。拔管要均匀，第一次拔管高度控制在能容纳第二次所需灌入的混凝土量为限，不宜拔管过高。拔管时应保持连续密锤低击不停，并控制拔出速度，对一般土层，以不大于 1 m/min 为宜；在软弱土层及软硬土层交界处，应控制在 0.8 m/min 以内。桩锤冲击频率，视锤的类型而定：单动汽锤采用倒打拔管，频率不低于 70 次/min，自由落锤轻击不得少于 50 次/min。在管底未拔到桩顶设计标高之前，倒打或轻击不得中断。拔管时应注意使管内的混凝土量保持略高于地面，直到桩管全部拔出地面为止。

上面所述的这种施工工艺称为单打灌注桩的施工。为了提高桩的质量和承载能力，常采用复打扩大灌注桩。其施工方法是在第一次单打法施工完毕并拔出桩管后，清除桩管外壁上和桩孔周围地面上的污泥，立即在原桩位上再次安放桩尖，再作第二次沉管，使未凝固的混凝土向四周挤压扩大桩径，然后灌注第二次混凝土，拔管方法与第一次相同。复打施工时要注意前后两次沉管的轴线应重合，复打必须在第一次灌注的混凝土初凝之前进行。

（二）振动沉管灌注桩

振动沉管灌注桩是采用激振器或振动冲击锤将钢套管沉入土中成孔而成的灌注桩，沉管原理与振动沉桩完全相同。其施工设备如图 2.25 所示。

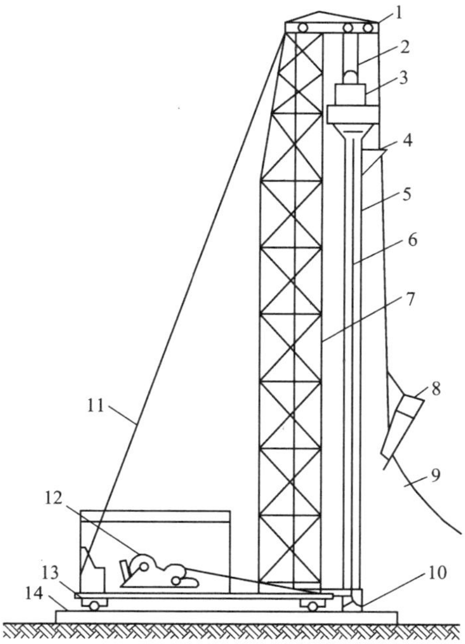

图 2.25　振动沉管灌注桩桩机

1—滑轮；2—滑轮组；3—激振器；4—混凝土漏斗；5—桩管；6—加压钢丝绳；7—桩架；8—混凝土吊斗；9—回绳；10—活瓣桩靴；11—缆风绳；12—卷扬机；13—行驶用钢管；14—枕木

振动沉管灌注桩的施工方法如下：

施工时，先安装好桩机，将桩管下端活瓣合起来，对准桩位，徐徐放下桩管，压入土中，勿使偏斜，即可开动激振器沉管。当桩管下沉到设计要求的深度后，便停止振动，立即利用吊斗向管内灌满混凝土，并再次开动激振器，进行边振动边拔管，同时在拔管过程中继续向管内浇筑混凝土。

如此反复进行，直至桩管全部拔出地面后即形成混凝土桩身。

振动灌注桩可采用单振法、反插法或复振法施工。

1. 单振法

在沉入土中的桩管内灌满混凝土，开动激振器 5 ~ 10 s，开始拔管，边振边拔。每拔 0.5 ~ 1.0 m，停拔振动 5 ~ 10 s。如此反复，直到桩管全部拔出。在一般土层内拔管速度宜为 1.2 ~ 1.5 m/min，在较软弱土层中，不得大于 0.8 ~ 1.0 m/min。单振法施工速度快，混凝土用量少，但桩的承载力低，适用于含水量较少的土层。

2. 反插法

在桩管内灌满混凝土后，先振动再开始拔管。每次拔管高度 0.5 ~ 1.0 m，向下反插深度 0.3 ~ 0.5 m。如此反复进行并始终保持振动，直至桩管全部拔出地面。反插法能扩大桩的截面，从而提高了桩的承载力，但混凝土耗用量较大，一般适用于饱和软土层。

3. 复振法

施工方法及要求与锤击沉管灌注桩的复打法相同。

（三）施工中常遇问题及处理

1. 断　桩

断桩一般都发生在地面以下软硬土层的交接处，并多数发生在黏性土中，砂土及松土中则很少出现。产生断桩的主要原因是：桩距过小，受邻桩施打时挤压的影响，桩身混凝土终凝不久就受到振动和外力，以及软硬土层间传递水平力大小不同，对桩产生剪应力等。处理方法是经检查有断桩后，应将断桩段拔去，略增大桩的截面面积或加箍筋后，再重新浇筑混凝土。或者在施工过程中采取预防措施，如施工中控制桩中心距不小于 3.5 倍桩径，采用跳打法或控制时间间隔的方法，使邻桩混凝土达设计强度等级的 50%后，再施打中间桩等。

2. 瓶颈桩

瓶颈桩是指桩的某处直径缩小形似“瓶颈”，其截面面积不符合设计要求。多数发生在黏性土、土质软弱、含水率高，特别是饱和的淤泥或淤泥质软土层中。产生瓶颈桩的主要原因是：在含水率较大的软弱土层中沉管时，土受挤压便产生很高的孔隙水压，拔管后便挤向新灌的混凝土，造成缩颈。拔管速度过快，混凝土量少、和易性差，混凝土出管扩散性差也造成缩颈现象。处理方法是：施工中应保持管内混凝土略高于地面，使之有足够的扩散压力，拔管时采用复打或反插办法，并严格控制拔管速度。

3. 吊脚桩

吊脚桩是指桩的底部混凝土隔空或混进泥砂而形成松散层部分的桩。其产生的主要原因是：预制钢筋混凝土桩尖承载力或钢活瓣桩尖刚度不够，沉管时被破坏或变形，因而水或泥砂进入桩管；拔管时桩靴未脱出或活瓣未张开，混凝土未及时从管内流出等。处理方法是：应拔出桩管，填砂后重打；或者可采取密振动慢拔，开始拔管时先反插几次再正常拔管等预防措施。

4. 桩尖进水进泥

桩尖进水进泥常发生在地下水位高或含水量大的淤泥和粉泥土土层中。产生的主要原因是：钢筋混凝土桩尖与桩管接合处或钢活瓣桩尖闭合不紧密；钢筋混凝土桩尖被打破或钢活瓣桩尖变形等所致。处理方法是：将桩管拔出，清除管内泥砂，修整桩尖钢活瓣变形缝隙，用黄砂回填桩孔后再重打；若地下水位较高，待沉管至地下水位时，先在桩管内灌入 0.5 m 厚度的水泥砂浆作封底，再灌 1 m 高度混凝土增压，然后再继续下沉桩管。

三、人工挖孔灌注桩

人工挖孔灌注桩是指桩孔采用人工挖掘方法进行成孔，然后安放钢筋笼，浇筑混凝土而成的桩。其施工特点是：设备简单；无噪声、无振动、不污染环境，对施工现场周围原有建筑物的影响小；施工速度快，可按施工进度要求决定同时开挖桩孔的数量，必要时，各桩孔可同时施工；土层情况明确，可直接观察到地质变化，桩底沉渣能清除干净，施工质量可靠。尤其当高层建筑选用大直径的灌注桩，而其施工现场又在狭窄的市区时，采用人工挖孔比机械挖孔具有更大的适应性。但其缺点是人工耗量大，开挖效率低，安全操作条件差等。其施工设备一般可根据孔径、孔深和现场具体情况加以选用，常用的有：电动葫芦、提土桶、潜水泵、鼓风机和输风管、镐、锹、土筐、照明灯、对讲机及电铃等。

（一）施工方法

人工挖孔灌注桩在施工时，为确保挖土成孔施工安全，必须考虑预防孔壁坍塌和流砂现象发生的措施。因此，施工前应根据水文地质资料，拟订出合理的护壁措施和降排水方案，护壁方法很多，可以采用现浇混凝土护壁、喷射混凝土护壁、混凝土沉井护壁、砖砌体护壁、钢套管护壁、型钢-木板桩工具式护壁等多种。下面介绍应用较广的现浇混凝土护壁时人工挖孔桩的施工工艺流程。

（1）按设计图纸放线、定桩位。

（2）开挖桩孔土方。采取分段开挖，每段高度取决于土壁保持直立状态而不塌方的能力，一般取 0.5 ~ 1.0 m 为一施工段。开挖范围为设计桩径加护壁的厚度。

（3）支设护壁模板。模板高度取决于开挖土方施工段的高度，一般为 1 m，由 4 块至 8 块活动钢模板组合而成，支成有锥度的内模。

（4）放置操作平台。内模支设后，吊放用角钢和钢板制成的两半圆形合成的操作平台入桩孔内，置于内模顶部，以放置料具和浇筑混凝土操作之用。

（5）浇筑护壁混凝土。护壁混凝土起着防止土壁塌陷与防水的双重作用，因而浇筑时要注意捣实。上下段护壁要错位搭接 50 ~ 70 mm（咬口连接）以便起连接上下段之用。

（6）拆除模板继续下段施工。当护壁混凝土达到 1 MPa（常温下约经 24 h 后），方可拆除模板，开挖下段的土方，再支模浇筑护壁混凝土，如此循环，直至挖到设计要求的深度。

（7）排出孔底积水，浇筑桩身混凝土。当桩孔挖到设计深度，并检查孔底土质是否已达到设计要求后，再在孔底挖成扩大头。待桩孔全部成型后，用潜水泵抽出孔底的积水，然后立即浇筑混凝土。当混凝土浇筑至钢筋笼的底面设计标高时，再吊入钢筋笼就位，并继续浇筑桩身混凝土而形成桩基。

（二）安全措施

人工挖孔桩的施工安全应予以特别重视。工人在桩孔内作业，应严格按安全操作规程施工，并有切实可靠的安全措施。孔下操作人员必须戴安全帽；孔下有人时孔口必须有监护人员；护壁要高出地面 150 ~ 200 mm，以防杂物滚入孔内；孔内必须设置应急软爬梯；供人员上下井，使用的电葫芦、吊笼等应安全可靠并配有自动卡紧保险装置，不得使用麻绳和尼龙绳吊挂或脚踏井壁凸缘上下。使用前必须检验其安全起吊能力；每日开工前必须检测井下的有毒有害气体，并应有足够的安全防护措施。桩孔开挖深度超过 10 m 时，应有专门向井下送风的设备。

孔口四周必须设备护栏。挖出的土石方应及时运离孔口，不得堆放在孔口四周 1 m 范围内，机动车辆的通行不得对井壁的安全造成影响。

施工现场的一切电源、电路的安装和拆除必须由持证电工操作；电器必须严格接地、接零和使用漏电保护器。各孔用电必须分闸，严禁一闸多用。孔上电缆必须架空 2.0 m 以上，严禁拖地和埋压土中，孔内电缆、电线必须有防磨损、防潮、防断等保护措施。照明应采用安全矿灯或 12 V 以下的安全灯。

四、爆扩灌注桩

爆扩灌注桩（简称爆扩桩）是用钻孔或爆扩法成孔，孔底放入炸药，再灌入适量的混凝土，然后引爆，使孔底形成扩大头，此时，孔内混凝土落入孔底空腔内，再放置钢筋骨架，浇筑桩身混凝土而制成的灌注桩（图 2.26）。

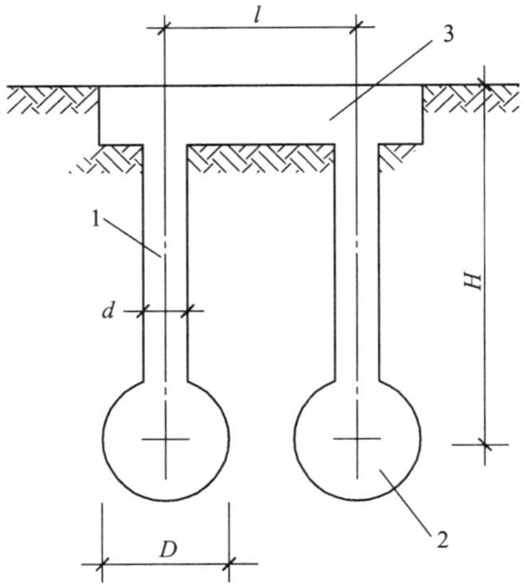

图 2.26　爆扩桩示意图

1—桩身；2—扩大头；3—桩台

爆扩桩在黏性土层中使用效果较好，但在软土及砂土中不易成型，桩长（H）一般为 3 ~ 6 m，最大不超过 10 m。扩大头直径 D 为（2.5 ~ 3.5）d。这种桩具有成孔简单、节省劳力和成本低等优点，但质量不便检查，施工要求较严格。

（一）施工方法

爆扩桩的施工一般可采取桩孔和扩大头分两次爆扩形成，其施工过程如图 2.27 所示。

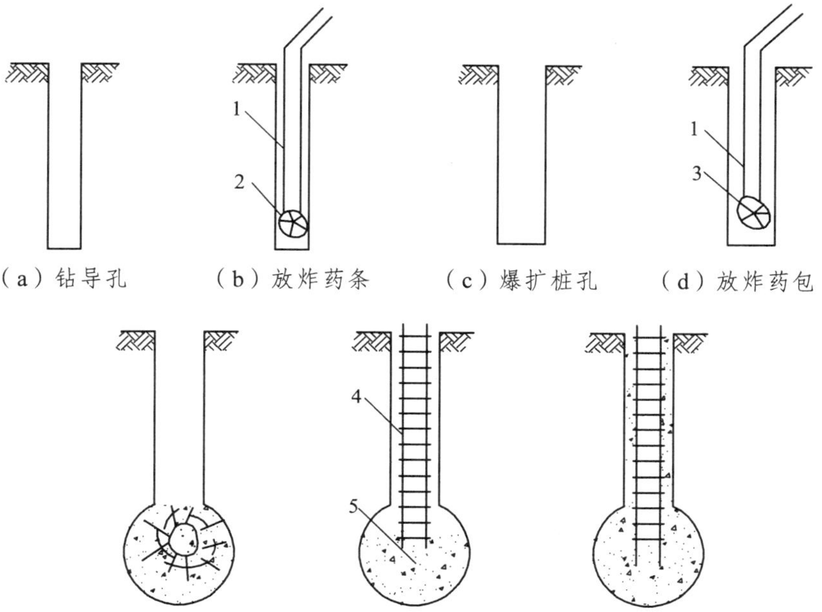

（a）钻导孔　（b）放炸药条　（c）爆扩桩孔　（d）放炸药包

（e）爆扩大头　（f）放钢筋笼　（g）浇混凝土

图 2.27　爆扩灌注桩施工工艺

1—导线；2—炸药条；3—炸药包；4—钢筋笼；5—混凝土

1. 成　孔

爆扩桩成孔的方法可根据土质情况确定，一般有人工成孔（洛阳铲或手摇钻）、机钻成孔、套管成孔和爆扩成孔等多种。其中爆扩成孔的方法是先用洛阳铲或钢钎打出一个直孔，孔的直径一般为 40 ~ 70 mm，当土质差且地下水又较高时孔的直径约为 100 mm，然后在直孔内吊入玻璃管装的炸药条，管内放置 2 个串联的雷管。经引爆并清除积土后即形成桩孔。

2. 爆扩大头

扩大头的爆扩，宜采用硝铵炸药和电雷管进行，且同一工程中宜采用同一种类的炸药和雷管。炸药用量应根据设计所要求的扩大头直径，由现场试验确定。药包必须用塑料薄膜等防水材料紧密包扎，并用防水材料封闭以防浸受潮。药包宜包扎成扁圆球形使炸出的扩大头面积较大。药包中心最好并联放置两个雷管，以保证顺利引爆。药包用绳吊下安放于孔底正中，如孔中有水，可加压重物以免浮起，药包放正后上面填盖 150 ~ 200 mm 厚的砂子，保证药包不受混凝土冲破。随着从桩孔中灌入一定量的混凝土后，即进行扩大头的引爆。

（二）施工中常见问题

1. 拒　爆

拒爆又称“瞎炮”，就是通电引爆时药包不爆炸。产生的原因主要有：炸药或雷管保存不当，受潮或过期失效，药包进水失效，导线被弄断，接线错误等。

2. 拒　落

拒落又称“卡脖子”。产生的原因主要有：混凝土骨料粒径过大，坍落度过小，灌入的压爆混凝土数量过多，引爆时混凝土已初凝，以及土质干燥和土质中夹有软弱土层引爆后产生缩颈等。其中混凝土坍落度过小是产生拒落事故最常见的原因。

3. 回落土

回落土就是在桩孔形成之后，由于孔壁土质松散软弱，邻近桩爆扩振动的影响，采取爆扩成孔时孔口处理不当，以及雨水冲刷浸泡等而造成孔壁的坍塌，回落孔底。回落土是爆扩桩施工中较为普遍的现象。桩孔底部有了回落土，将会在扩大头混凝土与完好的持力层之间形成一定厚度的松散土层，从而使桩产生较大的沉降值，或者由于大量回落土混入混凝土中而显著降低其强度。因此必须重视回落土的预防和处理。

4. 偏　头

偏头就是扩大头不在规定的桩孔位置而是偏向一边。产生的原因主要是扩大头处的土质不均匀，药包放的位置不正，桩距过小，以及引爆程序不适当等。扩大头产生偏头后，整根爆扩桩将改变受力性能，处于十分不利的状态，因而施工时要引起足够的重视。

第五节　地基的处理与加固

任何建筑物都必须有可靠的地基和基础。建筑物的全部重量（包括各种荷载）最终将通过基础传给地基，所以，对某些地基的处理及加固就成为基础工程施工中的一项重要内容。在施工过程中如发现地基土质过软或过硬，不符合设计要求时，应本着使建筑物各部位沉降尽量趋于一致，以减小地基不均匀沉降的原则对地基进行处理。

在软弱地基上建造建筑物或构筑物，利用天然地基有时不能满足设计要求，需要对地基进行人工处理，以满足结构对地基的要求，常用的人工地基处理方法有换土地基、重锤夯实、强夯、振冲、砂桩挤密、深层搅拌、堆载预压、化学加固等。

一、换土地基

当建筑物基础下的持力层比较软弱，不能满足上部荷载对地基的要求时，常采用换土地基来处理软弱地基。这时先将基础下一定范围内承载力低的软土层挖去，然后回填强度较大的砂、碎石或灰土等，并夯至密实。实践证明：换土地基可以有效地处理某些荷载不大的建筑物地基问题，例如：一般的三四层房屋、路堤、油罐和水闸等的地基。换土地基按其回填的材料可分为砂地基、碎（砂）石地基、灰土地基等。

（一）砂地基和砂石地基

砂地基和砂石地基是将基础下一定范围内的土层挖去，然后用强度较大的砂或碎石等回填，并经分层夯实至密实，以起到提高地基承载力、减少沉降、加速软弱土层的排水固结、防止冻胀和消除膨胀土的胀缩等作用。该地基具有施工工艺简单、工期短、造价低等优点。适用于处理透水性强的软弱黏性土地基,但不宜用于湿陷性黄土地基和不透水的黏性土地基，以免聚水而引起地基下沉和降低承载力。

1. 构造要求

砂地基和砂石地基的厚度一般根据地基底面处土的自重应力与附加应力之和不大于同一标高处软弱土层的容许承载力确定。地基厚度一般不宜大于 3 m，也不宜小于 0.5 m。地基宽度除要满足应力扩散的要求外，还要根据地基侧面土的容许承载力来确定，以防止地基向两边挤出。关于宽度的计算，目前还缺乏可靠的理论方法，在实践中常常按照当地某些经验数据（考虑地基两侧土的性质）或按经验方法确定。一般情况下，地基的宽度应沿基础两边各放出 200 ~ 300 mm，如果侧面地基土的土质较差时，还要适当增加。

2. 材料要求

砂和砂石地基所用材料，宜采用颗粒级配良好，质地坚硬的中砂、粗砂、砾砂、碎（卵）石、石屑或其他工业废粒料。在缺少中、粗砂和砾砂的地区可采用细砂，但宜同时掺入一定数量的碎（卵）石，其掺入量应符合地基材料含石量不大于 50%。所用砂石料，不得含有草根、垃圾等有机杂物，含泥量不应超过 5%，兼作排水地基时，含泥量不宜超过 3%，碎石或卵石最大粒径不宜大于 50 mm。

3. 施工要点

（1）铺筑地基前应验槽，先将基底表面浮土、淤泥等杂物清除干净，边坡必须稳定，防止塌方。基坑（槽）两侧附近如有低于地基的孔洞、沟、井和墓穴等，应在未做换土地基前加以处理。

（2）砂和砂石地基底面宜铺设在同一标高上，如深度不同时，施工应按先深后浅的程序进行。土面应挖成踏步或斜坡搭接，搭接处应夯压密实。分层铺筑时，接头应做成斜坡或阶梯形搭接，每层错开 0.5 ~ 1.0 m，并注意充分捣实。

（3）人工级配的砂、石材料，应按级配拌和均匀，再进行铺填捣实。

（4）换土地基应分层铺筑，分层夯（压）实，每层的铺筑厚度不宜超过表 2.4 规定数值，分层厚度可用样桩控制。施工时应对下层的密实度检验合格后，方可进行上层施工。

（5）在地下水位高于基坑（槽）底面施工时，应采取排水或降低地下水位的措施，使基坑（槽）保持无积水状态。如用水撼法或插入振动法施工时，应有控制地注水和排水。

（6）冬期施工时，不得采用夹有冰块的砂石作地基，并应采取措施防止砂石内水分冻结。

（二）灰土地基

灰土地基是将基础底面下一定范围内的软弱土层挖去，用按一定体积配合比的石灰和黏性土拌和均匀，在最优含水量情况下分层回填夯实或压实而成。该地基具有一定的强度、水稳定性和抗渗性，施工工艺简单，取材容易，费用较低。适用于处理 1 ~ 4 m 厚的软弱土层。

1. 构造要求

灰土地基厚度确定原则同砂地基。地基宽度一般为灰土顶面基础砌体宽度加 2.5 倍灰土厚度之和。

表 2.4　砂和砂石地基每层铺筑厚度及最佳含水量

压实方法	每层铺筑厚度/mm	施工时最优含水量/%	施工说明	备　注
平振法	200 ~ 250	15 ~ 20	用平板式振捣器往复振捣	不宜使用于细砂或含泥量较大的砂铺筑的砂地基
插振法	振捣器插入深度	饱和	1. 用插入式振捣器 2. 插入点间距可根据机械振幅大小决定 3. 不应插至下卧黏性土层 4. 插入振捣完毕后所留的孔洞，应用砂填实	不宜使用细砂或含泥量较大的砂铺筑的砂地基
水撼法	250	饱和	1. 注水高度应超过每次铺筑面层 2. 用钢叉摇撼捣实，插入点间距 100 mm 3. 钢叉分四齿，齿的间距为 80 mm，长 300 mm	
夯实法	150 ~ 200	8 ~ 12	1. 用木夯或机械夯 2. 木夯质量 40 kg，落距 400 ~ 500 mm 3. 一夯压半夯，全面夯实	
碾压法	150 ~ 350	8 ~ 12	6 ~ 2 t 压路机往复碾压	适用于大面积施工的砂和砂石地基

注：在地下水位以下的地基，其最下层的铺筑厚度可比上表增加 50 mm。

2. 材料要求

灰土的土料宜采用就地挖出的黏性土及塑性指数大于 4 的粉土，但不得含有有机杂质或使用耕植土。使用前土料应过筛，其粒径不得大于 15 mm。

用作灰土的熟石灰应过筛，粒径不得大于 5 mm，并不得夹有未熟化的生石灰块，也不得含有过多的水分。

灰土的配合比一般为 2∶8 或 3∶7（石灰∶土）。

3. 施工要点

（1）施工前应先验槽，清除松土，如发现局部有软弱土层或孔洞，应及时挖除后用灰土分层回填夯实。

（2）施工时，应将灰土拌和均匀，颜色一致，并适当控制其含水量。现场检验方法是用手将灰土紧握成团，两指轻捏能碎为宜，如土料水分过多或不足时，应晾干或洒水润湿。灰土拌好后及时铺好夯实，不得隔日夯打。

（3）铺灰应分段分层夯筑，每层虚铺厚度应按所用夯实机具参照表 2.5 选用。每层灰土的夯打遍数，应根据设计要求的干密度在现场试验确定。

表 2.5 灰土最大虚铺厚度

夯实机具种类	质量/t	厚度/mm	备 注
石夯、木夯	0.04～0.08	200～250	人力送夯，落距 400～500 mm，每夯搭接半夯
轻型夯实机械	0.12～0.4	200～250	蛙式打夯机或柴油打夯机
压路机	6～10	200～300	双 轮

（4）灰土分段施工时，不得在墙角、柱基及承重窗间墙下接缝。上下两层灰土的接缝距离不得小于 500 mm，接缝处的灰土应注意夯实。

（5）在地下水位以下的基坑（槽）内施工时，应采取排水措施。夯实后的灰土，在 3 天内不得受水浸泡。灰土地基打完后，应及时进行基础施工和回填土，否则要做临时遮盖，防止日晒雨淋。刚打完毕或尚未夯实的灰土，如遭受雨淋浸泡，则应将积水及松软灰土除去并补填夯实，受浸湿的灰土，应在晾干后再夯打密实。

（6）冬期施工时，不得采用冻土或夹有冻土的土料，并应采取有效的防冻措施。

二、强夯地基

强夯地基是用起重机械将重锤（一般 8～30 t）吊起从高处（一般 6～30 m）自由落下，给地基以冲击力和振动，从而提高地基土的强度并降低其压缩性的一种有效的地基加固方法。该法具有效果好、速度快、节省材料、施工简便，但施工时噪声和振动大等特点。适用于碎石土、砂土、黏性土、湿陷性黄土及填土地基等的加固处理。

（一）机具设备

1. 起重机械

起重机宜选用起重能力为 150 kN 以上的履带式起重机，也可采用专用三角起重架或龙门架作起重设备。起重机械的起重能力为：当直接用钢丝绳悬吊夯锤时，应大于夯锤的 3 ~ 4 倍；当采用自动脱钩装置，起重能力取大于 1.5 倍锤重。

2. 夯　锤

夯锤可用钢材制作，或用钢板为外壳，内部焊接钢筋骨架后浇筑 C30 混凝土制成。夯锤底面有圆形和方形两种，圆形不易旋转，定位方便，稳定性和重合性好，应用较广。锤底面积取决于表层土质，对砂土一般为 3 ~ 4 m^2，黏性土或淤泥质土不宜使用，夯锤中宜设置若干个上下贯通的气孔，以减少夯击时空气阻力。

3. 脱钩装置

脱钩装置应具有足够强度，且施工灵活。常用的工地自制自动脱钩器由吊环、耳板、销环、吊钩等组成，系由钢板焊接制成。

（二）施工要点

（1）强夯施工前，应进行地基勘察和试夯。通过对试夯前后试验结果对比分析，确定正式施工时的技术参数。

（2）强夯前应平整场地，周围做好排水沟，按夯点布置测量放线确定夯位。地下水位较高时，应在表面铺 0.5 ~ 2.0 m 中（粗）砂或砂石地基，其目的是在地表形成硬层，可用以支承起重设备，确保机械通行、施工，又可便于强夯产生的孔隙水压力消散。

（3）强夯施工须按试验确定的技术参数进行。一般以各个夯击点的夯击数为施工控制值，也可采用试夯后确定的沉降量控制。夯击时，落锤应保持平稳，夯位准确，如错位或坑底倾斜过大，宜用砂土将坑底整平，才可进行下一次夯击。

（4）每夯击一遍完后，应测量场地平均下沉量，然后用土将夯坑填平，方可进行下一遍夯击。最后一遍的场地平均下沉量，必须符合要求。

（5）强夯施工最好在干旱季节进行，如遇雨天施工，夯击坑内或夯击过的场地有积水时，必须及时排除。冬期施工时，应将冻土击碎。

（6）强夯施工时应对每一夯实点的夯击能量、夯击次数和每次夯沉量等做好详细的现场记录。

三、重锤夯实地基

重锤夯实是用起重机械将夯锤提升到一定高度后，利用自由下落时的冲击能来夯实基土表面，使其形成一层较为均匀的硬壳层，从而使地基得到加固。该法具有施工简便，费用较低，但布点较密，夯击遍数多，施工期相对较长，同时夯击能量小，孔隙水难以消散，加固深度有限，当土的含水量稍高，易夯成橡皮土，处理较困难等特点。适用于处理地下水位以上稍湿的黏性土、砂土、湿陷性黄土、杂填土和分层填土地基。但当夯击振动对邻近的建筑物、设备以及施工中的砌筑工程或浇筑混凝土等产生有害影响时，或地下水位高于有效夯实深度以及在有效深度内存在软黏土层时，不宜采用。

（一）机具设备

1. 起重机械

起重机械可采用配置有摩擦式卷扬机的履带式起重机、打桩机、龙门式起重机或悬臂式桅杆起重机等。其起重能力：当采用自动脱钩时，应大于夯锤重量的 1.5 倍；当直接用钢丝绳悬吊夯锤时，应大于夯锤重量的 3 倍。

2. 夯　锤

夯锤形状宜采用截头圆锥体，可用 C20 钢筋混凝土制作，其底部可填充废铁并设置钢底板以使重心降低。锤重宜为 1.5 ~ 3.0 t，底直径 1.0 ~ 1.5 m，落距一般为 2.5 ~ 4.5 m，锤底面单位静压力宜为 15 ~ 20 kPa。吊钩宜采用自制半自动脱钩器，以减少吊索的磨损和机械振动。

（二）施工要点

（1）施工前应在现场进行试夯，选定夯锤重量、底面直径和落距，以便确定最后下沉量及相应的夯击遍数和总下沉量。最后下沉量系指最后二击平均每击土面的夯沉量，对黏性土和湿陷性黄土取 10 ~ 20 mm，对砂土取 5 ~ 10 mm。通过试夯可确定夯实遍数，一般试夯 6 ~ 10 遍，施工时可适当增加 1 ~ 2 遍。

（2）采用重锤夯实分层填土地基时，每层的虚铺厚度以相当于锤底直径为宜，夯击遍数由试夯确定，试夯层数不宜少于两层。

（3）基坑（槽）的夯实范围应大于基础底面，每边应比设计宽度加宽 0.3 m 以上，以便于底面边角夯打密实。基坑（槽）边坡应适当放缓。夯实前坑（槽）底面应高出设计标高，预留土层的厚度可为试夯时的总下沉量再加 50 ~ 100 mm。

（4）夯实时地基土的含水量应控制在最优含水量范围以内。如土的表层含水量过大，可采用铺撒吸水材料（如干土、碎砖、生石灰等）或换土等措施；如土含水量过低，应适当洒水，加水后待全部渗入土中，一昼夜后方可夯打。

（5）在大面积基坑或条形基槽内夯击时，应按一夯挨一夯顺序进行［图 2.28（a）］。在一次循环中同一夯位应连夯两遍，下一循环的夯位，应与前一循环错开 1/2 锤底直径，落锤应平稳，夯位应准确。在独立柱基基坑内夯击时，可采用先周边后中间［图 2.28（b）］或先外后里的跳打法［图 2.28（c）］进行。基坑（槽）底面的标高不同时，应按先深后浅的顺序逐层夯实。

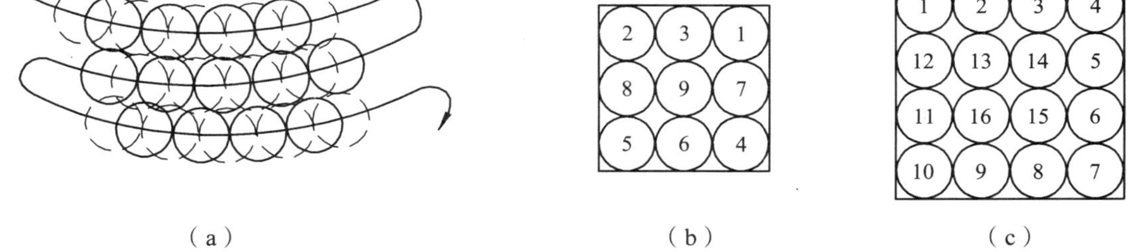

图 2.28　夯打顺序

（6）夯实完后，应将基坑（槽）表面修整至设计标高。冬期施工时，必须保证地基在不冻的状态下进行夯击。否则应将冻土层挖去或将土层融化。若基坑挖好后不能立即夯实，应采取防冻措施。

四、振冲地基

振冲地基，又称振冲桩复台地基，是以起重机吊起振冲器，启动潜水电机带动偏心块，使振冲器产生高频振动，同时开动水泵，通过喷嘴喷射高压水流成孔，然后分批填以砂石骨料形成一根根桩体，桩体与原地基构成复合地基，以提高地基的承载力，减少地基的沉降和沉降差的一种快速、经济有效的加固方法。该法具有技术可靠，机具设备简单，操作技术易于掌握，施工简便，节省三材，加固速度快，地基承载力高等特点。

振冲地基按加固机理和效果的不同，可分为振冲置换法和振冲密实法两类。前者适用于处理不排水、抗剪强度小于 20 kPa 的黏性土、粉土、饱和黄土及人工填土等地基。后者适用于处理砂土和粉土等地基,不加填料的振冲密实法仅适用于处理黏土粒含量小于 10%的粗砂、中砂地基。

（一）机具设备

1. 振冲器

宜采用带潜水电机的振冲器，其功率、振动力、振动频率等参数，可按加固的孔径大小、达到的土体密实度选用。

2. 起重机械

起重能力和提升高度均应符合施工和安全要求，起重能力一般为 80 ~ 150 kN。

3. 水泵及供水管道

供水压力宜大于 0.5 MPa，供水量宜大于 20 m^3/h。

4. 加料设备

可采用翻斗车、手推车或皮带运输机等，其能力须符合施工要求。

5. 控制设备

控制电流操作台，附有 150 A 以上容量的电流表（或自动记录电流计）、500 V 电压表等。

（二）施工要点

（1）施工前应先在现场进行振冲试验，以确定成孔合适的水压、水量、成孔速度、填料方法、达到土体密实时的密实电流值、填料量和留振时间。

（2）振冲前，应按设计图定出冲孔中心位置并编号。

（3）启动水泵和振冲器，水压可用 400 ~ 600 kPa，水量可用 200 ~ 400 L/min，使振冲器以 1 ~ 2 m/min 的速度徐徐沉入土中。每沉入 0.5 ~ 1.0 m，宜留振 5 ~ 10 s 进行扩孔，待孔内泥浆溢出时再继续沉入。当下沉达到设计深度时，振冲器应在孔底适当停留并减小射水压力，以便排除泥浆进行清孔。成孔也可采用将振冲器以 1 ~ 2 m/min 的速度连续沉至设计深度以上 0.3 ~ 0.5 m 时，将振冲器往上提到孔口，再同法沉至孔底。如此往复 1 ~ 2 次，使孔内泥浆变稀，排泥清孔 1 ~ 2 min 后，将振冲器提出孔口。

（4）填料和振密方法，一般采取成孔后，将振冲器提出孔口，从孔口往下填料，然后再下降振冲器至填料中进行振密（图 2.29），待密实电流达到规定的数值，将振冲器提出孔口。如此自下而上反复进行直至孔口，成桩操作即告完成。

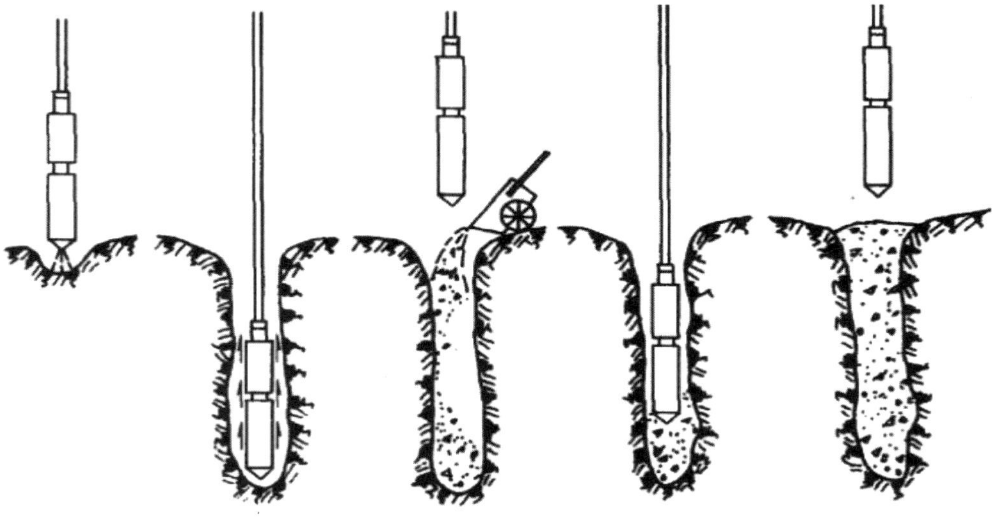

（a）定位　（b）振冲下沉　（c）加填料　（d）振密　（e）成桩

图 2.29　振冲法制桩施工工艺

（5）振冲桩施工时桩顶部约 1 m 范围内的桩体密实度难以保证，一般应予挖除，另做地基，或用振动碾压使之压实。

（6）冬期施工应将表层冻土破碎后成孔。每班施工完毕后应将供水管和振冲器水管内积水排净，以免冻结影响施工。

五、地基局部处理及其他加固方法简介

（一）地基局部处理

1. 松土坑的处理

当坑的范围较小（在基槽范围内），可将坑中松软土挖除，使坑底及四壁均见天然土为止，回填与天然土压缩性相近的材料。当天然土为砂土时，用砂或级配砂石回填；当天然土为较密

实的黏性土，则用 3∶7 灰土分层回填夯实；如为中密可塑的黏性土或新近沉积黏性土，可用 1∶9 或 2∶8 灰土分层回填夯实，每层厚度不大于 20 cm。

当坑的范围较大（超过基槽边沿）或因条件限制，槽壁挖不到天然土层时，则应将该范围内的基槽适当加宽，加宽部分的宽度可按下述条件确定：当用砂土或砂石回填时，基槽每边均应按 1∶1 坡度放宽；当用 1∶9 或 2∶8 灰土回填时，按 0.5∶1 坡度放宽；当用 3∶7 灰土回填时，如坑的长度≤2 m，基槽可不放宽，但灰土与槽壁接触处应夯实。

如坑在槽内所占的范围较大（长度在 5 m 以上），且坑底土质与一般槽底天然土质相同，可将此部分基础加深，做 1∶2 踏步与两端相接，踏步多少根据坑深而定，但每步高不大于 0.5 m，长不小于 1.0 m。

对于较深的松土坑（如坑深大于槽宽或大于 1.5 m 时），槽底处理后，还应适当考虑加强上部结构的强度，方法是在灰土基础上 1～2 皮砖处（或混凝土基础内）、防潮层下 1～2 皮砖处及首层顶板处，加配 4ϕ8～12 mm 钢筋跨过该松土坑两端各 1 m，以防产生过大的局部不均匀沉降。

如遇到地下水位较高，坑内无法夯实时，可将坑（槽）中软弱的松土挖去后，再用砂土、碎石或混凝土代替灰土回填。如坑底在地下水位以下时，回填前先用粗砂与碎石（比例为 1∶3）分层回填夯实；地下水位以上用 3∶7 灰土回填夯实至要求高度。

2. 砖井或土井的处理

当砖井或土井在室外，距基础边缘 5 m 以内时，应先用素土分层夯实，回填到室外地坪以下 1.5 m 处，将井壁四周砖圈拆除或松软部分挖去，然后用素土分层回填并夯实。

如井在室内基础附近，可将水位降低到最低可能的限度，用中、粗砂及块石、卵石或碎砖等回填到地下水位以上 0.5 m。砖井应将四周砖圈拆至坑（槽）底以下 1 m 或更深些，然后再用素土分层回填并夯实，如井已回填，但不密实或有软土，可用大块石将下面软土挤紧，再分层回填素土夯实。

当井在基础下时，应先用素土分层回填夯实至基础底下 2 m 处，将井壁四周松软部分挖去，有砖井圈时，将井圈拆至槽底以下 1～1.5 m。当井内有水，应用中、粗砂及块石、卵石或碎砖回填至水位以上 0.5 m，然后再按上述方法处理；当井内已填有土，但不密实，且挖除困难时，可在部分拆除后的砖石井圈上加钢筋混凝土盖封口，上面用素土或 2∶8 灰土分层回填、夯实至槽底。

若井在房屋转角处，且基础部分或全部压在井上，除用以上办法回填处理外，还应对基础加强处理。当基础压在井上部分较少，可采用从基础中挑梁的办法解决。当基础压在井上部分较多，用挑梁的方法较困难或不经济时，则可将基础沿墙长方向向外延长出去，使延长部分落在天然土上。落在天然土上基础总面积应等于或稍大于井圈范围内原有基础的面积，并在墙内配筋或用钢筋混凝土梁来加强。

当井已淤填，但不密实时，可用大块石将下面软土挤密，再用上述办法回填处理。如井内不能夯填密实，上部荷载又较大，可在井内设灰土挤密桩或石灰桩处理；如土井在大体积混凝土基础下，可在井圈上加钢筋混凝土盖板封口，上部再用素土或 2∶8 灰土回填密实的办法处理，使基土内附加应力传布范围比较均匀，但要求盖板至基底的高差大于井径。

3. 局部软硬土的处理

当基础下局部遇基岩、旧墙基、大孤石、老灰土、化粪池、大树根、砖窑底等，均应尽可能挖除，以防建筑物由于局部落于较硬物上造成不均匀沉降，而使上部建筑物开裂。

若基础一部分落于基岩或硬土层上，一部分落于软弱土层上，基岩表面坡度较大，则应在软土层上采用现场钻孔灌注桩至基岩；或在软土部位作混凝土或砌块石支承墙（或支墩）至基岩；或将基础以下基岩凿去 0.3 ~ 0.5 m 深，填以中粗砂或土砂混合物作软性褥垫，使之能调整岩土交界部位地基的相对变形，避免应力集中出现裂缝；或采取加强基础和上部结构的刚度，来克服软硬地基的不均匀变形。

如基础一部分落于原土层上，另一部分落于回填土地基上时，可在填土部位用现场钻孔灌注桩或钻孔爆扩桩直至原土层，使该部位上部荷载直接传至原土层，以避免地基的不均匀沉降。

（二）其他地基加固方法简介

1. 砂桩地基

砂桩地基是采用类似沉管灌注桩的机械和方法，通过冲击和振动，把砂挤入土中而成的。这种方法经济、简单且有效。对于砂土地基，可通过振动或冲击的挤密作用，使地基达到密实，从而增加地基承载力，降低孔隙比，减少建筑物沉降，提高砂基抵抗展动液化的能力。对于黏性土地基，可起到置换和排水砂井的作用，加速土的固结，形成置换桩与固结后软黏土的复合地基，显著地提高地基抗剪强度。这种桩适用于挤密松散砂土、素填土和杂填土等地基。对于饱和软黏土地基，由于其渗透性较小，抗剪强度较低，灵敏度又较大，要使砂桩本身挤密并使地基土密实往往较困难，相反地，却破坏了土的天然结构，使抗剪强度降低，因而对这类工程要慎重对待。

2. 水泥土搅拌桩地基

水泥土搅拌桩地基系利用水泥、石灰等材料作为固化剂，通过特制的深层搅拌机械，在地基深处就地将软土和固化剂（浆液或粉体）强制搅拌，利用固化剂和软土之间所产生的一系列物理、化学反应，使软土硬结成具有一定强度的优质地基。本法具有无振动、无噪声、无污染、无侧向挤压，对邻近建筑物影响很小，且施工期较短，造价低廉，效益显著等特点。适用于加固较深较厚的淤泥、淤泥质土、粉土和含水量较高且地基承载力不大于 120 kPa 的黏性土地基，对超软土效果更为显著。多用于墙下条形基础、大面积堆料厂房地基，在深基开挖时用于防止坑壁及边坡塌滑、坑底隆起等，以及做地下防渗墙等工程上。

3. 预压地基

预压地基是在建筑物施工前，在地基表面分级堆土或其他荷重，使地基土压密、沉降、固结，从而提高地基强度和减少建筑物建成后的沉降量。待达到预定标准后再卸载，建造建筑物。本法具有使用材料、机具方法简单直接，施工操作方便，但堆载预压需要一定的时间，对深厚的饱和软土，排水固结所需的时间很长，同时需要大量堆载材料等特点。适用于各类软弱地基，包括天然沉积土层或人工冲填土层，较广泛地用于冷藏库、油罐、机场跑道、集装箱码头、桥台等沉降要求较低的地基。实践证明，利用堆载预压法能取得一定的效果，但能否满足工程要求的实际效果，则取决于地基土层的固结特性、土层的厚度、预压荷载的大小和预压时间的长短等因素。因此在使用上受到一定的限制。

4. 注浆地基

注浆地基是指利用化学溶液或胶结剂，通过压力灌注或搅拌混合等措施，而将土粒胶结起来的地基处理方法。本法具有设备工艺简单、加固效果好、可提高地基强度、消除土的湿陷性、降低压缩性等特点。适用于局部加固新建或已建的建（构）筑物基础、稳定边坡以及防渗帷幕等，也适用于湿陷性黄土地基，对于黏性土、素填土、地下水位以下的黄土地基，经试验有效时也可应用，但长期受酸性污水浸蚀的地基不宜采用。化学加固能否获得预期的效果，主要决定于能否根据具体的土质条件，选择适当的化学浆液（溶液和胶结剂）和采用有效的施工工艺。

总之，用于地基加固处理的方法较多，除上述介绍几种以外，还有高压喷射注浆地基等。

习 题

1. 地基处理方法一般有哪几种？各有什么特点？
2. 试述换土地基的适用范围与施工要点。
3. 浅埋式钢筋混凝土基础主要有哪几种？
4. 试述桩基的作用和分类。
5. 静力压桩有何特点？适用范围如何？施工时应注意哪些问题？
6. 现浇混凝土桩的成孔方法有几种？各种方法的特点及适用范围如何？
7. 灌注桩常易发生哪些质量问题？如何预防和处理？
8. 试述人工挖孔灌注桩的施工工艺和施工中应注意的主要问题。
9. 试述爆扩桩的成孔方法和施工中常见问题。

第三章
砌筑工程

学习目标

知识目标

砌筑砂浆和砌筑用砖；砌筑材料及砌筑方法；砌筑验收要求及标准；中小型砌块施工，砌筑工程的施工质量验收与安全技术；砖砌体施工技术；脚手架及垂直运输设备。

技能目标

掌握砂浆的品种，砌筑的形式；砌筑材料的选用及砌筑工艺要求；熟悉砌筑工程验收标准；掌握砖砌体施工技术；熟悉脚手架及垂直运输设备。

素质目标

会选用砂浆砌筑各常见形式的砌体工程；能运用相关规范及标准对砌体工程、中小型砌块工程进行验收。

学习方法

利用学校实训基地，在教师指导下，使用本章节所介绍的砌筑材料，按照本章节所介绍的砌筑方法进行依次砌筑，并按照本章节介绍的验收方法进行验收。

技能点

通过本章节的学习和实训，学生应具备常规砌筑技能。

砌筑工程是指砖石块体和各种类型砌块的施工。早在三四千年前就已经出现了用天然石料加工成的块材的砌体结构，在大约 2 000 多年前又出现了由烧制的黏土砖砌筑的砌体结构，祖先遗留下来的“秦砖汉瓦”，在我国古代建筑中占有重要地位，至今仍在建筑工程中起着很大的作用。这种砖石结构虽然具有就地取材方便、保温、隔热、隔声、耐火等良好性能，且可以节约钢材和水泥，不需大型施工机械，施工组织简单等优点，但它的施工仍以手工操作为主，劳动强度大，生产效率低，而且烧制黏土砖需占用大量农田，因而采用新型墙体材料代替普通黏土砖，改善砌体施工工艺已经成为砌筑工程改革的重要发展方向。

砌筑工程是一个综合的施工过程，它包括材料运输、脚手架搭设和墙体砌筑等。

第一节　脚手架及垂直运输设施

在建筑施工中，脚手架和垂直运输设施占有特别重要的地位。选择与使用的合适与否，不但直接影响施工作业的顺利和安全进行，而且也关系到工程质量、施工进度和企业经济效益的提高。因而它是建筑施工技术措施中最重要的环节之一。

一、脚手架

脚手架是建筑施工中重要的临时设施，是在施工现场为安全防护、工人操作以及解决楼层间少量垂直和水平运输而搭设的支架。脚手架的种类很多：按其搭设位置分为外脚手架和里脚手架两大类；按其所用材料分为木脚手架、竹脚手架与金属脚手架；按其用途分为操作脚手架、防护用脚手架、承重和支撑用脚手架；按其构造形式分为多立杆式、框式、吊挂式、悬挑式、升降式以及用于楼层间操作的工具式脚手架等。

建筑施工脚手架应由架子工搭设，对脚手架的基本要求是：应满足工人操作、材料堆置和运输的需要；坚固稳定，安全可靠；搭拆简单，搬移方便；尽量节约材料，能多次周转使用。脚手架的宽度一般为 1.5 ~ 2.01 m，砌筑用脚手架的每步架高度一般为 1.2 ~ 1.4 m，装饰用脚手架的一步架高一般为 1.6 ~ 1.8 m。

（一）外脚手架

外脚手架沿建筑物外围从地面搭起，既可用于外墙砌筑，又可用于外装饰施工。其主要形式有多立杆式、框式、桥式等。多立杆式应用最广，框式次之。

1. 多立杆式脚手架

（1）基本组成和一般构造

多立杆式脚手架主要由立杆、纵向水平杆（大横杆）、横向水平杆（小横杆）、斜撑、脚手板等组成（图 3.1）。其特点是每步架高可根据施工需要灵活布置，取材方便，钢、竹、木等均可应用。

多立杆式脚手架分双排式和单排式两种形式。双排式［图 3.1（b）］沿墙外侧设两排立杆，小横杆两端支承在内外两排立杆上，多、高层房屋均可采用，当房屋高度超过 50 m 时，需专门设计。单排式［图 3.1（c）］沿墙外侧仅设一排立杆，其小横杆一端与大横杆连接，另一端支承在墙上，仅适用于荷载较小，高度较低，墙体有一定强度的多层房屋。

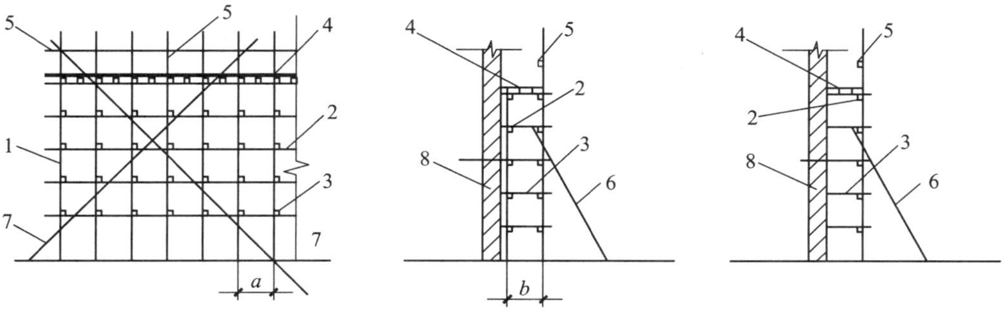

（a）立面　（b）侧面（双排）　（c）侧面（单排）

图 3.1　多立杆式脚手架

1—立柱；2—大横杆；3—小横杆；4—脚手板；5—栏杆；6—抛撑；7—斜撑；8—墙体

早期的多立杆式外脚手架主要是采用竹、木杆件搭设而成，后来逐渐采用钢管和特制的扣件来搭设。这种多立杆式钢管外脚手有扣件式和碗扣式两种。

钢管扣件式脚手架由钢管和扣件（图 3.2）组成。

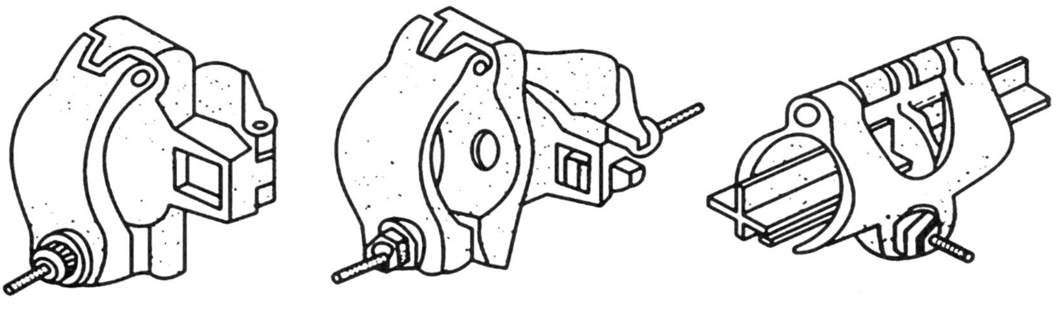

（a）直角扣件　（b）旋转扣件　（c）对接扣件

图 3.2　钢管扣件式脚手架

采用扣件连接，既牢固又便于装拆，可以重复周转使用，因而应用广泛。这种脚手架在纵向外侧每隔一定距离需设置斜撑，以加强其纵向稳定性和整体性。另外，为了防止整片脚手架外倾和抵抗风力，整片脚手架还需均匀设置连墙杆，将脚手架与建筑物主体结构相连，依靠建筑物的刚度来加强脚手架的整体稳定性。

碗扣式钢管脚手架立杆与水平杆靠特制的碗扣接头连接（图 3.3）。

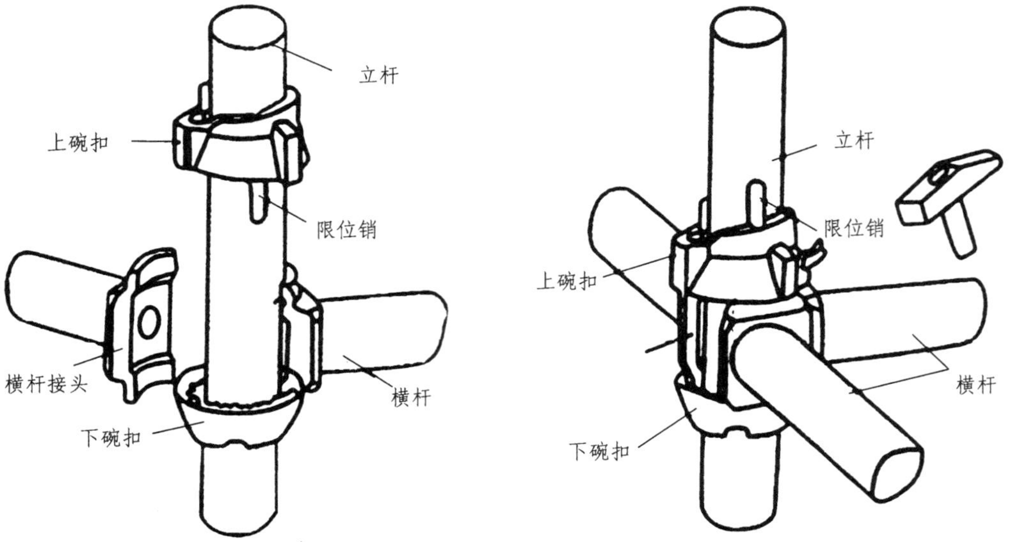

图 3.3　碗扣式钢管脚手架

碗扣分上碗扣和下碗扣，下碗扣焊在钢管上，上碗扣对应地套在钢管上，其销槽对准焊在钢管上的限位销即能上下滑动。连接时，只需将横杆接头插入下碗扣内，将上碗扣沿限位销扣下，并顺时针旋转，靠上碗扣螺旋面使之与限位销顶紧，从而将横杆和立杆牢固地连在一起，形成框架结构。碗扣式接头可同时连接 4 根横杆，横杆可相互垂直亦可组成其他角度，因而可以搭设各种形式脚手架，特别适合于搭设扇形表面及高层建筑施工和装修作用两用外脚手架，还可作为模板的支撑。

多立杆式外脚手架的一般构造要求见表 3.1。

表 3.1　多立杆式外脚手架的一般构造要求　　m

项目名称		结构脚手架（均布活荷载 3 kN/ m^2）		装修脚手架（均布活荷载 3 kN/ m^2）	
		单排	双排	单排	双排
脚手架里立杆离墙面的距离		—	0.35 ~ 0.5	—	0.35 ~ 0.5
小横杆里端离墙面的距离或插入墙体的长度		0.3 ~ 0.5	0.1 ~ 0.15	0.3 ~ 0.5	0.1 ~ 0.20
小横杆外端伸出大横杆外的长度		>0.15（伸出外脚手架的长度，必须整齐划一）			
双排脚手架内外立杆横距 单排脚手架立杆与墙面距离		1.35 ~ 1.80	1.00 ~ 1.50	1.15 ~ 1.50	0.15 ~ 1.2
立杆纵距	单立杆	1.00 ~ 2.00			
	双立杆	1.50 ~ 2.00			
大横杆间距（步距）		不大于 1.50		不大于 1.80	
第一架步高		一般为 1.60 ~ 1.80，且不大于 2.00			
小横杆间距		不大于 1.00		不大于 1.50	

续表

项目名称	结构脚手架（均布活荷载 3 kN/ m^2）		装修脚手架（均布活荷载 3 kN/ m^2）	
	单排	双排	单排	双排
15～18 m 高度内铺板层和作业层的限制	铺板层不多于 6 层，作业层不超过 2 层			
不铺板时，小横杆的部分拆除	每步保留、相间抽拆，上下两步错开，抽拆后的距离为：结构架子不大于 1.50；装修架子不大于 3.00			
剪刀撑	沿脚手架纵向两端和转角处起，每隔 10 m 左右设一组，斜杆与地面夹角为 45°～60°，并沿全高度布置			
与结构拉结（连墙件）	每层设置，垂直距离不大于 4.0，水平距离不大于 6.0，且在高度段的分界面上必须设置			
水平斜拉杆	设置在与连墙杆相同的水平面上		视需要设置	
护身栏杆和挡脚板	设置在作业层，栏杆高 1.00，挡脚板高 0.40			
杆件对接或搭接位置	上下或左右错开，设置在不同的（步架和纵向）网格内			

注：高层脚手架当采用分段搭设时，每段的脚手架分别支承在托架上，每段搭设高度不宜超过 25 m。脚手架的宽度一般为 1.5～2.0 m，砌筑脚手架的每步架高度一般为 1.2～1.4 m，装饰脚手架的一步架高一般为 1.6～1.8 m。

（2）承力结构

脚手架的承力结构主要指作业层、横向构架和纵向构架三部分。

作业层是直接承受施工荷载，荷载由脚手板传给小横杆，再传给大横杆和立柱。

横向构架由立杆和小横杆组成，是脚手架直接承受和传递垂直荷载的部分。它是脚手架的受力主体。

纵向构架是由各榀横向构架通过大横杆相互之间连成的一个整体。它应沿房屋的周围形成一个连续封闭的结构，所以房屋四周脚手架的大横杆在房屋转角处要相互交圈，并确保连续。实在不能交圈时，脚手架的端头应采取有效措施来加强其整体性。常用的措施是设置抗侧力构件、加强与主体结构的拉结等。

（3）支撑体系

脚手架的支撑体系包括纵向支撑（剪刀撑）、横向支撑和水平支撑。这些支撑应与脚手架这一空间构架的基本构件很好连接。设置支撑体系的目的是使脚手架成为一个几何稳定的构架，加强其整体刚度，以增大抵抗侧向力的能力，避免出现节点的可变状态和过大的位移。

① 纵向支撑（剪刀撑）

纵向支撑是指沿脚手架纵向外侧隔一定距离由下而上连续设置的剪刀撑。具体布置如下：

a. 脚手架高度在 25 m 以下时，在脚手架两端和转角处必须设置，中间每隔 12 ~ 15 m 设一道，且每片架子不少于 3 道。剪刀撑宽度宜取 3 ~ 5 倍立杆纵距，斜杆与地面夹角宜在 45° ~ 60°内，最下面的斜杆与立杆的连接点离地面不宜大于 500 mm。

b. 脚手架高度在 25 ~ 50 m 时，除沿纵向每隔 12 ~ 15 m 自下而上连续设置一道剪刀撑外，在相邻两排剪刀撑之间，尚需沿高度每隔 10 ~ 15 m 加设一道沿纵向通长的剪刀撑。

c. 对高度大于 50 m 的高层脚手架，应沿脚手架全长和全高连续设置剪刀撑。

② 横向支撑

横向支撑是指在横向构架内从底到顶沿全高呈之字形设置的连续的斜撑。具体设置要求如下：

a. 脚手架的纵向构架因条件限制不能形成封闭形，如“一”字形、“I”形或“凹”字形的脚手架，其两端必须设置横向支撑，并于中间每隔 6 个间距加设一道横向支撑。

b. 脚手架高度超过 25 m 时，每隔 6 个间距要设置横向支撑一道。

③ 水平支撑

水平支撑是指在设置连墙拉结杆件的所在水平面内连续设置的水平斜杆。一般可根据需要设置，如在承力较大的结构脚手架中或在承受偏心荷载较大的承托架、防护棚、悬挑水平安全网等部位设置，以加强其水平刚度。

（4）抛撑和连墙杆

脚手架由于其横向构架本身是一个高跨比相差悬殊的单跨结构，仅依靠结构本身尚难以做到保持结构的整体稳定，防止倾覆和抵抗风力。对于高度低于三步的脚手架，可以采用加设抛撑来防止其倾覆，抛撑的间距不超过 6 倍立杆间距，抛撑与地面的夹角为 45°～60°并应在地面支点处铺设垫板。对于高度超过三步的脚手架防止倾斜和倒塌的主要措施是将脚手架整体依附在整体刚度很大的主体结构上，依靠房屋结构的整体刚度来加强和保证整片脚手架的稳定性。其具体做法是在脚手架上均匀地设置足够多的牢固的连墙点（图 3.4）。

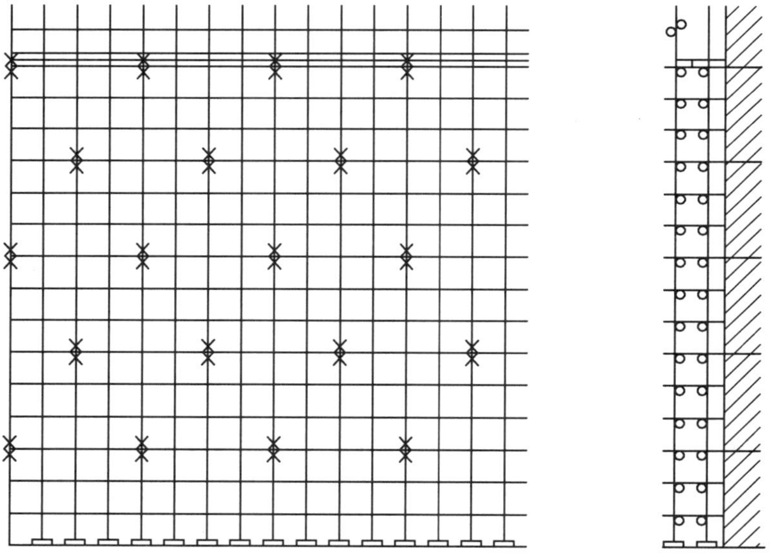

图 3.4　连墙杆的布置

连墙点的位置应设置在与立杆和大横杆相交的节点处，离节点的间距不宜大于 300 mm。

设置一定数量的连墙杆后，整片脚手架的倾覆破坏一般不会发生。但要求与连墙杆连接一端的墙体本身要有足够的刚度，所以连墙杆在水平方向应设置在框架梁或楼板附近，竖直方向应设置在框架柱或横隔墙附近。连墙杆在房屋的每层范围均需布置一排，一般竖向间距为脚手架步高的 2～4 倍，不宜超过 4 倍，且绝对值在 3～4 m 内；横向间距宜选用立杆纵距的 3～4 倍，不宜超过 4 倍，且绝对值在 4.5～6.0 m 内。

（5）搭设要求

脚手架搭设时应注意地基平整坚实，设置底座和垫板，并有可靠的排水措施，防止积水浸泡地基引起不均匀沉陷。杆件应按设计方案进行搭设，并注意搭设顺序，扣件拧紧程度应适度，一般扭力矩应为 40 ~ 60 kN · m。禁止使用规格和质量不合格的杆配件。相邻立柱的对接扣件不得在同一高度，应随时校正杆件的垂直和水平偏差。脚手架处于顶层连墙点之上的自由高度不得大于 6 m。当作业层高出其下连墙件 2 步或 4 m 以上，且其上尚无连墙件时，应采取适当的临时撑拉措施。脚手板或其他作业层铺板的铺设应符合有关规定。

2. 框式脚手架

（1）基本组成

框式脚手架也称为门式脚手架，是当今国际上应用最普遍的脚手架之一。它不仅可作为外脚手架，而且可作为内脚手架或满堂脚手架。框式脚手架由门式框架、剪刀撑、水平梁架、螺旋基脚组成基本单元，将基本单元相互连接并增加梯子、栏杆及脚手板等即形成脚手架（图 3.5）。

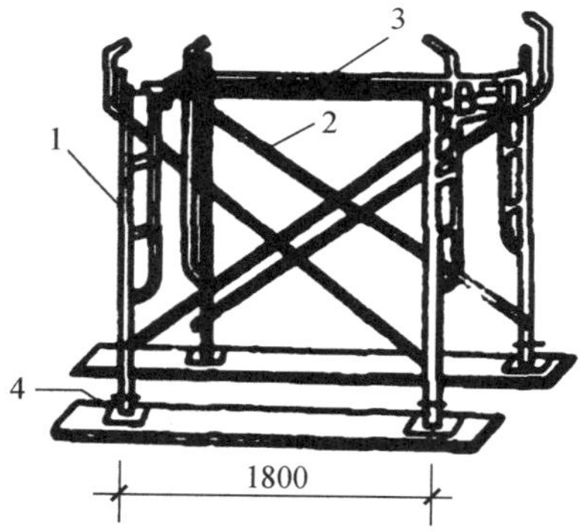

（a）基本单元

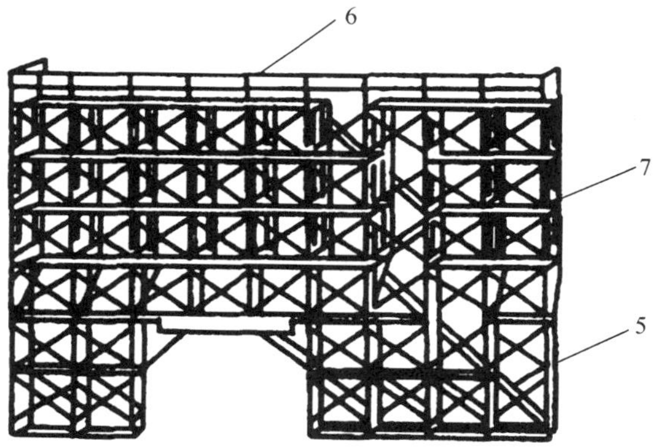

（b）框式外脚手架

图 3.5 框式脚手架

1—门式框架；2—剪刀撑；3—水平梁架；4—螺旋基脚；
5—梯子；6—栏杆；7—脚手板

（2）搭设要求

框式脚手架是一种工厂生产、现场搭设的脚手架，一般只要按产品目录所列的使用荷载和搭设规定进行施工，不必再进行验算。如果实际使用情况与规定有出入时，应采取相应的加固措施或进行验算。通常框式脚手架搭设高度限制在 45 m 以内，采取一定措施后达到 80 m 左右。施工荷载一般为：均布荷载 1.8 kN/m^2，或作用于脚手架板跨中的集中荷载 2 kN。

搭设框式脚手架时，基底必须夯实找平，并铺可调底座，以免发生塌陷和不均匀沉降。要严格控制第一步门式框架垂直度偏差不大于 2 mm，门架顶部的水平偏差不大于 5 mm。门架的顶部和底部用纵向水平杆和扫地杆固定。门架之间必需设置剪刀撑和水平梁架（或脚手板），其间连接应可靠，以确保脚手架的整体刚度。

（二）里脚手架

里脚手架搭设于建筑物内部，每砌完一层墙后，即将其转移到上一层楼面，进行新的一层砌体砌筑，它可用于内外墙的砌筑和室内装饰施工。里脚手架用料少，但装拆频繁，故要求轻便灵活，装拆方便。其结构形式有折叠式、支柱式和门架式等多种。

1. 折叠式

折叠式里脚手架适用于民用建筑的内墙砌筑和内粉刷，也可用于砖围墙、砖平房的外墙砌筑和粉刷。根据材料不同，分为角钢、钢管和钢筋折叠式里脚手架。

2. 支柱式

支柱式里脚手架由若干个支柱和横杆组成。适用于砌墙和内粉刷。其搭设间距，砌墙时不超过 2 m，粉刷时不超过 2.5 m。支柱式里脚手架的支柱有套管式和承插式两种形式。

（三）其他几种脚手架简介

1. 木、竹脚手架

各种先进金属脚手架的迅速推广，使传统木、竹脚手架的应用减少，但在我国南方地区和广大乡镇地区仍时常采用木、竹脚手架。木、竹脚手架是由木杆或竹杆用铅丝、棕绳或竹篾绑扎而成。木杆常用剥皮杉杆，缺乏杉杆时，也可用其他坚韧质轻的木料。竹竿应用生长 3 年以上的毛竹。

2. 悬挑式脚手架

悬挑式脚手架（图 3.6）简称挑架。搭设在建筑物外边缘向外伸出的悬挑结构上，将脚手架荷载全部或部分传递给建筑结构。悬挑支承结构有用型钢焊接制作的三角桁架下撑式结构以及用钢丝绳斜拉住水平型钢挑梁的斜拉式结构两种主要形式。在悬挑结构上搭设的双排外脚手架与落地式脚手架相同，分段悬挑脚手架的高度一般控制在 25 m 以内。该形式的脚手架适用于高层建筑的施工。由于脚手架系沿建筑物高度分段搭设，故在一定条件下，当上层还在施工时，其下层即可提前交付使用；而对于有裙房的高层建筑，则可使裙房与主楼不受外脚手架的影响，同时展开施工。

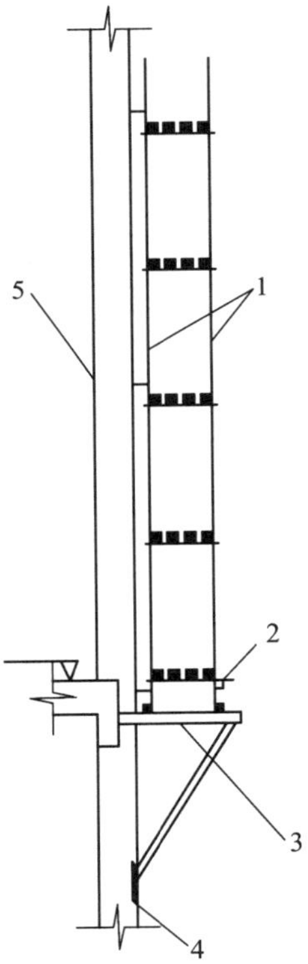

图 3.6 悬挑脚手架

1—钢管脚手架；2—型钢横梁；3—三角支承架；4—预埋件；5—钢筋混凝土柱（墙）

3. 吊挂式脚手架

吊挂式脚手架（图 3.7）在主体结构施工阶段为外挂脚手架，随主体结构逐层向上施工，用塔吊吊升，悬挂在结构上。在装饰施工阶段，该脚手架改为从屋顶吊挂，逐层下降。吊挂式脚手架的吊升单元（吊篮架子）宽度宜控制在 5 ~ 6 m。该形式的脚手架适用于高层框架和剪力墙结构施工。

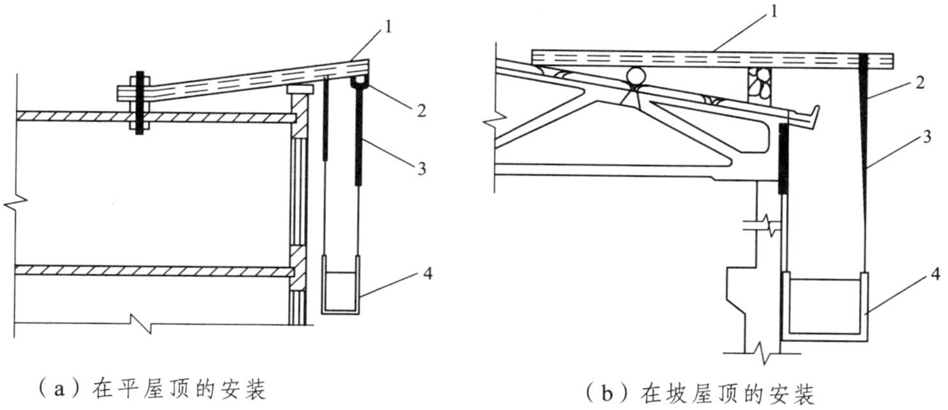

图 3.7　吊挂脚手架

1—挑梁；2—吊环；3—吊索；4—吊篮

4. 升降式脚手架

升降式脚手架（图 3.8）简称爬架。它是将自身分为两大部件，分别依附固定在建筑结

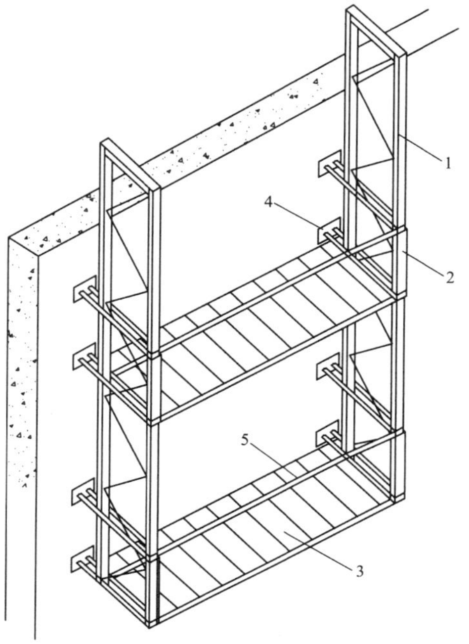

图 3.8　升降式脚手架

1—内套架；2—外套架；3—脚手板；4—附墙装置；5—栏杆

构上。在主体结构施工阶段，升降式脚手架利用自身带有的升降机构和升降动力设备，使两个部件互为利用，交替松开、固定，交替爬升，其爬升原理同爬升模板。在装饰施工阶段，交替下降。该形式的脚手架搭设高度为 3 ~ 4 个楼层，不占用塔吊，相对落地式外脚手架，省材料，省人工，适用于高层框架、剪力墙和筒体结构的快速施工。

（四）脚手架的安全防护措施

在房屋建筑施工过程中因脚手架出现事故的概率相当高，所以在脚手架的设计、架设、使用和拆卸中均需十分重视安全防护问题。

当外墙砌筑高度超过 4 m 或立体交叉作业时，除在作业面正确铺设脚手板和安装防护栏杆与挡脚板外，还必须在脚手架外侧设置安全网。架设安全网时，其伸出宽度应不小于 2 m，外口要高于内口，搭接应牢固，每隔一定距离应用拉绳将斜杆与地面锚桩拉牢。

当用里脚手架施工外墙或多层、高层建筑用外脚手架时，均需设置安全网。安全网应随楼层施工进度逐步上升，高层建筑除这一道逐步上升的安全网外，尚应在下面间隔 3 ~ 4 层的部位设置一道安全网。施工过程中要经常对安全网进行检查和维修，每块支好的安全网应能承受不小于 1.6 kN 的冲击荷载。

钢脚手架不得搭设在距离 35 kV 以上的高压线路 4.5 m 以内的地区和距离 1 ~ 10 kV 高压线路 3 m 以内的地区。钢脚手架在架设和使用期间，要严防与带电体接触，需要穿过或靠近 380 V 以内的电力线路，距离在 2 m 以内时，则应断电或拆除电源，如不能拆除，应采取可靠的绝缘措施。

搭设在旷野、山坡上的钢脚手架，如在雷击区域或雷雨季节时，应设避雷装置。

二、垂直运输设施

垂直运输设施指在建筑施工中担负垂直输送材料和人员上下的机械设备和设施。砌筑工程中的垂直运输量很大，不仅要运输大量的砖（或砌块）、砂浆，而且还要运输脚手架、脚手板和各种预制构件，因而如何合理安排垂直运输就直接影响到砌筑工程的施工速度和工程成本。

（一）垂直运输设施的种类

目前，砌筑工程中常用的垂直运输设施有塔式起重机、井架、龙门架、施工电梯、灰浆泵等。

1. 塔式起重机

塔式起重机具有提升、回转、水平运输等功能，不仅是重要的吊装设备，而且也是重要的垂直运输设备，尤其在吊运长、大、重的物料时有明显的优势，故在可能条件下宜优先选用。

2. 井架、龙门架

井架（图 3.9）是施工中最常用的，也是最为简便的垂直运输设施。它的稳定性好、运输量大，除用型钢或钢管加工的定型井架之外，还可用脚手架材料搭设而成。井架多为单孔井架，但也可构成两孔或多孔井架。井架通常带一个起重臂和吊盘。起重臂起重能力为 5 ~ 10 kN 在其外伸工作范围内也可作小距离的水平运输。吊盘起重量为 10 ~ 15 kN，其中可放置运料的手推车或其他散装材料。搭设高度可达 40 m，需设缆风绳保持井架的稳定。

龙门架是由两根三角形截面或矩形截面的立柱及天轮梁（横梁）组成的门式架。在龙门架上设滑轮、导轨、吊盘、缆风绳等，进行材料、机具和小型预制构件的垂直运输（图 3.10）。龙门架构造简单、制作容易、用材少、装拆方便，但刚度和稳定性较差，一般适用于中小型工程。

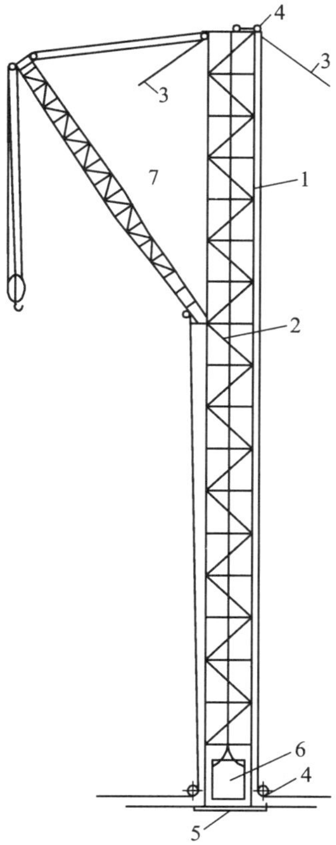

图 3.9 钢井架

1—井架；2—钢丝绳；3—缆风绳；4—滑轮；5—垫梁；6—吊盘；7—辅助吊臂

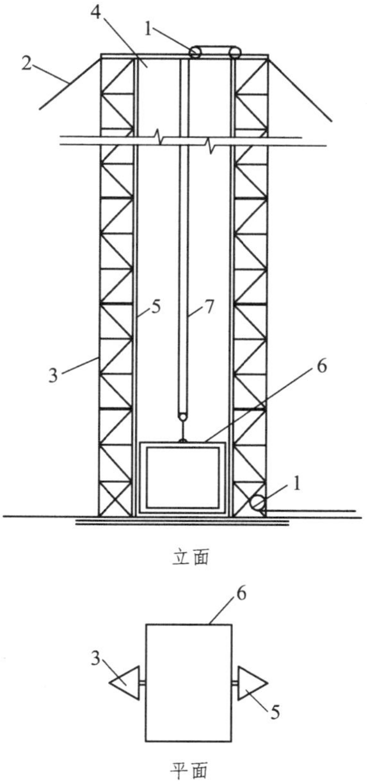

图 3.10 龙门架

1—滑轮；2—缆风绳；3—立柱；4—横梁；5—导轨；6—吊盘；7—钢丝绳

3. 施工电梯

多数施工电梯为人货两用，少数为供货用。电梯按其驱动方式可分为齿条驱动和绳轮驱动两种。齿条驱动电梯又有单吊箱（笼）式和双吊箱（笼）式两种，并装有可靠的限速装置，适用于 20 层以上建筑工程使用；绳轮驱动电梯为单吊箱（笼、无限速装置，轻巧便宜），适于 20 层以下建筑工程使用。

4. 灰浆泵

灰浆泵是一种可以在垂直和水平两个方向连续输送灰浆的机械，目前常用的有活塞式和挤压式两种。活塞式灰浆泵按其结构又分为直接作用式和隔膜式两类。

（二）垂直运输设施的设置要求

垂直运输设施的设置一般应根据现场施工条件满足以下一些基本要求。

1. 覆盖面和供应面

塔吊的覆盖面是指以塔吊的起重幅度为半径的圆形吊运覆盖面积。垂直运输设施的供应面是指借助于水平运输手段（手推车等）所能达到的供应范围。建筑工程全部的作业面应处于垂直运输设施的覆盖面和供应面的范围之内。

2. 供应能力

塔吊的供应能力等于吊次乘以吊量（每次吊运材料的体积、重量或件数），其他垂直运输设施的供应能力等于运次乘以运量，运次应取垂直运输设施和与其配合的水平运输机具中的低值。另外，还需乘以 0.5～0.75 的折减系数，以考虑由于难以避免的因素对供应能力的影响（如机械设备故障等垂直运输设备的供应能力应能满足高峰工作量的需要）。

3. 提升高度

设备的提升高度能力应比实际需要的升运高度高，其高出程度不少于 3 m，以确保安全。

4. 水平运输手段

在考虑垂直运输设施时，必须同时考虑与其配合的水平运输手段。

5. 装设条件

垂直运输设施装设的位置应具有相适应的装设条件，如具有可靠的基础、与结构拉结和水平运输通道条件等。

6. 设备效能的发挥

必须同时考虑满足施工需要和充分发挥设备效能的问题。当各施工阶段的垂直运输量相差悬殊时，应分阶段设置和调整垂直运输设备，及时拆除已不需要的设备。

7. 设备拥有的条件和今后利用的问题

充分利用现有设备，必要时添置或加工新的设备。在添置或加工新的设备时应考虑今后利用的前景。

8. 安全保障

安全保障是使用垂直运输设施中的首要问题，必须引起高度重视。所有垂直运输设备都要严格按有关规定操作使用。

第二节　砌体施工的准备工作

一、砂浆的制备

砂浆按组成材料的不同大致可分为水泥砂浆、混合砂浆两类。

1. 水泥砂浆

用水泥和砂拌和成的水泥砂浆具有较高的强度和耐久性，但和易性差。其多用于高强度和潮湿环境的砌体中。

2. 混合砂浆

在水泥砂浆中掺入一定数量的石灰膏或黏土膏的水泥混合砂浆具有一定的强度和耐久性，且和易性和保水性好。其多用于一般墙体中。

砂浆的配合比应事先通过计算和试配确定。水泥砂浆的最小水泥用量不宜小于 200 kg/m^3。砂浆用砂宜采用中砂。砂中的含泥量，对于水泥砂浆和强度等级不小于 M5 的水泥混合砂浆，不宜超过 5%。对于强度等级小于 M5 的水泥混合砂浆，不应超过 10%。用块状生石灰熟化成石灰膏时，其熟化时间不得少于 7 d。用黏土或粉质黏土制备黏土膏，应过筛，并用搅拌机加水搅拌。为了改善砂浆在砌筑时的和易性，可掺入适量的有机塑化剂，其掺量一般为水泥用量的（0.5 ~ 1）/10 000。

砂浆应采用机械拌和，自投完料算起，水泥砂浆和水泥混合砂浆的拌和时间不得少于 2 min；水泥粉煤灰砂浆和掺用外加剂的砂浆不得少于 3 min；掺用有机塑化剂的砂浆为 3 ~ 5 min。拌成后的砂浆，其稠度应符合表 3.2 规定；分层度不应大于 30 mm；颜色一致。砂浆拌成后应盛入贮灰器中，如砂浆出现泌水现象，应在砌筑前再次拌和。砂浆应随拌随用。水泥砂浆和水泥混合砂浆必须分别在拌成 3 h 和 4 h 内使用完毕；若施工期间最高气温超过 30 °C 时，必须分别在拌成后 2 h 和 3 h 内使用完毕。

砂浆强度等级以标准养护［温度为（20 ± 5）°C 及正常湿度条件下的室内不通风处养护］龄期为 28 d 的试块抗压强度为准。砌筑砂浆强度等级分为 M15、M10、M7.5、M5、M2.5 五个等级，各强度等级相应的抗压强度值应符合表 3.3 的规定。砂浆试块应在搅拌机出料口随机取样制作。每一检验批且不超过 250 m 砌体的各种类型及强度等级的砌筑砂浆，每台搅拌机应至少抽验一次。

表 3.2　砌筑砂浆的稠度

项次	砌　体　种　类	砂浆稠度
1	烧结普通砖砌体	70～90
2	轻骨料混凝土小型砌块	60～90
3	烧结多孔砖、空心砖砌体	60～80
4	烧结普通砖平拱式过梁 空斗墙、筒拱 普通混凝土小型空心砌块 加气混凝土砌块	50～70
5	石砌体	30～50

表 3.3　砌筑砂浆强度等级

强度等级	龄期 28 d 抗压强度/MPa	
	各组平均值不小于	最小一组平均值不小于
M15	15	11.25
M10	10	7.5
M7.5	7.5	5.63
M5	5	3.75
M2.5	2.5	1.88

二、砖的准备

砖的品种、强度等级必须符合设计要求，并应规格一致。用于清水墙、柱表面的砖，应边角整齐、色泽均匀。在砌砖前应提前 1～2 d 将砖堆浇水湿润，以使砂浆和砖能很好地黏结。严禁砌筑前临时浇水，以免因砖表面存有水膜而影响砌体质量。烧结普通砖、多孔砖的含水率宜为 10%～15%，灰砂砖、粉煤灰砖的含水率宜为 8%～12%。检查含水率的最简易方法是现场断砖，砖截面周围融水深度达 15～20 mm 即视为符合要求。

三、施工机具的准备

砌筑前，一般应按施工组织设计要求组织垂直和水平运输机械。砂浆搅拌机械进场、安装、调试等工作。垂直运输多采用扣件及钢管搭设的井架，或人货两用施工电梯，或塔式起重机，而水平运输多采用手推车或机动翻斗车。对多高层建筑，还可以用灰浆泵输送砂浆。同时，还要准备脚手架、砌筑工具（如皮数杆、托线板）等。

第三节 砌筑工程的类型与施工

一、砌体的一般要求

砌体可分为：砖砌体，主要有墙和柱；砌块砌体，多用于定型设计的民用房屋及工业厂房的墙体；石材砌体，多用于带形基础、挡土墙及某些墙体结构；配筋砌体，在砌体水平灰缝中配置钢筋网片或在墙体外部的预留沟槽内设置竖向粗钢筋的组合砌体。

砌体除应采用符合质量要求的原材料外，还必须有良好的砌筑质量，以使砌体有良好的整体性、稳定性和良好的受力性能，一般要求灰缝横平竖直，砂浆饱满，厚薄均匀，砌块应上下错缝，内外搭砌，接槎牢固，墙面垂直；要预防不均匀沉降引起开裂；要注意施工中墙、柱的稳定性；冬期施工时还要采取相应的措施。

二、毛石基础与砖基础砌筑

（一）毛石基础

1. 毛石基础构造

毛石基础是用毛石与水泥砂浆或水泥混合砂浆砌成。所用毛石应质地坚硬、无裂纹，强度等级一般为MU20以上，砂浆宜用水泥砂浆，强度等级应不低于M5。

毛石基础可作墙下条形基础或柱下独立基础。按其断面形状有矩形、阶梯形和梯形等。基础顶面宽度比墙基底面宽度要大于 200 mm；基础底面宽度依设计计算而定。梯形基础坡角应大于60°。阶梯形基础每阶高不小于300 mm，每阶挑出宽度不大于200 mm（图3.11）。

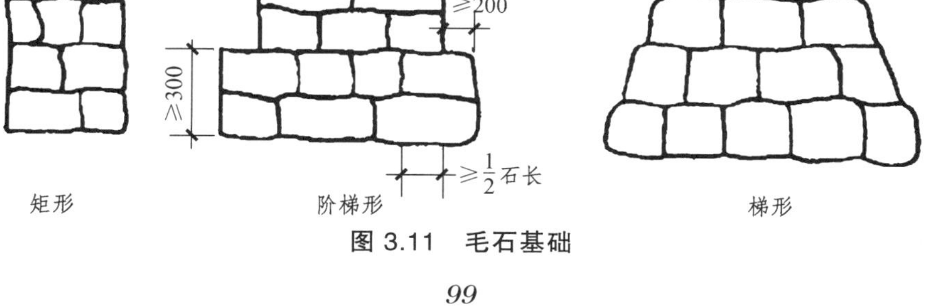

图 3.11 毛石基础

2. 毛石基础施工要点

（1）基础砌筑前，应先行验槽并将表面的浮土和垃圾清除干净。

（2）放出基础轴线及边线，其允许偏差应符合规范规定。

（3）毛石基础砌筑时，第一皮石块应坐浆，并大面向下；料石基础的第一皮石块应丁砌并坐浆。砌体应分皮卧砌，上下错缝，内外搭砌，不得采用先砌外面石块后中间填心的砌筑方法。

（4）石砌体的灰缝厚度：毛料石和粗料石砌体不宜大于 20 mm，细料石砌体不宜大于 5 mm。石块间较大的孔隙应先填塞砂浆后用碎石嵌实，不得采用先放碎石块后灌浆或干填碎石块的方法。

（5）为增加整体性和稳定性，应按规定设置拉结石。

（6）毛石基础的最上一皮及转角处、交接处和洞口处，应选用较大的平毛石砌筑。有高低台的毛石基础，应从低处砌起，并由高台向低台搭接，搭接长度不小于基础高度。

（7）阶梯形毛石基础，上阶的石块应至少压砌下阶石块的 1/2，相邻阶梯毛石应相互错缝搭接。

（8）毛石基础的转角处和交接处应同时砌筑。如不能同时砌筑又必须留槎时，应砌成斜槎。基础每天可砌高度应不超过 1.2 m。

（二）砖基础

1. 砖基础构造

砖基础下部通常扩大，称为大放脚。大放脚有等高式和不等高式两种（图 3.12）。等高式大放脚是两皮一收，即每砌两皮砖，两边各收进 1/4 砖长；不等高式大放脚是两皮一收与一皮一收相间隔，即砌两皮砖，收进 1/4 砖长，再砌一皮砖，收进 1/4 砖长，如此往复。在相同底宽的情况下，后者可减小基础高度，但为保证基础的强度，底层需用两皮一收砌筑。大放脚的底宽应根据计算而定，各层大放脚的宽度应为半砖长的整倍数（包括灰缝）。

（a）等高式　　（b）不等高式

图 3.12　基础大放脚形式

在大放脚下面为基础地基，地基一般用灰土、碎砖三合土或混凝土等。在墙基顶面应设防潮层，防潮层宜用 1∶2.5 水泥砂浆加适量的防水剂铺设，其厚度一般为 20 mm，位置在底层室内地面以下一皮砖处，即离底层室内地面下 60 mm 处。

2. 砖基础施工要点

（1）砌筑前，应将地基表面的浮土及垃圾清除干净。

（2）基础施工前，应在主要轴线部位设置引桩，以控制基础、墙身的轴线位置，并从中引出墙身轴线，而后向两边放出大放脚的底边线。在地基转角、交接及高低踏步处预先立好基础皮数杆。

（3）砌筑时，可依皮数杆先在转角及交接处砌几皮砖，然后在其间拉准线砌中间部分。内外墙砖基础应同时砌起，如不能同时砌筑时应留置斜槎，斜槎长度不应小于斜槎高度。

（4）基础底标高不同时，应从低处砌起，并由高处向低处搭接。如设计无要求，搭接长度不应小于大放脚的高度。

（5）大放脚部分一般采用一顺一丁砌筑形式。水平灰缝及竖向灰缝的宽度应控制在10 mm左右，水平灰缝的砂浆饱满度不得小于80%，竖缝要错开。要注意丁字及十字接头处砖块的搭接，在这些交接处，纵横墙要隔皮砌通。大放脚的最下一皮及每层的最上一皮应以丁砌为主。

（6）基础砌完验收合格后，应及时回填。回填土要在基础两侧同时进行，并分层夯实。

三、砖墙砌筑

（一）砌筑形式

普通砖墙的砌筑形式主要有五种：一顺一丁、三顺一丁、梅花丁、两平一侧和全顺式。

1. 一顺一丁

一顺一丁是一皮全部顺砖与一皮全部丁砖间隔砌成。上下皮竖缝相互错开1/4砖长［图3.13（a）］。这种砌法效率较高，适用于砌一砖、一砖半及二砖墙。

2. 三顺一丁

三顺一丁是三皮全部顺砖与一皮全部丁砖间隔砌成。上下皮顺砖间竖缝错开1/2砖长；上下皮顺砖与丁砖间竖缝错开1/4砖长［图3.13（b）］。这种砌法因顺砖较多，效率较高，适用于砌一砖、一砖半墙。

3. 梅花丁

梅花丁是每皮中丁砖与顺砖相隔，上皮丁砖坐中于下皮顺砖，上下皮间竖缝相互错开1/4砖长［图3.13（c）］。这种砌法内外竖缝每皮都能避开，故整体性较好，灰缝整齐，比较美观，但砌筑效率较低。适用于砌一砖及一砖半墙。

4. 两平一侧

两平一侧采用两皮平砌砖与一皮侧砌的顺砖相隔砌成。当墙厚为3/4砖时，平砌砖均为顺砖，上下皮平砌顺砖间竖缝相互错开 1/2 砖长；上下皮平砌顺砖与侧砌顺砖间竖缝相互 1/2 砖长。当墙厚为 1 砖长时，上下皮平砌顺砖与侧砌顺砖间竖缝相互错开 1/2 砖长；上下皮平砌丁砖与侧砌顺砖间竖缝相互错开 1/4 砖长。这种形式适合于砌筑 3/4 砖墙及 1 砖墙。

5. 全顺式

全顺式是各皮砖均为顺砖，上下皮竖缝相互错开 1/2 砖长。这种形式仅使用于砌半砖墙。

为了使砖墙的转角处各皮间竖缝相互错开，必须在外角处砌七分头砖（3/4 砖长）。当采用一顺一丁组砌时，七分头的顺面方向依次砌顺砖，丁面方向依次砌丁砖［图 3.14（a）］。

砖墙的丁字接头处，应分皮相互砌通，内角相交处竖缝应错开 1/4 砖长，并在横墙端头处加砌七分头砖［图 3.14（b）］。

砖墙的十字接头处，应分皮相互砌通，交角处的竖缝应相互错开 1/4 砖长［图 3.14（c）］。

（a）一顺一丁

（b）三顺一丁

（c）梅花丁

图 3.13　砖墙组砌形式

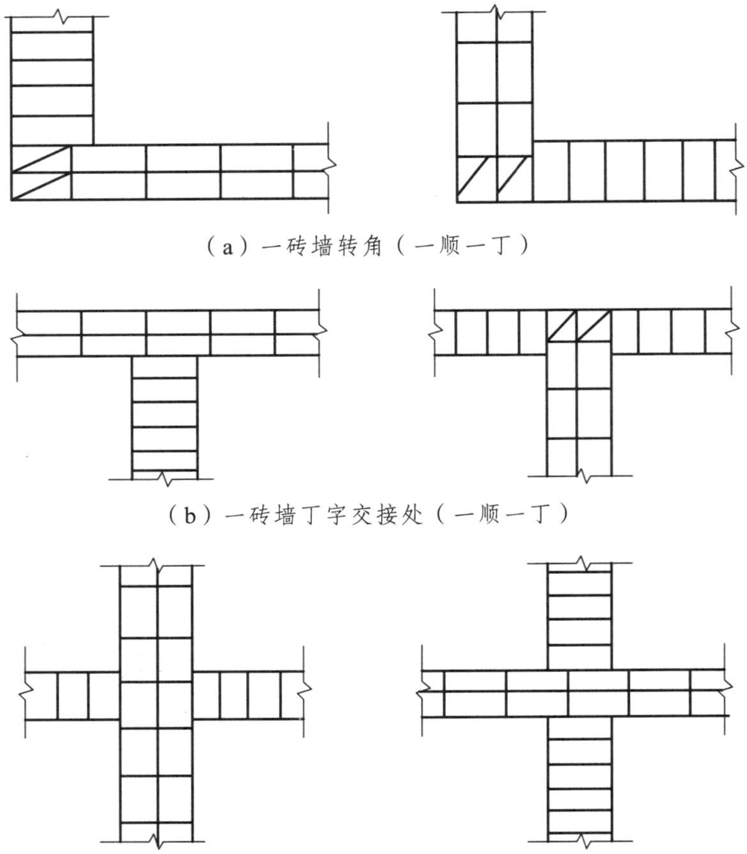

（a）一砖墙转角（一顺一丁）

（b）一砖墙丁字交接处（一顺一丁）

（c）一砖墙十字交接处（一顺一丁）

图 3.14　砖墙交接处组砌

（二）砌筑工艺

砖墙的砌筑一般有抄平、放线、摆砖、立皮数杆、盘角、挂线、砌筑、勾缝、清理等工序。

1. 抄平放线

砌墙前先在基础防潮层或楼面上定出各层标高，并用水泥砂浆或 C10 细石混凝土找平，然后根据龙门板上标志的轴线，弹出墙身轴线、边线及门窗洞口位置。二楼以上墙的轴线可以用经纬仪或垂球将轴线引测上去。

2. 摆　砖

摆砖，又称摆脚，是指在放线的基面上按选定的组砌方式用干砖试摆。目的是校对所放出的墨线在门窗洞口、附墙垛等处是否符合砖的模数，以尽可能减少砍砖，并使砌体灰缝均匀，组砌得当。一般在房屋纵墙方向摆顺砖，在山墙方向摆丁砖，摆砖由一个大角摆到另一个大角，砖与砖留 10 mm 缝隙。

3. 立皮数杆

皮数杆是指在其上划有每皮砖和灰缝厚度，以及门窗洞口、过梁、楼板等高度位置的一种木制标杆。砌筑时用来控制墙体竖向尺寸及各部位构件的竖向标高，并保证灰缝厚度的均匀性。

皮数杆一般设置在房屋的四大角以及纵横墙的交接处，如墙面过长时，应每隔 10 ~ 15 m 立一根。皮数杆需用水平仪统一竖立，使皮数杆上的 ± 0.00 与建筑物的 ± 0.00 相吻合，以后就可以向上接皮数杆。

4. 盘角、挂线

墙角是控制墙面横平竖直的主要依据，所以，一般砌筑时应先砌墙角，墙角砖层高度必须与皮数杆相符合，做到“三皮一吊，五皮一靠”。墙角必须双向垂直。

墙角砌好后，即可挂小线，作为砌筑中间墙体的依据，以保证墙面平整，一般一砖墙、一砖半墙可用单面挂线，一砖半墙以上则应用双面挂线。

5. 砌筑、勾缝

砌筑操作方法各地不一，但应保证砌筑质量要求。通常采用“三一砌砖法”，即一块砖、一铲灰、一揉压，并随手将挤出的砂浆刮去的砌筑方法。这种砌法的优点是灰缝容易饱满、黏结力好、墙面整洁。

勾缝是砌清水墙的最后一道工序，可以用砂浆随砌随勾缝，叫作原浆勾缝；也可砌完墙后再用 1 : 1.5 水泥砂浆或加色砂浆勾缝，称为加浆勾缝。勾缝具有保护墙面和增加墙面美观的作用，为了确保勾缝质量，勾缝前应清除墙面黏结的砂浆和杂物，并洒水润湿，在砌完墙后，应画出的灰槽、灰缝可勾成凹、平、斜或凸形状。勾缝完后尚应清扫墙面。

（三）施工要点

（1）全部砖墙应平行砌起，砖层必须水平，砖层正确位置用皮数杆控制，基础和每楼层砌完后必须校对一次水平、轴线和标高，在允许偏差范围内，其偏差值应在基础或楼板顶面调整。

（2）砖墙的水平灰缝和竖向灰缝宽度一般为 10 mm，但不小于 8 mm，也不应大于 12 mm。水平灰缝的砂浆饱满度不得低于 80%，竖向灰缝宜采用挤浆或加浆方法，使其砂浆饱满，严禁用水冲浆灌缝。

（3）砖墙的转角处和交接处应同时砌筑。对不能同时砌筑而又必须留槎时，应砌成斜槎，斜槎长度不应小于高度的 2/3（图 3.15）。非抗震设防及抗震设防烈度为 6 度、7 度地区的临时间断处，当不能留斜槎时，除转角处外，可留直接，但必须做成凸槎，并加设拉结筋。拉结筋的数量为每 120 mm 墙厚放置 1ϕ6 拉结钢筋（120 mm 厚墙放置 2 根ϕ6 拉结钢筋），间距沿墙高不应超过 500 mm，埋入长度从留槎处算起每边均不应小于 500 mm，对抗震设防烈度为 6 度、7 度的地区，不应小于 1 000 mm，末端应有 90°弯钩（图 3.16）。抗震设防地区不得留直槎。

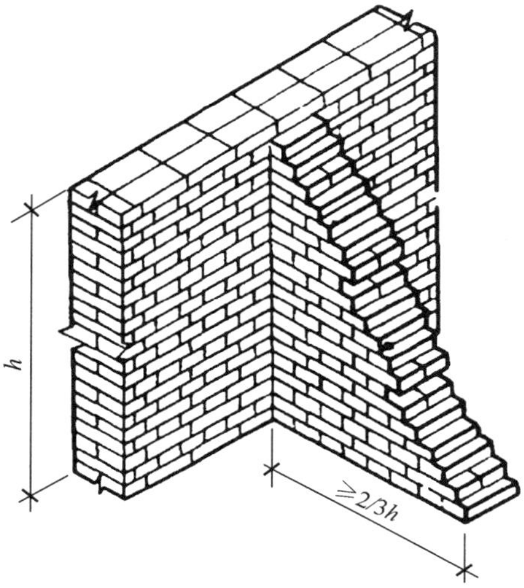

图 3.15　斜　槎

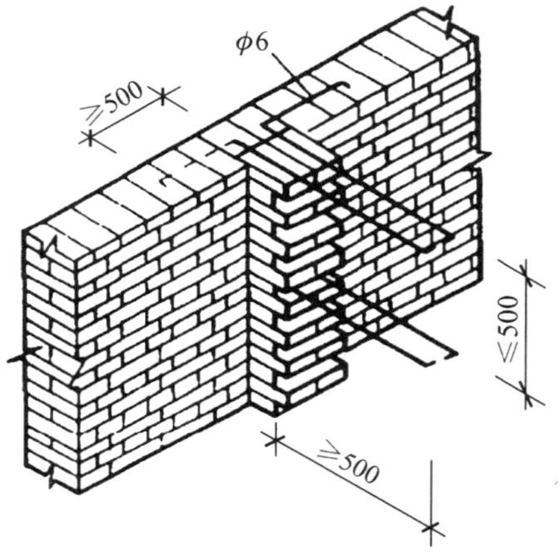

图 3.16　直　槎

（4）砖墙接槎时，必须将接槎处的表面清理干净，浇水润湿，并应填实砂浆，保持灰缝平直。

（5）每层承重墙的最上一皮砖、梁或梁垫的下面及挑檐、腰线等处，应是整砖丁砌。填充墙砌至接近梁、板底时，应留一定空隙，待填充墙砌筑完并应至少间隔 7 d 后，再将其补砌挤紧。

（6）砖墙中留置临时施工洞口时，其侧边离交接处的墙面不应小于 500 mm，洞口净宽度不应超过 1 m。

（7）砖墙相邻工作段的高度差，不得超过一个楼层的高度，也不宜大于 4 m。工作段的分段位置应设在伸缩缝、沉降缝、防震缝或门窗洞口处。砖墙临时间断处的高度差，不得超过一步脚手架的高度。砖墙每天砌筑高度以不超过 1.8 m 为宜。

（8）在下列墙体或部位中不得留设脚手眼：

① 120 mm 厚墙、料石清水墙和独立柱。

② 过梁上与过梁成60°角的三角形范围及过梁净跨度1/2的高度范围内。

③ 宽度小于1 m的窗间墙。

④ 砌体门窗洞口两侧200 mm（石砌体为300 mm）和转角处450 mm（石砌体为600 mm）范围内。

⑤ 梁或梁垫下及其左右500 mm范围内。

⑥ 设计不允许设置脚手眼的部位。

四、配筋砌体

配筋砌体是由配置钢筋的砌体作为建筑物主要受力构件的结构。配筋砌体有网状配筋砌体柱、水平配筋砌体墙、砖砌体和钢筋混凝土面层或钢筋砂浆面层组合砌体柱（墙）、砖砌体和钢筋混凝土构造柱组合墙和配筋砌块砌体剪力墙。

（一）配筋砌体的构造要求

配筋砌体的基本构造与砖砌体相同，不再赘述；下面主要介绍构造的不同点：

1. 砖柱（墙）网状配筋的构造

砖柱（墙）网状配筋，是在砖柱（墙）的水平灰缝中配有钢筋网片。钢筋上、下保护层厚度不应小于2 mm。所用砖的强度等级不低于MU10，砂浆的强度等级不应低于M7.5，采用钢筋网片时，宜采用焊接网片，钢筋直径宜采用3～4 mm；钢筋网中的钢筋的间距不应大于120 mm，并不应小于30 mm；钢筋网片竖向间距，不应大于五皮砖，并不应大于400 mm。

2. 组合砖砌体的构造

组合砖砌体是指砖砌体和钢筋混凝土面层或钢筋砂浆面层的组合砌体构件，有组合砖柱、组合砖壁柱和组合砖墙等。

组合砖砌体构件的构造为：面层混凝土强度等级宜采用C20。面层水泥砂浆强度等级不宜低于M10，砖强度等级不宜低于MU10，砌筑砂浆的强度等级不宜低于M7.5。砂浆面层厚度宜采用30～45 mm，当面层厚度大于45 mm时，其面层宜采用混凝土。

3. 砖砌体和钢筋混凝土构造柱组合墙

组合墙砌体宜用强度等级不低于MU7.5的普通砌墙砖与强度等级不低于M5的砂浆砌筑。

构造柱截面尺寸不宜小于240 mm×240 mm，其厚度不应小于墙厚。砖砌体与构造柱的连接处应砌成马牙槎。并应沿墙高每隔500 mm设2ϕ6拉结钢筋，且每边伸入墙内不宜小于600 mm。柱内竖向受力钢筋，一般采用HPB235级钢筋，对于中柱，不宜少于4ϕ12；对于边柱不宜少于4ϕ14，其箍筋一般采用ϕ6@200 mm，楼层上下500 mm范围内宜采用ϕ6@100 mm，构造柱竖向受力钢筋应在基础梁和楼层圈梁中锚固。

组合砖墙的施工程序应先砌墙后浇混凝土构造桩。

4. 配筋砌块砌体构造要求

砌块强度等级不应低于 MU10；砌筑砂浆不应低于 M7.5；灌孔混凝土不应低于 C20。配筋砌块砌体柱边长不宜小于 400 mm；配筋砌块砌体剪力墙厚度连梁宽度不应小于 190 mm。

（二）配筋砌体的施工工艺

配筋砌体施工工艺的弹线、找平、排砖撂底、墙体盘角、选砖、立皮数杆、挂线、留槎等施工工艺与普通砖砌体要求相同，下面主要介绍其不同点：

1. 砌砖及放置水平钢筋

砌砖宜采用“三一砌砖法”，即“一块砖、一铲灰、一揉压”，水平灰缝厚度和竖直灰缝宽度一般为 10 mm，但不应小于 8 mm，也不应大于 12 mm。砖墙（柱）的砌筑应达到上下错缝、内外搭砌、灰缝饱满、横平竖直的要求。皮数杆上要标明钢筋网片、箍筋或拉结筋的位置，钢筋安装完毕，并经隐蔽工程验收后方可砌上层砖，同时要保证钢筋上下至少各有 2 mm 保护层。

2. 砂浆（混凝土）面层施工

组合砖砌体面层施工前，应清除面层底部的杂物，并浇水湿润砖砌体表面。砂浆面层施工从下而上分层施工，一般应两次涂抹，第一次是刮底，使受力钢筋与砖砌体有一定保护层；第二次是抹面，使面层表面平整。混凝土面层施工应支设模板，每次支设高度一般为 50～60 cm，并分层浇筑，振捣密实，待混凝土强度达到 30%以上才能拆除模板。

3. 构造柱施工

构造柱竖向受力钢筋，底层锚固在基础梁上，锚固长度不应小于 35d（d 为竖向钢筋直径），并保证位置正确。受力钢筋接长，可采用绑扎接头，搭接长度为 35d，绑扎接头处箍筋间距不应大于 200 mm。楼层上下 500 mm 范围内箍筋间距宜为 100。砖砌体与构造柱连接处应砌成马牙槎，从每层柱脚开始，先退后进，每一马牙槎沿高度方向的尺寸不宜超过 300 mm，并沿墙高每隔 500 mm 设 2ϕ6 拉结钢筋，且每边伸入墙内不宜小于 1 m；预留的拉结钢筋应位置正确，施工中不得任意弯折。浇筑构造柱混凝土之前，必须将砖墙和模板浇水湿润（若为钢模板，不浇水，刷隔离剂），并将模板内落地灰、砖渣和其他杂物清理干净。浇筑混凝土可分段施工，每段高度不宜大于 2 m，或每个楼层分两次浇灌，应用插入式振动器，分层捣实。

五、砌块砌筑

用砌块代替烧结普通砖做墙体材料，是墙体改革的一个重要途径。近几年来，中小型砌块在我国得到了广泛应用。常用的砌块有粉煤灰硅酸盐砌块、混凝土小型空心砌块、煤矸石砌块等。砌块的规格不统一，中型砌块一般高度为 380 ~ 940 mm，长度为高度的 1.5 ~ 2.5 倍，厚度为 180 ~ 300 mm，每块砌块质量 50 ~ 200 kg。

（一）砌块排列

由于中小型砌块体积较大、较重，不如砖块可以随意搬动，多用专门设备进行吊装砌筑，且砌筑时必须使用整块，不像普通砖可随意砍凿，因此，在施工前，须根据工程平面图、立面图及门窗洞口的大小、楼层标高、构造要求等条件，绘制各墙的砌块排列图，以指导吊装砌筑施工。

砌块排列图按每片纵横墙分别绘制（图 3.17）。其绘制方法是在立面上用 1∶50 或 1∶30 的比例绘出纵横墙，然后将过梁、平板、大梁、楼梯、孔洞等在墙面上标出，由纵墙和横墙高度计算皮数，放出水平灰缝线，并保证砌体平面尺寸和高度是块体加灰缝尺寸的倍数，再按砌块错缝搭接的构造要求和竖缝大小进行排列。对砌块进行排列时，注意尽量以主规格砌块为主，辅助规格砌块为辅，减少镶砖。小砌块墙体应对孔错缝璜砌，搭接长度不应小于 90 mm。墙体的个别部位不能满足上述要求时，应在灰缝中设置拉结钢筋或钢筋网片，但竖向通缝仍不得超过两皮小砌块。砌块中水平灰缝厚度一般为 10 ~ 20 mm，有配筋的水平灰缝厚度为 20 ~ 25 mm；竖缝的宽度为 15 ~ 20 mm，当竖缝宽度大于 30 mm 时，应用强度等级不低于 C20 的细石混凝土填实，当竖缝宽度≥1 500 mm 或楼层高不是砌块加灰缝的整数倍时，应用普通砖镶砌。

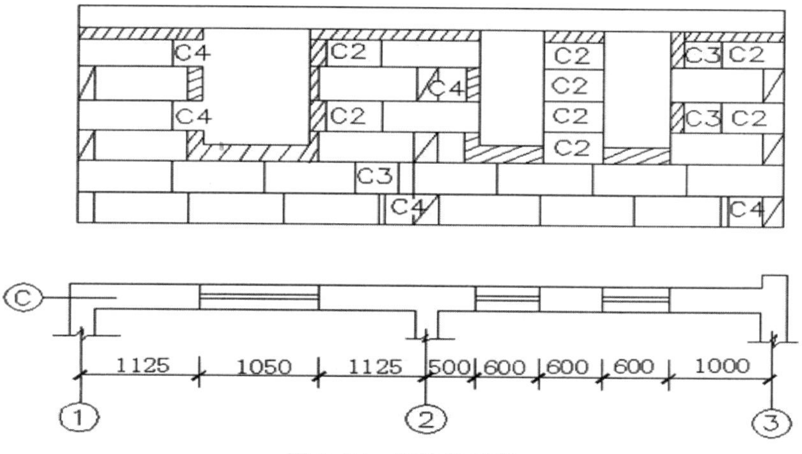

图 3.17　砌块排列图

（二）砌块施工工艺

砌块施工的主要工序是：铺灰、砌块吊装就位、校正、灌缝和镶砖。

1. 铺　灰

砌块墙体所采用的砂浆，应具有良好的和易性，其稠度 50 ~ 70 mm 为宜，铺灰应平整饱满，每次铺灰长度一般不超过 5 m，炎热天气及严寒季节应适当缩短。

2. 砌块吊装就位

砌块安装通常采用两种方案：一是以轻型塔式起重机进行砌块、砂浆的运输，以及楼板等预制构件的吊装，由台架吊装砌块；二是以井架进行材料的垂直运输、杠杆车进行楼板吊装，所有预制构件及材料的水平运输则用砌块车和劳动车，台架负责砌块的吊装，前者适用于工程量大或两幢房屋对翻流水的情况，后者适用于工程量小的房屋。

砌块的吊装一般按施工段依次进行，其次序为先外后内，先远后近，先下后上，在相邻施工段之间留阶梯形斜槎。吊装时应从转角处或砌块定位处开始，采用摩擦式夹具，按砌块排列图将所需砌块吊装就位。

3. 校　正

砌块吊装就位后，用托线板检查砌块的垂直度，拉准线检查水平度，并用撬棍、楔块调整偏差。

4. 灌　缝

竖缝可用夹板在墙体内外夹住，然后灌砂浆，用竹片插或铁棒捣，使其密实。当砂浆吸水后用刮缝板把竖缝和水平缝刮齐。灌缝后，一般不应再撬动砌块，以防损坏砂浆黏结力。

5. 镶　砖

当砌块间出现较大竖缝或过梁找平时，应镶砖。镶砖砌体的竖直缝和水平缝应控制在 15 ~ 30 mm 以内。镶砖工作应在砌块校正后即刻进行，镶砖时应注意使砖的竖缝灌密实。

（三）砌块砌体质量检查

砌块砌体质量应符合下列规定：

（1）砌块砌体砌筑的基本要求与砖砌体相同，但搭接长度不应少于 150 mm。

（2）外观检查应达到：墙面清洁，勾缝密实，深浅一致，交接平整。

（3）经试验检查，在每一楼层或 250 m^3 砌体中，一组试块（每组 3 块）同强度等级的砂浆或细石混凝土的平均强度不得低于设计强度最低值，对砂浆不得低于设计强度的 75%，对于细石混凝土不得低于设计强度的 85%。

（4）预埋件、预留孔洞的位置应符合设计要求。

六、填充墙砌体工程施工

在框架结构的建筑中，墙体一般只起围护与分隔的作用，常用体轻、保温性能好的烧结空心砖或小型空心砌块砌筑，其施工方法与施工工艺与一般砌体施工有所不同，简述如下：

砌体和块体材料的品种、规格、强度等级必须符合图纸设计要求，规格尺寸应一致，质量等级必须符合标准要求，并应有出厂合格证明、试验报告单；蒸压加气混凝土砌块和轻骨料混凝土小型砌块砌筑时的产品龄期应超过 28 d。蒸压加气混凝土砌块和轻骨料混凝土小型砌块应符合《建筑放射性核素限量》的规定。

填充墙砌体应在主体结构及相关部分已施工完毕，并经有关部门验收合格后进行。砌筑前，应认真熟悉图纸以及相关构造及材料要求，核实门窗洞口位置和尺寸，计算出窗台及过梁圈梁顶部标高。并根据设计图纸及工程实际情况，编制出专项施工方案和施工技术交底。

填充墙砌体施工工艺及要求如下所述。

1. 基层清理

在砌筑砌体前应对墙基层进行清理，将基层上的浮浆灰尘清扫干净并浇水湿润。块材的湿润程度应符合规范及施工要求。

2. 施工放线

放出每一楼层的轴线，墙身控制线和门窗洞的位置线。在框架柱上弹出标高控制线以控制门窗上的标高及窗台高度，施工放线完成后，应经过验收合格后，方能进行墙体施工。

3. 墙体拉结钢筋

（1）墙体拉结钢筋有多种留置方式，目前主要采用预埋钢板再焊接拉结筋、用膨胀螺栓固定先焊在铁板上的预留拉结筋以及采用植筋方式埋设拉结筋等方式。

（2）采用焊接方式连接拉结筋，单面搭接焊的焊缝长度应≥$10d$，双面搭接焊的焊缝长度应≥$5d$。焊接不应有边、气孔等质量缺陷，并进行焊接质量检查验收。

（3）采用植筋方式埋设拉结筋，埋设的拉结筋位置较为准确，操作简单不伤结构，但应通过抗拔试验。

4. 构造柱钢筋

在填充墙施工前应先将构造柱钢筋绑扎完毕，构造柱竖向钢筋与原结构上预留插孔的搭接绑扎长度应满足设施要求。

5. 立皮数杆、排砖

（1）在皮数杆上框柱、墙上排出砌块的皮数及灰缝厚度，并标出窗、洞及墙梁等构造标高。

（2）根据要砌筑的墙体长度、高度试排砖，摆出门、窗及孔洞的位置。

（3）外墙壁第一皮砖撂底时，横墙应排丁砖，梁及梁垫的下面一皮砖、窗台等阶水平面上一皮应用丁砖砌筑。

6. 填充墙砌筑

（1）拌制砂浆

① 砂浆配合比应用重量比，计量精度为：水泥 ±2%，砂及掺合料 ±5%，砂应计入其含水量对配料的影响。

② 宜用机械搅拌，投料顺序为砂→水泥→掺合料→水，搅拌时间不少于 2 min。

③ 砂浆应随拌随用，水泥或水泥混合砂浆一般在拌和后 3 ~ 4 h 内用完，气温在 30 °C 以上时，应在 2 ~ 3 h 内用完。

（2）砖或砌块应提前 1 ~ 2 d 浇水湿润；湿润程度以达到水浸润砖体深度 15 mm 为宜，含水率为 10% ~ 15%。不宜在砌筑时临时浇水，严禁干砖上墙，严禁在砌筑后向墙体洒水。蒸压加气混凝土砌块因含水率大于 35%，只能在砌筑时洒水湿润。

（3）砌筑墙体

① 砌筑蒸压加气混凝土砌块和轻骨料混凝土小型空心砌块填充墙时，墙底部应砌 200 mm 高烧结普通砖、多孔砖或普通混凝土空心砌块或浇筑 200 mm 高混凝土坎台，混凝土强度等级宜为 C20。

② 填充墙砌筑必须内外搭接、上下错缝、灰缝平直、砂浆饱满。操作过程中要经常进行自检，如有偏差，应随时纠正，严禁事后采用撞砖纠正。

③ 填充墙砌筑时，除构造柱的部位外，墙体的转角处和交接处应同时砌筑，严禁无可靠措施的内外墙分砌施工。

④ 填充墙砌体的灰缝厚度和宽度应正确。空心砖、轻骨料混凝土小型空心砌块的砌体灰缝应为 8 ~ 12 mm，蒸压加气混凝土砌块砌体的水平灰缝厚度、竖向灰缝宽度分别为 15 mm 和 20 mm。

⑤ 墙体一般不留槎，如必须留置临时间断处，应砌成斜槎，斜槎长度不应小于高度的 2/3；施工时不能留成斜槎时，除转角处外，可于墙中引出直凸槎（抗震设防地区不得留直槎）。直槎墙体每间隔高度应在灰缝中加设拉结钢筋，拉结筋数量按 120 mm 墙厚放一根ϕ6 的钢筋，埋入长度从墙的留槎处算起，两边均不应小于 500 mm，末端应有 90°弯钩；拉结筋不得穿过烟道和通气管。

⑥ 砌体接槎时，必须将接槎处的表面清理干净，浇水湿润，并应填实砂浆，保持灰缝平直。

⑦ 木砖预埋：木砖经防腐处理，木纹应与钉子垂直，埋设数量按洞口高度确定；洞门高度≤2 m，每边放 2 块，高度在 2 ~ 3 m 时，每边放 3 ~ 4 块。预埋木砖的部位一般在洞门上下四皮砖处开始，中间均匀分布或按设计预埋。

⑧ 设计墙体上有预埋、预留的构造，应随砌随留、随复核，确保位置正确构造合理。不得在已砌筑好的墙体中打洞；墙体砌筑中，不得搁置脚手架。

⑨ 凡穿过砌块的水管，应严格防止渗水、漏水。在墙体内敷设暗管时，只能垂直埋设，不得水平开槽，敷设应在墙体砂浆达到强度后进行。混凝土空心砌块预埋管应提前专门做有预埋槽的砌块，不得墙上开槽。

⑩ 加气混凝土砌块切锯时应用专用工具，不得用斧子或瓦刀任意砍劈，洞口两侧应选用规则整齐的砌块砌筑。

7. 构造柱、圈梁

（1）有抗震要求的砌体填充墙按设计要求应设置构造柱、圈梁，构造柱的宽度由设计确定，厚度一般与墙壁等厚，圈梁宽度与墙等宽，高度不应小于 120 mm。圈梁、构造柱的插筋宜优先预埋在结构混凝土构件中或后植筋，预留长度符合设计要求。构造柱施工时按要求应留设马牙槎，马牙槎宜先退后进，进退尺寸不小于 60 mm，高度不宜超过 300 mm。当设计无要求时，构造柱应设置在填充墙的转角处、丁形交接处或端部；当墙长大于 5 m 时，应间隔设置。圈梁宜设在填充墙高度中部。

（2）支设构造柱、圈梁模板时，宜采用对拉栓式夹具，为了防止模板与砖墙接缝处漏浆，宜用双面胶条粘结。构造柱模板根部应留垃圾清扫孔。

（3）在浇灌构造柱、圈梁混凝土前，必须向柱或梁内砌体和模板浇水湿润，并将模板内的落地灰清除干净，先注入适量水泥砂浆，再浇灌混凝土。振捣时，振捣器应避免触碰墙体，严禁通过墙体传振。

第四节　砌筑工程的质量及安全技术

一、砌筑工程的质量要求

（1）砌体施工质量控制等级：砌体施工质量控制等级分为三级，其标准应符合表 3.4 的要求。

表 3.4　砌体施工质量控制等级

项　目	施工质量控制等级		
	A	B	C
现场质量管理	制度健全，并严格执行；非施工方质量监督人员经常到现场，或现场设有常驻代表；施工方有在岗专业技术管理人员，人员齐全，并持证上岗	制度基本健全，并能执行；非施工方质量监督人员间断地到现场进行质量控制；施工方有在岗专业技术管理人员，并持证上岗	有制度；非施工方质量监督人员很少作现场质量控制；施工方有在岗专业技术管理人员
砂浆、混凝土强度	试块按规定制作，强度满足验收规定，离散性小	试块按规定制作，强度满足验收规定，离散性较小	试块强度满足验收规定，离散性大
砂浆拌和方式	机械拌和；配合比计量控制严格	机械拌和；配合比计量控制一般	机械或人工拌和；配合比计量控制较差
砌筑工人	中级工以上，其中高级工不少于 20%	高、中级工不少于 70%	初级工以上

（2）对砌体材料的要求：砌体工程所用的材料应有产品的合格证书、产品性能检测报告。块材、水泥、钢筋、外加剂等尚应有材料主要性能的进场复验报告。严禁使用国家明令淘汰的材料。

（3）任意一组砂浆试块的强度不得低于设计强度的 75%。

（4）砖砌体应横平竖直，砂浆饱满，上下错缝，内外搭砌，接槎牢固。

（5）砖、小型砌块砌体的允许偏差和外观质量标准应符合规范规定。
（6）配筋砌体的构造柱位置及垂直度的允许偏差应符合规范规定。
（7）填充墙砌体一般尺寸的允许偏差应符合规范规定。
（8）填充墙砌体的砂浆饱满度及检验方法应符合规范规定。

二、砌筑工程的安全与防护措施

在砌筑操作前，必须检查施工现场各项准备工作是否符合安全要求，如道路是否畅通，机具是否完好牢固，安全设施和防护用品是否齐全，经检查符合要求后才可施工。

施工人员进入现场必须戴好安全帽。砌基础时，应检查和注意基坑土质的变化情况。堆放砖石材料应离开坑边 1 m 以上。砌墙高度超过地坪 1.2 m 以上时，应搭设脚手架。架上堆放材料不得超过规定荷载值，堆砖高度不得超过三皮侧砖，同一块脚手板上的操作人员不应超过 2 人。按规定搭设安全网。

不准站在墙顶上做划线、刮缝及清扫墙面或检查大角垂直等工作。不准用不稳固的工具或物体在脚手板上垫高操作。

砍砖时应面向墙面，工作完毕应将脚手板和砖墙上的碎砖、灰浆清扫干净，防止掉落伤人。正在砌筑的墙上不准走人。不准站在墙上做划线、刮缝、吊线等工作。山墙砌完后，应立即安装桁条或临时支撑，防止倒塌。

雨天或每日下班时，应做好防雨准备，以防雨水冲走砂浆，致使砌体倒塌。冬期施工时，脚手板上如有冰霜、积雪，应先清除后才能上架子进行操作。

砌石墙时不准在墙顶或架上修石材，以免振动墙体影响质量或石片掉下伤人。不准徒手移动上墙的石块，以免压破或擦伤手指。不准勉强在超过胸部的墙上进行砌筑，以免将墙体碰撞倒塌或上石时失手掉下造成安全事故。石块不得往下掷。运石上下时，脚手板要钉装牢固，并钉防滑条及扶手栏杆。

对有部分破裂和脱落危险的砌块，严禁起吊；起吊砌块时，严禁将砌块停留在操作人员的上空或在空中整修；砌块吊装时，不得在下一层楼面上进行其他任何工作；卸下砌块时应避免冲击，砌块堆放应尽量靠近楼板两端，不得超过楼板的承重能力；砌块吊装就位时，应待砌块放稳后，方可松开夹，凡脚手架、井架、门架搭设好后，须经专人验收合格后方准使用。

习　题

1. 简述砌筑用脚手架的作用及基本要求。
2. 外脚手架的类型、构造各有何特点？适用范围怎样？在搭设和使用时应注意哪些问题？
3. 脚手架的支撑体系包括哪些？如何设置？
4. 常用里脚手架有哪些类型？其特点怎样？
5. 脚手架的安全防护措施有哪些内容？
6. 砌筑工程中的垂直运输机械主要有哪些？设置时要满足哪些基本要求？

7. 砌筑用砂浆有哪些种类？适用在什么场合？对砂浆制备和使用有什么要求？砂浆强度检验如何规定？

8. 砌筑用砖有哪些种类？其外观质量和强度指标有什么要求？

9. 砌体工程质量有哪些要求？影响其质量的因素有哪些？

10. 简述毛石基础和砖基础的构造及施工要点。

11. 砖墙砌体主要有哪几种砌筑形式？各有何特点？

12. 简述砖墙砌筑的施工工艺和施工要点。

13. 皮数杆有何作用？如何布置？

14. 何谓“三一砌砖法”？其优点是什么？

15. 如何绘制砌块排列图？简述砌块的施工工艺。

16. 砌筑工程中的安全防护措施有哪些？

第四章
混凝土结构工程

学习目标

知识目标

在模板工程中，模板的种类、构造、安装和发展方向；在钢筋工程中，钢筋的验收与存放、钢筋的冷拉、钢筋的连接技术以及钢筋的配料、代换和加工安装；在混凝土工程中，混凝土所需的原材料以及浇捣、养护和质量检查，特别强调对工程质量事故的防治。

技能目标

能够进行钢筋加工计算，混凝土的准备、浇筑、振捣、养护；掌握预制件的施工技术；能够混凝土成品验收。

素质目标

编制一般工程的混凝土工程的施工文件。

学习方法

结合学校实训基地或者校外实训基地，在专业教师的指导下，依次进行支架搭设、模板安装、钢筋制作与绑扎、混凝土浇筑等工序实训，形成实训报告。要求严格按照实训指导书及验收标准进行。

技能点

学生通过本章节的理论学习和实训，掌握架子工、模板工、钢筋工、混凝土工的基本技能。

钢筋混凝土结构工程是由钢筋、模板、混凝土等多个分项工程组成，其施工程序如图 4.1 所示。

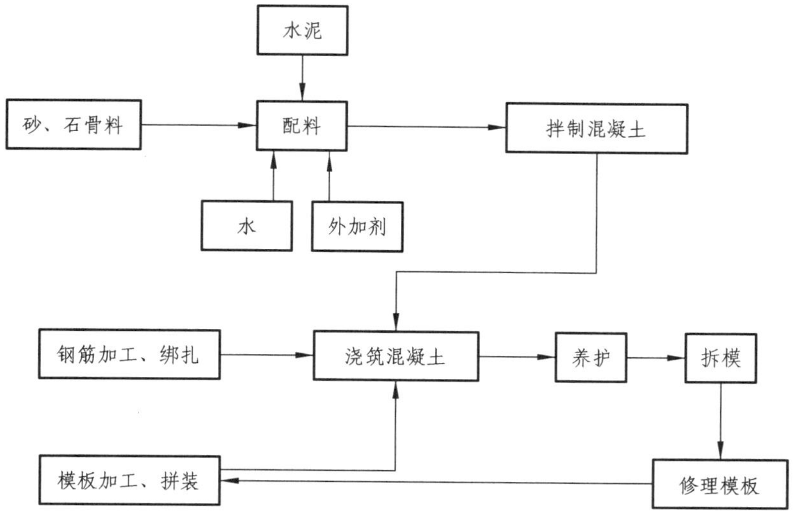

图 4.1 钢筋混凝土结构工程施工程序

钢筋混凝土结构工程按施工方法分为现浇钢筋混凝土结构工程和装配式钢筋混凝土结构工程，以下重点介绍现浇钢筋混凝土结构工程的施工。

第一节 模板工程

模板工程的施工工艺包括模板的选材、选型、设计、制作、安装、拆除和周转等过程。模板工程是钢筋混凝土结构工程施工的重要组成部分，特别是在现浇钢筋混凝土结构工程施工中占有突出的地位，将直接影响到施工方法和施工机械的选择，对施工工期和工程造价也有一定的影响。

模板的材料宜选用钢材、胶合板、塑料等；模板支架的材料宜选用钢材等。当采用木材时，其树种可根据各地区实际情况选用，材质不宜低于Ⅲ等材。

一、模板的作用、要求和种类

模板系统包括模板、支架和紧固件三个部分。模板又称模型板，是新浇混凝土成型用的模型。

模板及其支架的要求：能保护工程结构和构件各部分形状尺寸及相互位置的正确；具有

足够的承载能力、刚度和稳定性，能可靠地承受新浇混凝土的自重、侧压力及施工荷载；模板构造宜求简单，装拆方便，便于钢筋的绑扎、安装、混凝土浇筑及养护等要求；模板的接缝不应漏浆。

模板及其支架的分类：

按其所用的材料不同，分为木模板、钢模板、钢木模板、钢竹模板、胶合板模板、塑料模板、铝合金模板等。

按其结构的类型不同，分为基础模板、柱模板、楼板模板、墙模板、壳模板和烟囱模板等。

按其形式不同，分为整体式模板、定型模板、工具式模板、滑升模板、胎模等。

（一）木模板

木模板的特点是加工方便，能适应各种变化形状模板的需要，但周转率低，耗木材多。如节约木材，减少现场工作，木模板一般预先加工成拼板，然后在现场进行拼装。拼板由板条拼钉而成，板条厚度一般为 25 ~ 30 mm，其宽度不宜超过 700 mm（工具式模板不超过 150 mm），拼条间距一般为 400 ~ 500 mm，视混凝土的侧压力和板条厚度而定。

（二）基础模板

基础的特点是高度不大而体积较大，基础模板一般利用地基或基槽（坑）进行支撑。如图 4.2 所示。

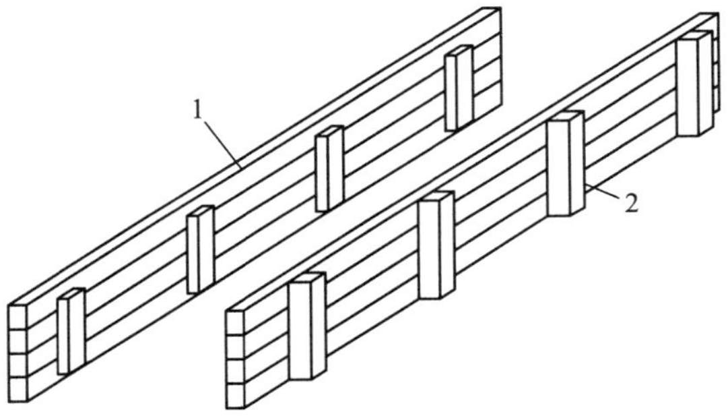

（a）一般拼板　　（b）梁侧板的拼板

图 4.2　拼板的构造

1—板条；2—拼条

安装时，要保证上下模板不发生相对位移，如为杯形基础，则还要在其中放入杯口模板。

图 4.3 所示为阶梯形基础模板。如为杯形基础，则还应设杯口芯模，当土质良好时，基础的最下一阶可不用模板，而进行原槽灌筑。模板应支撑牢固，要保证上下模板不产生位移。

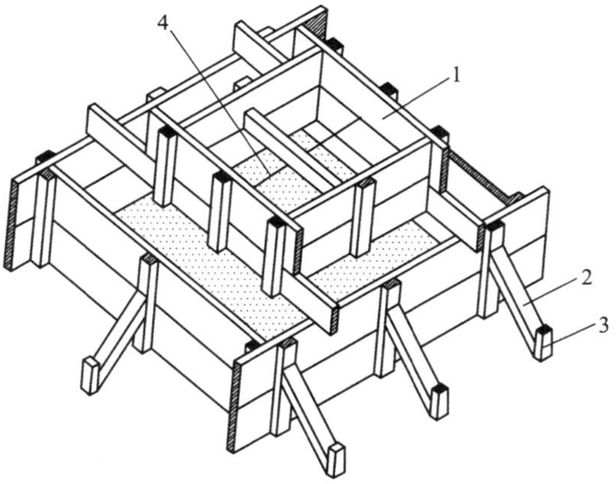

图 4.3　阶梯形基础模板

1—拼板；2—斜撑；3—木桩；4—铁丝

（三）柱子模板

柱子的特点是断面尺寸不大但比较高。如图 4.4 所示，柱子模板由内拼板夹在两块外拼板之内组成，为利用短料，可利用短横板（门子板）代替外拼板钉在内拼板上。为承受混凝土的侧应力，拼板外沿设柱箍，其间距与混凝土侧压力、拼板厚度有关，为 500 ~ 700 mm。柱模底部有钉在底部混凝土上的木框，用以固定柱模的位置。柱模顶部有与梁模连接的缺口，背部有清理孔，沿高度每 2 m 设浇筑孔，以便浇筑混凝土。对于独立柱模，其四周应加支撑，以免混凝土浇筑时产生倾斜。

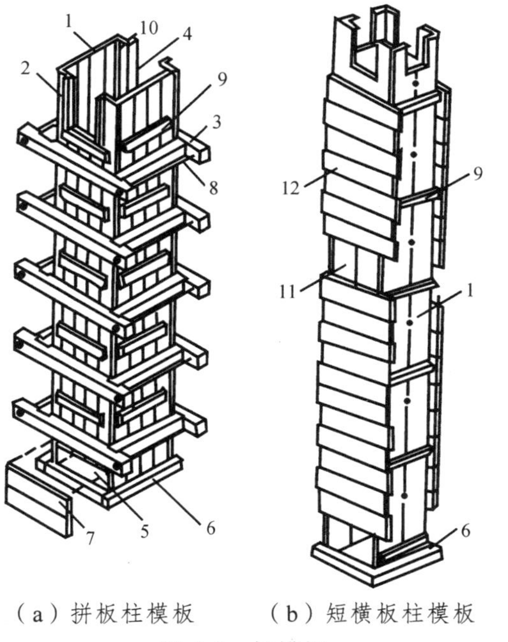

（a）拼板柱模板　　（b）短横板柱模板

图 4.4　柱模板

1—内拼板；2—外拼板；3—柱箍；4—梁缺口；5—清理孔；6—木框；7—盖板；8—拉紧螺栓；9—拼条；10—三角木条；11—浇筑孔；12—短横板

安装过程及要求：梁模板安装时，沿梁模板下方地面上铺垫板，在柱模板缺口处钉衬口档，把底板搁置在衬口档上；接着，立起靠近柱或墙的顶撑，再将梁长度等分，立中间部分顶撑，顶撑底下打入木楔，并检查调整标高；然后，把侧模板放上，两头钉于衬口档上，在侧板底外侧铺钉夹木，再钉上斜撑和水平拉条。有主次梁模板时，要待主梁模板安装并校正后才能进行次梁模板安装。梁模板安装后再拉中线检查、复核各梁模板中心线位置是否正确。

（四）梁、楼板模板

梁的特点是跨度大而宽度不大，梁底一般是架空的。楼板的特点是面积大而厚度比较薄，侧向压力小。

梁模板由底模和侧模、夹木及支架系统组成。底模承受垂直荷载，一般较厚。底模用长条模板加拼条拼成，或用整块板条。底模下有支柱（顶撑）或桁架承托。为减少梁的变形，支柱的压缩变形或弹性挠变不超过结构跨度的 1/1 000。支柱底部应支承在坚实的地面或楼面上，以防下沉。为便于调整高度，宜用伸缩式顶撑或在支柱底部垫以木楔。多层建筑施工中，安装上层楼的楼板时，其下层楼板应达到足够的强度，或设有足够的支柱。

梁跨度等于及大于 4 m 时，底模应起拱，起拱高度一般为梁跨度的 1/1 000 ~ 3/1 000。

梁侧模板承受混凝土侧压力，为防止侧向变形，底部用夹紧条夹住，顶部可由支撑楼板模板的木阁栅顶住，或用斜撑支牢，如图 4.5 所示。

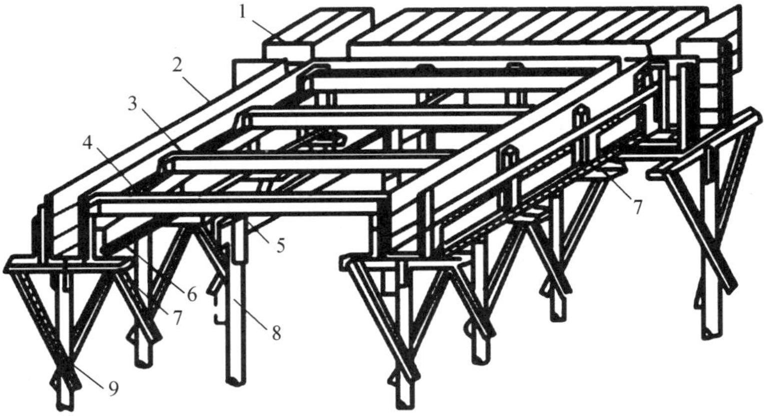

图 4.5　有梁楼板一般支撑法

1—楼板模板；2—梁侧模板；3—木阁栅；4—横档；5—牵杠；
6—夹条；7—短撑木；8—牵杠撑；9—支柱（琵琶撑）

楼板模板多用定型模板，它支承在木阁栅上，木阁栅支承在梁侧模板外的横档上。

（五）楼梯模板

楼梯模板的构造与楼板相似，不同点是楼梯模板要倾斜支设，且要能形成踏步。踏步模板分为底板及梯步两部分。平台、平台梁的模板同前，如图 4.6 所示。

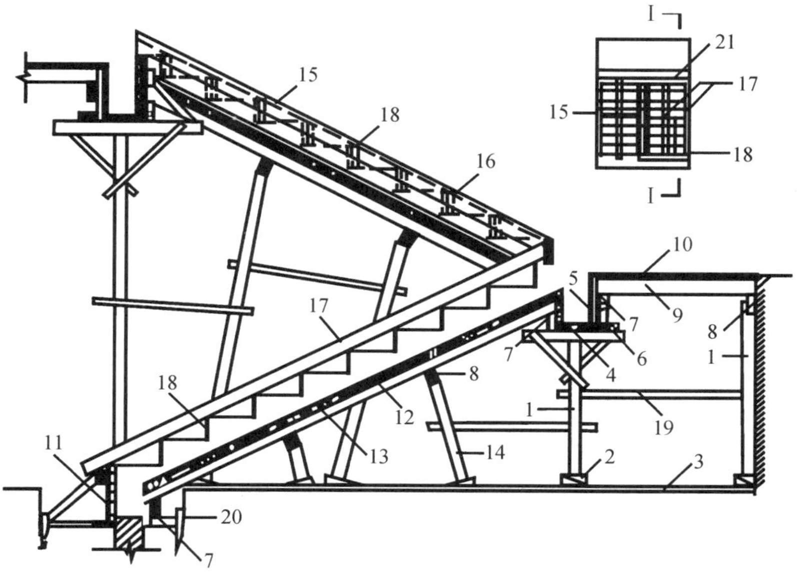

图 4.6　楼梯模板

1—支柱（顶撑）；2—木楔；3—垫板；4—平台梁底板；5—侧板；6—夹板；7—托木；8—杠木；9—支楞；10—平台底板；11—梯基侧板；12—斜木楞；13—楼梯底板；14—斜向顶撑；15—外帮板；16—横挡木；17—反三角板；18—踏步侧板；19—拉杆；20—木桩

（六）定型组合钢模板

定型组合钢模板是一种工具式定型模板，由钢模板和配件组成，配件包括连接件和支承件。

钢模板通过各种连接件和支承件可组合成多种尺寸、结构和几何形状的模板，以适应各种类型建筑物的梁、柱、板、墙、基础和设备等施工的需要，也可用其拼装成大模板、滑模、隧道模和台模等。

施工时可在现场直接组装，亦可预拼装成大块模板或构件模板用起重机吊运安装。

定型组合钢模板组装灵活，通用性强，拆装方便；每套钢模可重复使用 50 ~ 100 次；加工精度高，浇筑混凝土的质量好，成型后的混凝土尺寸准确，棱角整齐，表面光滑，可以节省装修用工。

1. 钢模板

钢模板包括平面模板、阴角模板、阳角模板和连接角模。

钢模板采用模数制设计，宽度模数以 50 mm 晋级，长度为 150 mm 晋级，可以适应横竖拼装成以 50 mm 晋级的任何尺寸的模板。

（1）平面模板

平面模板用于基础、墙体、梁、板、柱等各种结构的平面部位，它由面板和肋组成，肋上设有 U 形卡孔和插销孔，利用 U 形卡和 L 形插销等拼装成大块板，规格分类长度有 1 500 mm、1200 mm、900 mm、750 mm、600 mm、450 mm 六种，宽度有 300 mm、250 mm、

150 mm、100 mm 几种，高度为 55 mm 可互换组合拼装成以 50 mm 为模数的各种尺寸，如图 4.7 所示。

（2）阴角模板

阴角模板用于混凝土构件阴角，如内墙角、水池内角及梁板交接处阴角等，宽度阴角膜有 150 mm × 150 mm、100 mm × 150 mm 两种，如图 4.7（c）所示。

（3）阳角模板

阳角模板主要用于混凝土构件阳角，宽度阳角膜有 100 mm × 100 mm、50 mm × 50 mm 两种，如图 4.7（b）所示。

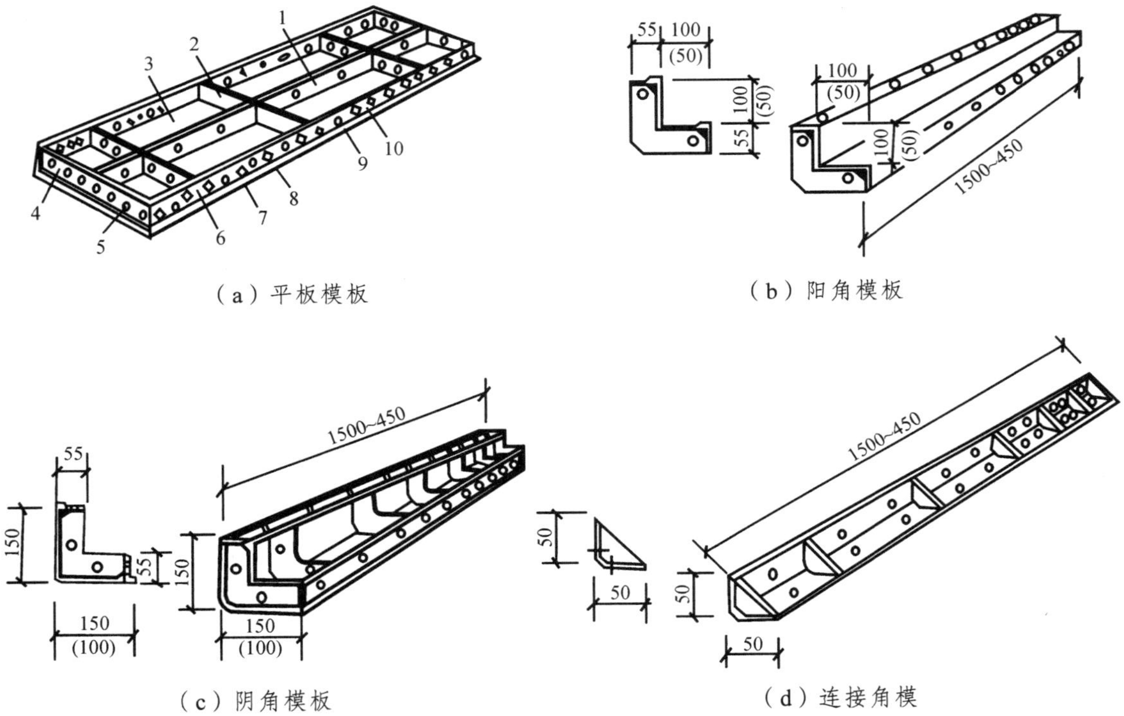

（a）平板模板　（b）阳角模板

（c）阴角模板　（d）连接角模

图 4.7　钢模板类型

1—中纵肋；2—中横肋；3—面板；4—横肋；5—插销孔；6—纵肋；7—凸棱；8—凸鼓；9—U 形卡孔；10—钉子孔

（4）连接角模

角模用于平模板作垂直连接构成阳角，宽度连接角膜有 50 mm × 50 mm 一种，如图 4.7（d）所示。

2. 连接件

定型组合钢模板的连接件包括 U 形卡、L 形插销、钩头螺栓、紧固螺栓、对拉螺栓和扣件等，可用 12 的 3 号圆钢自制。如图 4.8 所示。

（1）U 形卡：模板的主要连接件，用于相邻模板的拼装。

（2）L 形插销：用于插入两块模板纵向连接处的插销孔内，以增强模板纵向接头处的刚度。

（3）钩头螺栓：连接模板与支撑系统的连接件。

（4）紧固螺栓：用于内、外钢楞之间的连接件。

（5）对拉螺栓：又称穿墙螺栓，用于连接墙壁两侧模板，保持墙壁厚度，承受混凝土侧压力及水平荷载，使模板不致变形。

（6）扣件：扣件用于钢楞之间或钢楞与模板之间的扣紧，按钢楞的不同形状，分别采用蝶形扣件和“3”形扣件。

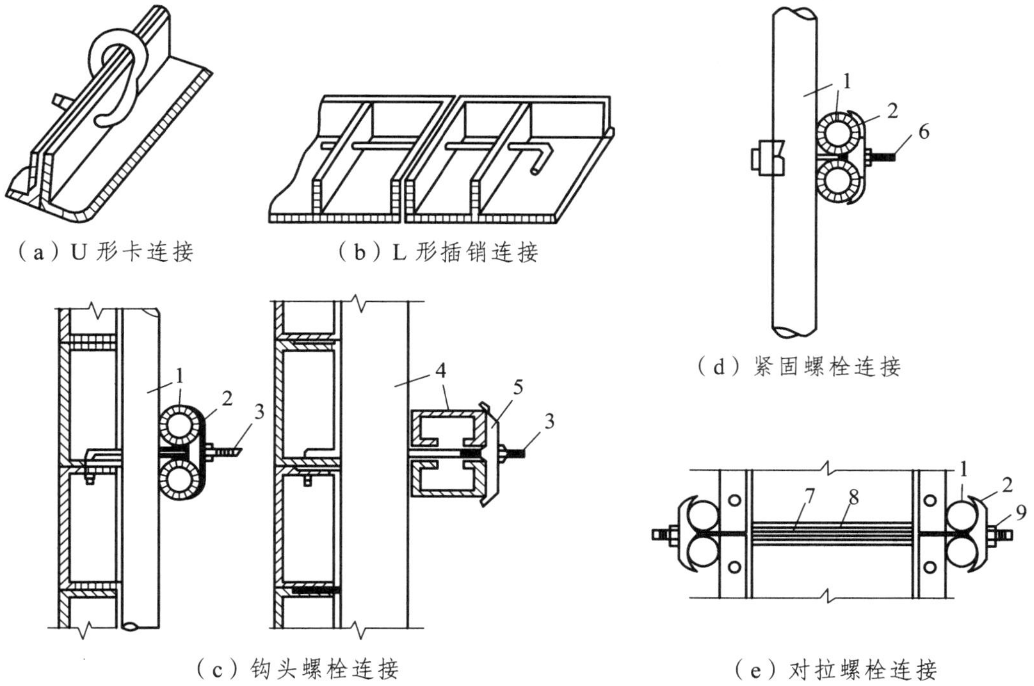

图 4.8　钢模板连接件

1—圆钢管钢楞；2—“3”形扣件；3—钩头螺栓；4—内卷边槽钢钢楞；5—蝶形扣件；6—紧固螺栓；7—对拉螺栓；8—塑料套管；9—螺母

3. 支承件

定型组合钢模板的支承件包括钢楞、柱箍、支架、斜撑及钢桁架等。

（1）钢　楞

钢楞即模板的横档和竖档，分内钢楞与外钢楞。

内钢楞配置方向一般应与钢模板垂直，直接承受钢模板传来的荷载，其间距一般为 700 ~ 900 mm。

钢楞一般用圆钢管、矩形钢管、槽钢或内卷边槽钢，而以钢管用得较多。

（2）柱　箍

柱模板四角设角钢柱箍。角钢柱箍由两根互相焊成直角的角钢组成，用弯角螺栓及螺母拉紧，如图 4.9 所示。

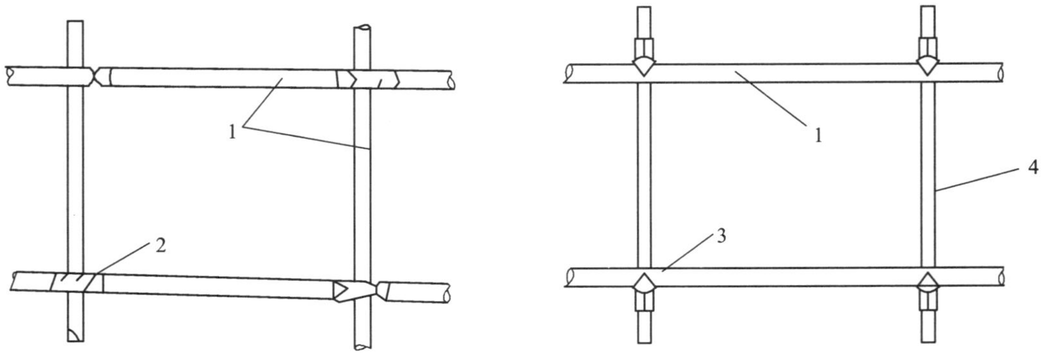

（a）　　　　　　　　　　　　　　（b）

图 4.9　柱　箍

1—圆钢管；2—直角扣件；3—“3”形扣件；4—对拉螺栓

（3）钢支架

常用钢管支架如图 4.10（a）所示。它由内外两节钢管制成，其高低调节距模数为 100 mm；支架底部除垫板外，均用木楔调整标高，以利于拆卸。

另一种钢管支架本身装有调节螺杆，能调节一个孔距的高度，使用方便，但成本略高，如图 4.10（b）所示。

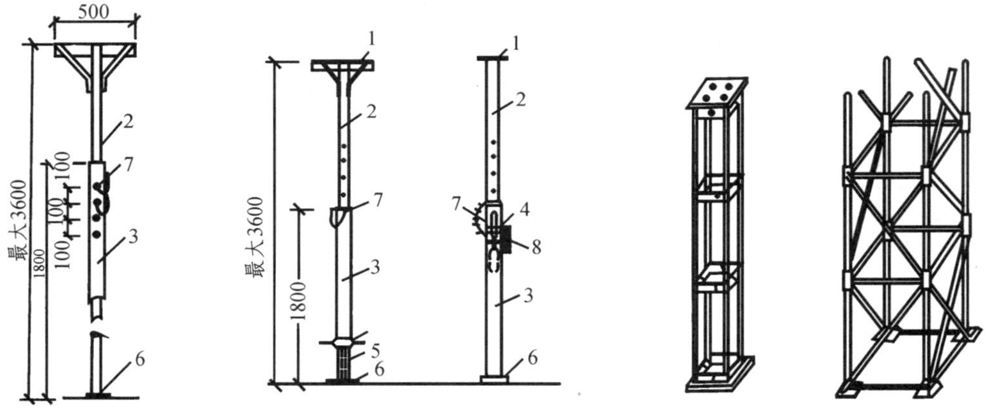

（a）钢管支架　　（b）调节螺杆钢管支架　　（c）组合钢支架和钢管井架

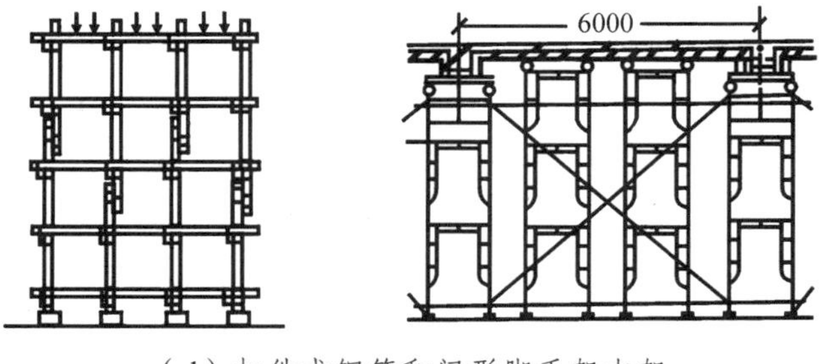

（d）扣件式钢管和门形脚手架支架

图 4.10　钢支架

1—顶板；2—插管；3—套管；4—转盘；5—螺杆；
6—底板；7—插销；8—转动手柄

当荷载较大、单根支架承载力不足时，可用组合钢支架或钢管井架，如图 4.10（c）所示。

还可用扣件式钢管脚手架、门形脚手架作支架，如图 4.10（d）所示。

（4）斜　撑

由组合钢模板拼成的整片墙模或柱模，在吊装就位后，应由斜撑调整和固定其垂直位置，如图 4.11 所示。

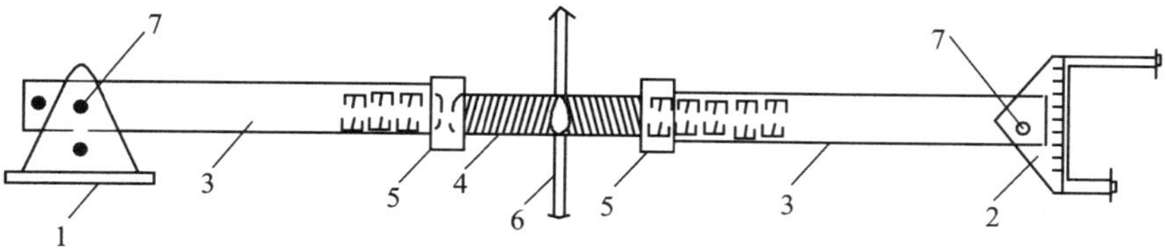

图 4.11　斜　撑

1—底座；2—顶撑；3—钢管斜撑；4—花篮螺丝；
5—螺母；6—旋杆；7—销钉

（5）钢桁架

如图 4.12 所示，其两端可支承在钢筋托具、墙、梁侧模板的横档以及柱顶梁底横档上，以支承梁或板的模板。

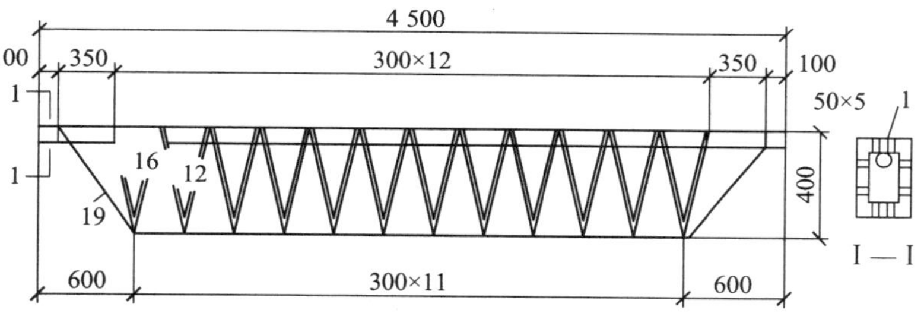

（a）整榀式

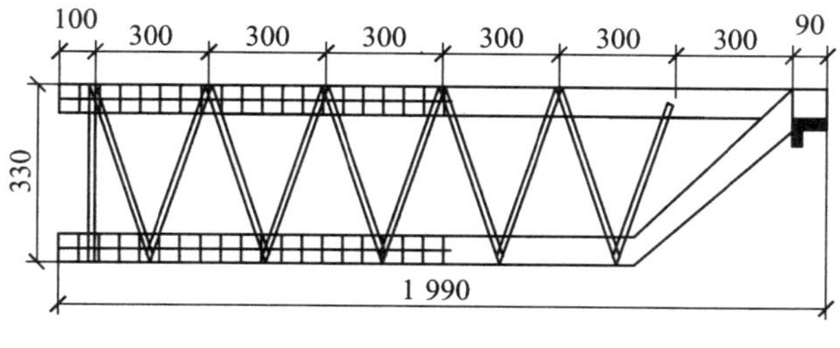

（b）组合式

图 4.12　钢桁架

（6）梁卡具

又称梁托架，用于固定矩形梁、圈梁等模板的侧模板，可节约斜撑等材料，也可用于侧模板上口的卡固定位，如图 4.13 所示。

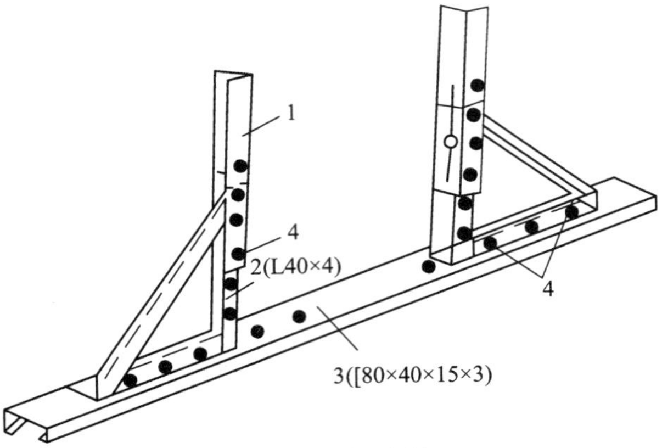

图 4.13　梁卡具

1—调节杆；2—三角架；3—底座；4—螺栓

二、模板的安装与拆除

（一）模板的安装

模板及其支架在安装过程中，必须设置防倾覆的临时固定设施。对现浇多层房屋和构筑物，应采取分层分段支模的方法。对现浇结构模板安装的允许偏差应符合表 4.1 的规定；对预制构件模板安装的允许偏差应符合表 4.2 的规定。固定在模板上的预埋件和预留孔洞均不得遗漏，安装必须牢固，位置准确，其允许偏差应符合表 4.3 的规定。

表 4.1　现浇结构模板安装的允许偏差　　mm

项目		允许偏差
轴线位置		5
底模上表面标高		±5
截面内部尺寸	基础	±10
	柱、墙、梁	+4 −5
构件高度	全高≤5 m	6
	全高>5 m	8
相邻两板表面高低差		2
表面平整（2 m 长度上）		5

表 4.2　预制构件模板安装的允许偏差　　　　mm

项　　目		允许偏差
长　度	板、梁	±5
	薄腹梁、桁架	±10
	柱	0 −10
	墙　板	0 −5
宽　度	板、墙板	0 −5
	梁、薄腹梁、桁架、柱	+2 −5
高　度	板	+2 −3
	墙　板	0 −5
	梁、薄腹梁、桁架、柱	+2 −5
板的对角线差		7
拼板表面高低差		1
板的表面平整（2 m 长度上）		3
墙板的对角线差		5
侧向弯曲	梁、柱、板	L/1 000 且≤15
	墙板、薄腹板、桁架	L/1 500 且≤15

注：L 为构件长度（mm）。

表 4.3　预埋件和预留孔洞的允许偏差　　　　mm

项　　目		允许偏差
预埋钢板中心线位置		3
预埋管、预留孔中心线位置		3
预埋螺栓	中心线位置	2
	外露长度	+10 0
预留洞	中心线位置	10
	截面内部尺寸	+10 0

（二）模板的拆除

模板拆除取决于混凝土的强度、模板的用途、结构的性质、混凝土硬化时的温度及养护条件等。及时拆模可以提高模板的周转率；拆模过早会因混凝土的强度不足，在自重或外力作用大而产生变形甚至裂缝，造成质量事故。因此，合理地拆除模板对提高施工的技术经济效果至关重要。

1. 拆模的要求

对于现浇混凝土结构工程施工时，模板和支架拆除应符合下列规定：

第一，侧模，在混凝土强度能保护其表面及棱角不因拆除模板而受损坏后，方可拆除。

第二，底模，混凝土强度符合表 4.4 的规定，方可拆除。

表 4.4 现浇结构拆模时所需混凝土强度

结构类型	结构跨度/m	按设计的混凝土强度标准值的百分率计/%
板	≤2	50
	>2，≤8	75
	>8	100
梁、拱、壳	≤8	75
	>8	100
悬臂构件	≤2	75
	>2	100

注：“设计的混凝土强度标准值”是指与设计混凝土等级相应的混凝土立方抗压强度标准值。

对预制构件模板拆除时的混凝土强度，应符合设计要求；当设计无具体要求时，应符合下列规定：

第一，侧模，在混凝土强度能保证构件不变形、棱角完整时，才允许拆除侧模。

第二，芯模或预留孔洞的内模，在混凝土强度能保证构件和孔洞表面不发生坍陷和裂缝后，方可拆除。

第三，底模，当构件跨度不大于 4 m 时，在混凝土强度符合设计的混凝土强度标准值的50%的要求后，方可拆除；当构件跨度大于 4 m 时，在混凝土强度符合设计的混凝土强度标准值的 75%的要求后，方可拆模。“设计的混凝土强度标准值”是指与设计混凝土等级相应的混凝土立方抗压强度标准值。

已拆除模板及其支架后的结构，只有当混凝土强度符合设计混凝土强度等级的要求时，才允许承受全部荷载；当施工荷载产生的效应比使用荷载的效应更为不利时，对结构必须经过核算，能保证其安全可靠性或经加设临时支撑加固处理后，才允许继续施工。拆除后的模板应进行清理、涂刷隔离剂，分类堆放，以便使用。

2. 拆模的顺序

一般是先支后拆，后支先拆，先拆除侧模板，后拆除底模板。对于肋形楼板的拆模顺序，首先拆除柱模板，然后拆除楼板底模板、梁侧模板，最后拆除梁底模板。

多层楼板模板支架的拆除，应按下列要求进行：

上层楼板正在浇筑混凝土时，下一层楼板的模板支架不得拆除，再下一层楼板模板的支架仅可拆除一部分。

跨度≥4 m的梁均应保留支架，其间距不得大于3 m。

3. 拆模的注意事项

（1）模板拆除时，不应对楼层形成冲击荷载。

（2）拆除的模板和支架宜分散堆放并及时清运。

（3）拆模时，应尽量避免混凝土表面或模板受到损坏。

（4）拆下的模板，应及时加以清理、修理，按尺寸和种类分别堆放，以便下次使用。

（5）若定型组合钢模板背面油漆脱落，应补刷防锈漆。

（6）已拆除模板及支架的结构，应在混凝土达到设计的混凝土强度标准后，才允许承受全部使用荷载。

（7）当承受施工荷载产生的效应比使用荷载更为不利时，必须经过核算，并加设临时支撑。

4. 案例分析

【例1】 某钢筋混凝土现浇基础，拆模后发现：

（1）基础中轴线错位。

（2）基础平面尺寸，台阶形基宽和高的尺寸偏差过大。

（3）带形基础上口宽度不准，基础顶面的边线不直；下口陷入混凝土内，拆模板上段混凝土有缺损，侧面有蜂窝、麻面；底部支模不牢。

（4）杯形基础的杯口模板位移；芯模不易拆除。

产生这些现象的原因是什么？如何预防？

原因分析：

（1）测量放线错误，安装模板时，挂线或拉线不准，造成垂直度偏差大，或模板上口不在一条直线上。

（2）模板上口仅用铁丝拉紧，且松紧不一致，上口不钉不带或不加顶撑，浇混凝土时的侧压力使模板下口向外推移（上口内倾），造成上口宽度大小不一。

（3）模板未撑牢：基础上部浇筑的混凝土从模板下口挤出后，未及时清除，均可造成侧模下部陷入混凝土内。

（4）模板支撑直接撑在基坑土面上，土体松动变形，导致模板尺寸形状偏差。

（5）杯形基础上段模板支撑方法不当，杯芯模底部密闭，浇筑混凝土时，杯芯模上浮。

（6）模板两侧的混凝土不同时浇筑，造成模板侧压力差太大而发生偏移。

（7）浇筑混凝土时，操作脚手板搁置在基础上部模板上，造成模板下沉。

防治措施：

（1）在确认测量放线标记和数据正确无误后，方可以此为据，安装模板。模板安装中，要准确地挂线和拉线，以保证模板垂直度和上口垂直。

（2）模板及支撑应有足够的强度和刚度，支撑的支点应坚实可靠。

（3）上段模板应支承在预先横插圆钢或预制混凝土垫块上，也可用临时木支撑将上部侧支撑牢靠，并保持杯高，杯口尺寸准确。

（4）发现混凝土用上段模板下翻上来时，应及时铲除，抹平，防止模板下口被卡住。

（5）模板支撑支承在土上时，下面应垫木板，以扩大支承面。模板长向接头处应加拼条，使板面平整，连接牢固。

（6）杯基芯模板应刨光直拼，表面涂隔离剂，底部钻几个小孔，以利排气（水）。

（7）浇筑混凝土时，两侧或四周应均匀下料并振捣，脚手板不得搁在下模板上。

【例 2】 某钢筋混凝土框架梁，长 8 m，浇筑后发现模板中部下垂，拆模后梁腹部弯曲。试说明如何避免上述现象。

钢筋混凝土梁、屋架之类的构件的模板在施工过程中受到多种荷载，如模板和支架的自重、新浇混凝土的自重、钢筋及埋件的自重、施工人员及施工设备的自重、振捣混凝土的振动荷载、倾倒混凝土的冲击力等。在这些荷载的作用下模板将产生变形，这就要求模板和支架（指模板的支撑系统）必须具有足够的刚度。钢筋混凝土梁或屋架皆属于结构表面外露构件，跨中模板及支架要求最大变形不大于其跨度的 1/400。有些结构表面隐蔽的模板，跨中变形值不大于其跨度的 1/250，为减少或避免模板变形值，一般常将模板（底模）向上预先提起一段距离，称为“起拱”。

钢筋混凝土梁、屋架起拱的另一个原因是混凝土的“徐变”。即混凝土拆模之后，在其自重及其他外荷载的作用下，随着时间的延续混凝土本身将产生压缩变形，混凝土的“徐变”使梁或屋架产生微弱下垂，为此对模板“起拱”以弥补将会产生的下垂量。

第二节　钢筋工程

一、钢筋的分类

钢筋混凝土结构所用的钢筋按生产工艺分为：热轧钢筋、冷拉钢筋、冷拔钢筋、冷轧钢筋、热处理钢筋、碳素钢丝、刻痕钢丝和钢绞线等。按轧制外形分为：光圆钢筋和变形钢筋（月牙形、螺旋形、人字形钢筋）；按钢筋直径大小分为：钢丝（直径 3 ~ 5 mm）、细钢筋（直径 6 ~ 10 mm）、中粗钢筋（直径 12 ~ 20 mm）和粗钢筋（直径大于 20 mm）。

钢筋出厂应附有出厂合格证明书或技术性能及试验报告证书。

钢筋运至现场在使用前，需要经过加工处理。钢筋的加工处理主要工序有冷拉、冷拔、除锈、调直、下料、剪切、绑扎及焊（连）接等。

二、钢筋的验收和存放

钢筋混凝土结构和预应力混凝土结构的钢筋应按下列规定选用：

普通钢筋即用于钢筋混凝土结构中的钢筋及预应力混凝土结构中的非预应力钢筋，宜采用 HRB400 和 HRB335，也可采用 HPB235 和 RRB400 钢筋；预应力钢筋宜采用预应力钢绞线、钢丝，也可采用热处理钢筋。钢筋混凝土工程中所用的钢筋均应进行现场检查验收，合格后方能入库存放、待用。

1. 钢筋的验收

钢筋进场时，应按现行国家标准《钢筋混凝土用热轧带肋钢筋》（GB1499）等的规定抽取试件做力学性能检验，其质量必须符合有关标准的规定。

验收内容：查对标牌，检查外观，并按有关标准的规定抽取试样进行力学性能试验。

钢筋的外观检查包括：钢筋应平直、无损伤，表面不得有裂纹、油污、颗粒状或片状锈蚀。钢筋表面凸块不允许超过螺纹的高度；钢筋的外形尺寸应符合有关规定。

做力学性能试验时，从每批中任意抽出两根钢筋，每根钢筋上取两个试样分别进行拉力试验（测定其屈服点、抗拉强度、伸长率）和冷弯试验。

2. 钢筋的存放

钢筋运至现场后，必须严格按批分等级、牌号、直径、长度等挂牌存放，并注明数量，不得混淆。

应堆放整齐，避免锈蚀和污染，堆放钢筋的下面要加垫木，离地一定距离，一般为 20 cm；有条件时，尽量堆入仓库或料棚内。

三、钢筋的冷拉和冷拔

1. 钢筋的冷拉

钢筋冷拉：在常温下对钢筋进行强力拉伸，以超过钢筋的屈服强度的拉应力，使钢筋产生塑性变形，达到调直钢筋、提高强度的目的。

（1）冷拉原理

钢筋冷拉原理如图 4.14 所示。冷拉后钢筋有内应力存在，内应力会促进钢筋内的晶体组织调整，使屈服强度进一步提高。该晶体组织调整过程称为“时效”。

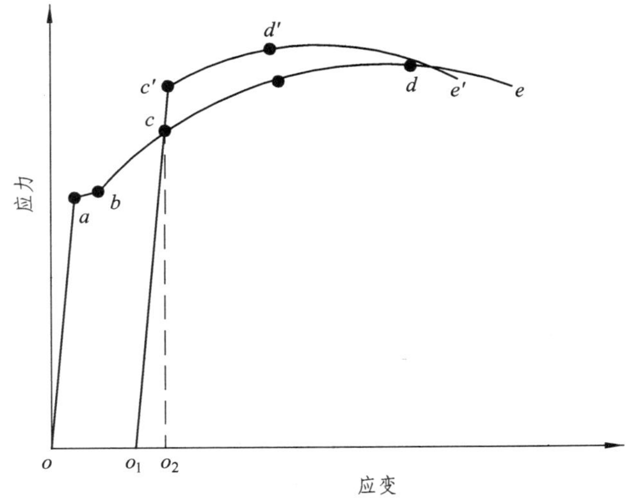

图 4.14 钢筋拉伸曲线

（2）冷拉控制

钢筋冷拉控制可以用控制冷拉应力或冷拉率的方法。冷拉控制应力值如表 4.5 所示。

冷拉后检查钢筋的冷拉率，如超过表中规定的数值，则应进行钢筋力学性能试验。

用作预应力混凝土结构的预应力筋，宜采用冷拉应力来控制。

对同炉批钢筋，试件不宜少于 4 个，每个试件都按表 4.6 规定的冷拉应力值在万能试验机上测定相应的冷拉率，取平均值作为该炉批钢筋的实际冷拉率。

不同炉批的钢筋，不宜用控制冷拉率的方法进行钢筋冷拉。

表 4.5　冷拉控制应力及最大冷拉率

项次	钢筋级别	钢筋直径/mm	冷拉控制应力/（N/mm^2）	最大冷拉率/%
1	HPB235	$d\leqslant 12$	280	10
2	HRB335	$d\leqslant 25$	450	505
3		$d=28\sim 40$	430	
4	HRB400	$d=8\sim 40$	500	5
5	RRB400	$d=10\sim 28$	700	4

表 4.6　测定冷拉率时钢筋的冷拉应力

项次	钢筋级别	钢筋直径/mm	冷拉应力/（N/mm^2）
1	HPB235	$d\leqslant 12$	310
2	HRB335	$d\leqslant 25$	480
3		$d=28\sim 40$	460
4	HRB400	$d=8\sim 40$	530
5	RRB400	$d=10\sim 28$	730

（3）冷拉设备

冷拉设备由拉力设备、承力结构、测量设备和钢筋夹具等部分组成，如图 4.15 所示。

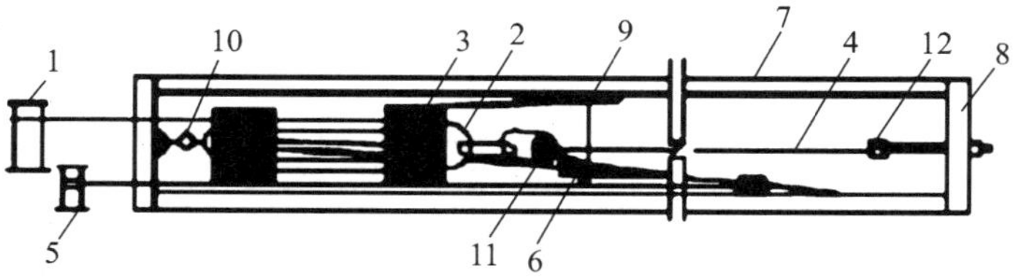

（a）平面

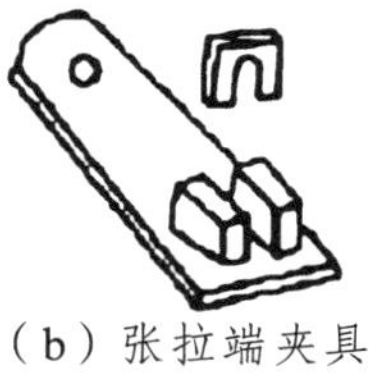

（b）张拉端夹具

（c）固定端夹具

图 4.15　冷拉设备

1—卷扬机；2—张拉小车；3—拉冷用滑轮组；4—钢筋；5—小车回程用卷扬机；6—小车回程用滑轮组；7—钢筋混凝土压杆；8—横梁；9—标尺；10—电子秤传感器；11—张拉端夹具；12—固定端夹具

2. 钢筋的冷拔

钢筋冷拔是用强力将直径 6 ~ 8 mm 的 I 级光圆钢筋在常温下通过特制的钨合金拔丝模，多次拉拔成比原钢筋直径小的钢丝，使钢筋产生塑性变形，如图 4.16 所示。

钢筋经过冷拔后，横向压缩、纵向拉伸，钢筋内部晶格产生滑移，抗拉强度标准值可提高 50% ~ 90%，但塑性降低，硬度提高。这种经冷拔加工的钢筋称为冷拔低碳钢丝。冷拔低碳钢丝分为甲、乙级，甲级钢丝主要用作预应力混凝土构件的预应力筋，乙级钢丝用于焊接网和焊接骨架、架立筋、箍筋和构造钢筋。冷拔低碳钢丝的力学性能不得小于表 4.7 中的规定。

表 4.7　冷拔低碳钢丝的力学性能

钢丝级别	直径/mm	抗拉强度/（N/mm^2）		伸长率 δ_{c0}/%	180°反复弯曲（次数）
		Ⅰ级	Ⅱ级		
甲级	5	650	600	3.0	4
	4	700	650	2.5	
乙级	3 ~ 5	550		2.0	4

注：预应力冷拔低碳钢丝经机械调直后，抗拉强度标准值应降低 50 N/mm^2。

（1）冷拔工艺

钢筋冷拔工艺过程为：轧头→剥壳→通过润滑剂→进入拔丝模。轧头在钢筋轧头机上进行，将钢筋端轧细，以便通过拔丝模孔。剥壳是通过 3 ~ 6 个上下排列的辊子，除去钢筋表面坚硬的氧化铁渣壳。润滑剂常用石灰、动植物油肥皂、白腊和水按比例制成。

（2）影响冷拔质量的因素

影响冷拔质量的主要因素为原材料质量和冷拔点总压缩率。

为保证冷拔钢丝的质量，甲级钢丝采用符合 I 级热轧钢筋标准的圆盘条拔制。冷拔总压缩率（β）是指由盘条拔至成品钢丝的横截面缩减率，可按下式计算：

$$\beta = \frac{d_0^2 - d^2}{d_0^2} \times 100\% \tag{4.1}$$

式中　β——总压缩率；

d_0——原盘条钢筋直径（mm）；

d——成品钢丝直径（mm）。

总压缩率越大，则抗拉强度提高越高，但塑性降低也越多，因此，必须控制总压缩率。

四、钢筋配料

钢筋配料就是根据配筋图计算构件各钢筋的下料长度、根数及质量，编制钢筋配料单，作为备料、加工和结算的依据。

（一）钢筋配料单的编制

（1）熟悉图纸编制钢筋配料单之前必须熟悉图纸，把结构施工图中钢筋的品种、规格列成钢筋明细表，并读出钢筋设计尺寸。

（2）计算钢筋的下料长度。

（3）填写和编写钢筋配料单。根据钢筋下料长度，汇总编制钢筋配料单。在配料单中，要反映出工程名称，钢筋编号，钢筋简图和尺寸，钢筋直径、数量、下料长度、质量等。

（4）填写钢筋料牌根据钢筋配料单，将每一编号的钢筋制作一块料牌，作为钢筋加工的依据，如图 4.16 所示。

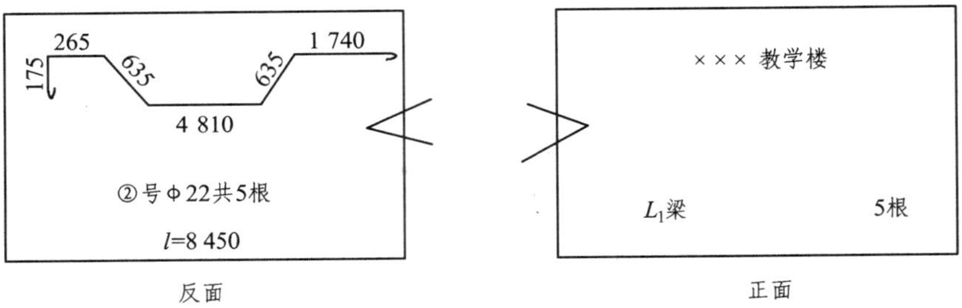

图 4.16　钢筋料牌

（二）钢筋下料长度的计算原则及规定

1．钢筋长度

钢筋下料长度与钢筋图中的尺寸是不同的。钢筋图中注明的尺寸是钢筋的外包尺寸，外包尺寸大于轴线长度，但钢筋经弯曲成型后，其轴线长度并无变化。因此钢筋应按轴线长度下料，否则，钢筋长度大于要求长度，将导致保护层不够，或钢筋尺寸大于模板净空，既影响施工，又造成浪费。在直线段，钢筋的外包尺寸与轴线长度并无差别；在弯曲处，钢筋外包尺寸与轴线长度间存在一个差值，称之为量度差。故钢筋下料长度应为各段外包尺寸之和减去量度差，再加上端部弯钩尺寸（称末端弯钩增长值）。

（1）钢筋中间部位弯曲量度差

如图 4.17（a）所示，若钢筋直径为 d，弯曲直径 $D=5d$，则弯曲处钢筋外包尺寸为：

$$A'B'+B'C'=2A'B'=2(0.5D+d)\tan\alpha/2=7d\tan\alpha/2$$

弯曲处钢筋轴线长 ABC 为：

$$ABC=(D+d)\frac{\alpha\pi}{360°}=6d\frac{\alpha\pi}{360°}=d\frac{\alpha\pi}{60°}$$

则量度差为：$7d\tan\dfrac{\alpha}{2}-\dfrac{\alpha\pi d}{60°}=d\left(7\tan\dfrac{\alpha}{2}-\dfrac{\alpha\pi}{60}\right)$

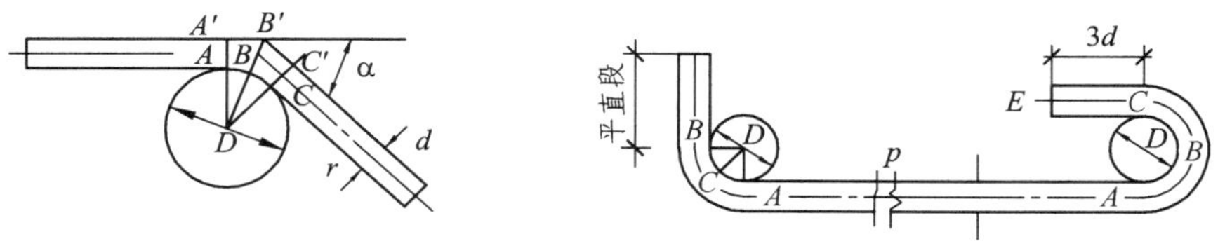

（a）中部弯曲　　（b）端部弯 90°　　（c）端部弯 180°

图 4.17　钢筋弯钩及弯曲后尺寸图

由上式可计算出不同弯折角度时的量度差。为计算简便，取量度差近似值如下：当弯 30°时，取 0.3d；当弯 45°时，取 0.5d；当弯 90°时，取 2d；当弯 135°时，取 3d。

表 4.8　钢筋弯曲量度差值

钢筋弯起角度	30°	45°	60°	90°	135°
钢筋弯曲调整值	0.35d	0.54d	0.85d	1.75d	2.5d

（2）钢筋末端弯钩（曲）增长值

钢筋末端弯钩（曲）有 180°、135°及 90°三种，见图 4.13（b）、（c）。其末端弯钩（曲）增长值可按下列三式计算：

180°时，$0.5\pi(D+d)-(0.5D+d)+$平直长度

135°时，$0.375\pi(D+d)-(0.5D+d)+$平直长度

90°时，$0.25\pi(D+d)-(0.5D+d)+$平直长度

由上述公式可以计算下列钢筋末端弯钩增长值：

第一，Ⅰ级钢筋末端需做 180°弯钩，普通混凝土中取 $D=2.5d$，平直段长度为 3d，故每弯钩增长值为 6.25d。

第二，Ⅱ、Ⅲ级钢筋末端作 90°或 135°弯曲，其弯曲直径 D，Ⅱ级钢筋为 4d；Ⅲ级钢筋为 5d。其末端弯钩增长值，当弯 90°时，Ⅱ、Ⅲ级钢筋均取 $d+$平直段长；当弯 135°时，Ⅱ级钢筋取 $3d+$平直段长，Ⅲ级钢筋取 $3.5d+$平直段长。

第三，箍筋用Ⅰ级钢筋或冷拔低碳钢丝制作时，其末端需做弯钩，有抗震要求的结构应做 135°弯钩，无抗震要求的结构可做 90°或 180°弯钩。弯钩的弯曲直径 D 应大于受力钢筋的直径，且不小于箍筋直径的 2.5 倍。弯钩末端平直长度，在一般结构中不宜小于箍筋直径的 5 倍；在有抗震要求的结构中不小于箍筋直径的 10 倍。钢箍的增长值除按上述公式计算外，也可查表 4.9 取近似值。

表 4.9　箍筋两个弯钩下料增长值

受力钢筋直径/mm	90°/90°					135°/135°				
	箍筋直径/mm					箍筋直径/mm				
	5	6	8	10	12	5	6	8	10	12
≤25	70	80	100	120	140	140	160	200	240	280
>25	80	100	120	140	150	160	180	210	260	300

2. 混凝土保护层厚度

混凝土保护层是指受力钢筋外缘至混凝土构件表面的距离，其作用是保护钢筋在混凝土结构中不受锈蚀。无设计要求时应符合表 4.10 规定。

表 4.10　纵向受力钢筋的混凝土保护层最小厚度　　mm

环境类别		板、墙、壳			梁			柱		
		≤C20	C25～C45	≥C50	≤C20	C25～C45	≥C50	≤C20	C25～C45	≥C50
一		20	15	15	30	25	25	30	30	30
二	a	—	20	20	—	30	30	—	30	30
	b	—	25	20	—	35	30	—	35	30
三		—	30	25	—	40	35	—	40	35

混凝土的保护层厚度，一般用水泥砂浆垫块或塑料卡垫在钢筋与模板之间来控制。塑料卡的形状有塑料垫块和塑料环圈两种。塑料垫块用于水平构件，塑料环圈用于垂直构件。

综上所述，钢筋下料长度计算总结为：

直钢筋下料长度 = 直构件长度 − 保护层厚度 + 弯钩增加长度

弯起钢筋下料长度 = 直段长度 + 斜段长度 − 弯折量度差值 + 弯钩增加长度

箍筋下料长度 = 直段长度 + 弯钩增加长度 − 弯折量度差值

或箍筋下料长度 = 箍筋周长 + 箍筋调整值

（三）钢筋下料计算注意事项

（1）在设计图纸中，钢筋配置的细节问题没有注明时，一般按构造要求处理。

（2）配料计算时，要考虑钢筋的形状和尺寸，在满足设计要求的前提下，要有利于加工。

（3）配料时，还要考虑施工需要的附加钢筋。

五、钢筋代换

（一）代换原则及方法

当施工中遇到钢筋品种或规格与设计要求不符时，可参照以下原则进行钢筋代换。

1. 等强度代换方法

当构件配筋受强度控制时，可按代换前后强度相等的原则代换，称作“等强度代换”。

如设计图中所用的钢筋设计强度为 f_{y1}，钢筋总面积为 A_{s1}，代换后的钢筋设计强度为 f_{y2}，钢筋总面积为 A_{s2}，则应使：

$$A_{s1} \leqslant A_{s2}$$

则 $$n_2 \geqslant n_1 \cdot \frac{d_1^2}{d_2^2}$$

$$A_{s1} \cdot f_{y1} \leqslant A_{s2} \cdot f_{y2}$$

2. 等面积代换方法

当构件按最小配筋率配筋时，可按代换前后面积相等的原则进行代换，称“等面积代换”。代换时应满足下式要求：

即 $$n_2 \geqslant \frac{n_1 d_1^2 f_{y1}}{d_2^2 f_{y2}}$$

3. 裂缝宽度或挠度验算

当构件配筋受裂缝宽度或挠度控制时，代换后应进行裂缝宽度或挠度验算。

（二）代换注意事项

钢筋代换时，应办理设计变更文件，并应符合下列规定：

（1）重要受力构件（如吊车梁、薄腹梁、桁架下弦等）不宜用 HPB300 钢筋代换变形钢筋，以免裂缝开展过大。

（2）钢筋代换后，应满足混凝土结构设计规范中所规定的钢筋间距、锚固长度、最小钢筋直径、根数等配筋构造要求。

（3）梁的纵向受力钢筋与弯起钢筋应分别代换，以保证正截面与斜截面强度。

（4）有抗震要求的梁、柱和框架，不宜以强度等级较高的钢筋代换原设计中的钢筋；如必须代换时，其代换的钢筋检验所得的实际强度，尚应符合抗震钢筋的要求。

（5）预制构件的吊环，必须采用未经冷拉的 HPB300 钢筋制作，严禁以其他钢筋代换。

（6）当构件受裂缝宽度或挠度控制时，钢筋代换后应进行刚度、裂缝验算。

六、钢筋的绑扎与机械连接

钢筋的连接方式可分为两类：绑扎连接、焊接或机械连接。

纵向受力钢筋的连接方式应符合设计要求。

机械连接接头和焊接连接接头的类型及质量应符合国家现行标准的规定。

（一）钢筋绑扎连接

钢筋绑扎安装前，应先熟悉施工图纸，核对钢筋配料单和料牌，研究钢筋安装和与有关工种配合的顺序，准备绑扎用的铁丝、绑扎工具、绑扎架等。钢筋绑扎一般用 18 ~ 22 号铁丝，其中 22 号铁丝只用于绑扎直径 12 mm 以下的钢筋。

1. 钢筋绑扎要求

钢筋的交叉点应用铁丝扎牢。柱、梁的箍筋，除设计有特殊要求外，应与受力钢筋垂直；箍筋弯钩叠合处，应沿受力钢筋方向错开设置。柱中竖向钢筋搭接时，角部钢筋的弯钩平面与模板面的夹角，矩形柱应为45°，多边形柱应为模板内角的平分角。

板、次梁与主梁交叉处，板的钢筋在上，次梁的钢筋居中，主梁的钢筋在下；当有圈梁或垫梁时，主梁的钢筋应放在圈梁上。主筋两端的搁置长度应保持均匀一致。

2. 钢筋绑扎接头

同一构件中相邻纵向受力钢筋的绑扎搭接接头宜相互错开，如图4.18所示。

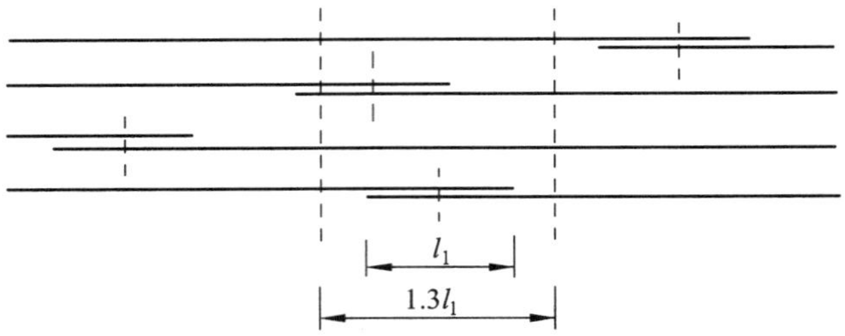

图4.18　钢筋绑扎搭接接头

（二）钢筋机械连接

1. 套筒挤压连接

套筒挤压连接是把两根待接钢筋的端头先插入一个优质钢套管，然后用挤压机在侧向加压数道，套筒塑性变形后即与带肋钢筋紧密咬合达到连接的目的。

2. 锥螺纹连接

锥螺纹连接是用锥形纹套筒将两根钢筋端头对接在一起，利用螺纹的机械咬合力传递拉力或压力。所用的设备主要是套丝机，通常安放在现场对钢筋端头进行套丝。

3. 直螺纹连接

直螺纹连接是近年来开发的一种新的螺纹连接方式。它先把钢筋端部镦粗，然后再切削直螺纹，最后用套筒实行钢筋对接。

（1）等强直螺纹接头的制作工艺及其优点

等强直螺纹接头制作工艺分下列几个步骤：钢筋端部镦粗；切削直螺纹；用连接套筒对接钢筋。

直螺纹接头的优点：强度高；接头强度不受扭紧力矩影响；连接速度快；应用范围广；经济；便于管理。

（2）接头性能

为充分发挥钢筋母材强度，连接套筒的设计强度大于等于钢筋抗拉强度标准值的1.2倍，直螺纹接头标准套筒的规格、尺寸见表4.11。

表 4.11　标准型套筒规格、尺寸

钢筋直径/mm	套筒外径/mm	套筒长度/mm	螺纹规格/mm
20	32	40	M24×2.5
22	34	44	M25×2.5
25	39	50	M29×3.0
28	43	56	M32×3.0
32	49	64	M36×3.0
36	55	72	M40×3.5
40	61	80	M45×3.5

（3）接头类型

根据不同应用场合，接头可分为表 4.12 所示的 6 种类型。

表 4.12　直螺纹接头类型及使用场合

序号	形　式	使　用　场　合
1	标准型	正常情况下连接钢筋
2	加长型	用于转动钢筋困难的场合，通过转动套筒连接钢筋
3	扩口型	用于钢筋较难对中的场合
4	异径型	用于连接不同直径的钢筋
5	正反丝扣型	用于两端钢筋均不能转动而要求调节轴向长度的场合
6	加锁母型	用于钢筋完全不能转动，通过转动套筒连接钢筋，用锁母锁定套筒

4. 钢筋机械连接接头质量检查与验收

工程中应用钢筋机械连接时，应由该技术提供单位提交有效的检验报告。

钢筋连接工程开始前及施工过程中，应对每批进场钢筋进行接头工艺检验，工艺检验应符合设计图纸或规范要求。现场检验应进行外观质量检查和单向拉伸试验。接头的现场检验按验收批进行。对接头的每一验收批，必须在工程结构中随机截取 3 个试件作单向拉伸试验，按设计要求的接头性能等级进行检验与评定。在现场连续检验 10 个验收批。外观质量检验的质量要求、抽样数量、检验方法及合格标准由各类型接头的技术规程确定。

七、钢筋的焊接

钢筋常用的焊接方法有闪光对焊、电弧焊、电渣压力焊、埋弧压力焊和气压焊等。

钢筋焊接接头质量检查与验收应满足下列规定：

（1）钢筋焊接接头或焊接制品（焊接骨架、焊接网）应按 JGJ 18—96 的规定进行质量检查与验收。

（2）钢筋焊接接头或焊接制品应分批进行质量检查与验收。质量检查应包括外观检查和力学性能试验。

（3）外观检查首先应由焊工对所焊接头或制品进行自检，然后再由质量检查人员进行检验。

（4）力学性能试验应在外观检查合格后随机抽取试件进行试验。

（5）钢筋焊接接头或焊接制品质量检验报告单中应包括下列内容：

① 工程名称、取样部位；② 批号、批量；③ 钢筋级别、规格；④ 力学性能试验结果；⑤ 施工单位。

（一）闪光对焊

闪光对焊的原理如图 4.19 所示。

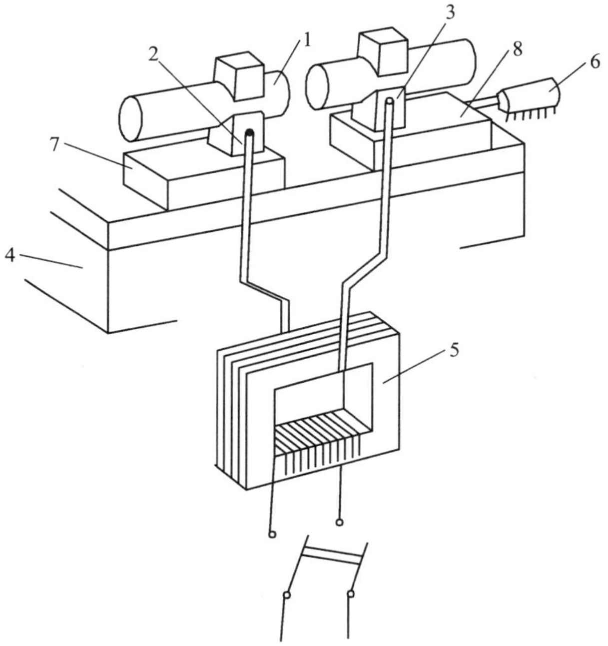

图 4.19　钢筋闪光对焊原理

1—焊接的钢筋；2—固定电极；3—可动电极；4—机座；5—变压器；
6—平动顶压机构；7—固定支座；8—滑动支座

根据钢筋级别、直径和所用焊机的功率，闪光对焊工艺可分为连续闪光焊、预热闪光焊、闪光-预热-闪光焊三种。

1. 连续闪光焊

连续闪光焊的工艺过程包括连续闪光和顶锻过程。施焊时，闭合电源使两钢筋端面轻微接触，此时端面接触点很快熔化并产生金属蒸气飞溅，形成闪光现象；接着徐徐移动钢筋，形成连续闪光过程，同时接头被加热；待接头烧平、闪去杂质和氧化膜、白热熔化时，立即施加轴向压力迅速进行顶锻，使两根钢筋焊牢。

连续闪光焊宜用于焊接直径 25 mm 以内的 HPB300、HRB335 和 HRB400 钢筋。

2. 预热闪光焊

预热闪光焊的工艺过程包括预热、连续闪光及顶锻过程，即在连续闪光焊前增加了一次预热过程，使钢筋预热后再连续闪光烧化进行加压顶锻。

预热闪光焊适宜焊接直径大于 25 mm 且端部较平坦的钢筋。

3. 闪光-预热-闪光焊

即在预热闪光焊前面增加了一次闪光过程，使不平整的钢筋端面烧化平整，预热均匀，最后进行加压顶锻。它适宜焊接直径大于 25 mm，且端部不平整的钢筋。

闪光对焊接头的质量检验，应分批进行外观检查和力学性能试验，并应按下列规定抽取试件：

（1）在同一台班内，由同一焊工完成的 300 个同级别、同直径钢筋焊接接头应作为一批。当同一台班内焊接的接头数量较少，可在一周之内累计计算；累计仍不足 300 个接头，应按一批计算。

（2）外观检查的接头数量，应从每批中抽查 10%，且不得少于 10 个。

（3）力学性能试验时，应从每批接头中随机切取 6 个试件，其中 3 个做拉伸试验，3 个做弯曲试验。

（4）焊接等长的预应力钢筋（包括螺丝端杆与钢筋）时，可按生产时同等条件制作模拟试件。

（5）螺丝端杆接头可只做拉伸试验。

闪光对焊接头外观检查结果，应符合下列要求：

（1）接头处不得有横向裂纹。

（2）与电接触处的钢筋表面，HPB300、HRB335 和 HRB400 钢筋焊接时不得有明显烧伤，RRB400 钢筋焊接时不得有烧伤。

（3）接头处的弯折角不得大于 4°。

（4）接头处的轴线偏移，不得大于钢筋直径的 0.1 倍，且不得大于 2 mm。

闪光对焊接头拉伸试验结果应符合下列要求：

（1）3 个热轧钢筋接头试件的抗拉强度均不得小于该级别钢筋规定的抗拉强度；余热处理 HRB400 钢筋接头试件的抗拉强度均不得小于热轧 HRB400 钢筋规定的抗拉强度 570 MPa。

（2）应至少有 2 个试件断于焊缝之外，并呈延性断裂。

（3）预应力钢筋与螺丝端杆闪光对焊接头拉伸试验结果，3 个试件应全部断于焊缝之外，呈延性断裂。

（4）模拟试件的试验结果不符合要求时，应从成品中再切取试件进行复验，其数量和要求应与初始试验时相同。

（5）闪光对焊接头弯曲试验时，应将受压面的金属毛刺和镦粗变形部分消除，且与母材的外表齐平。

（二）电弧焊

电弧焊是利用弧焊机使焊条与焊件之间产生高温电弧，使焊条和电弧燃烧范围内的焊件熔化，待其凝固便形成焊缝或接头。

电弧焊广泛用于钢筋接头与钢筋骨架焊接、装配式结构接头焊接、钢筋与钢板焊接及各种钢结构焊接。

弧焊机有直流与交流之分，常用的是交流弧焊机。

焊条的种类很多，根据钢材等级和焊接接头形式选择焊条，如结 420、结 500 等。

焊接电流和焊条直径应根据钢筋级别、直径、接头形式和焊接位置进行选择。

钢筋电弧焊的接头形式有三种：搭接接头、帮条接头及坡口接头，如图 4.20 所示。

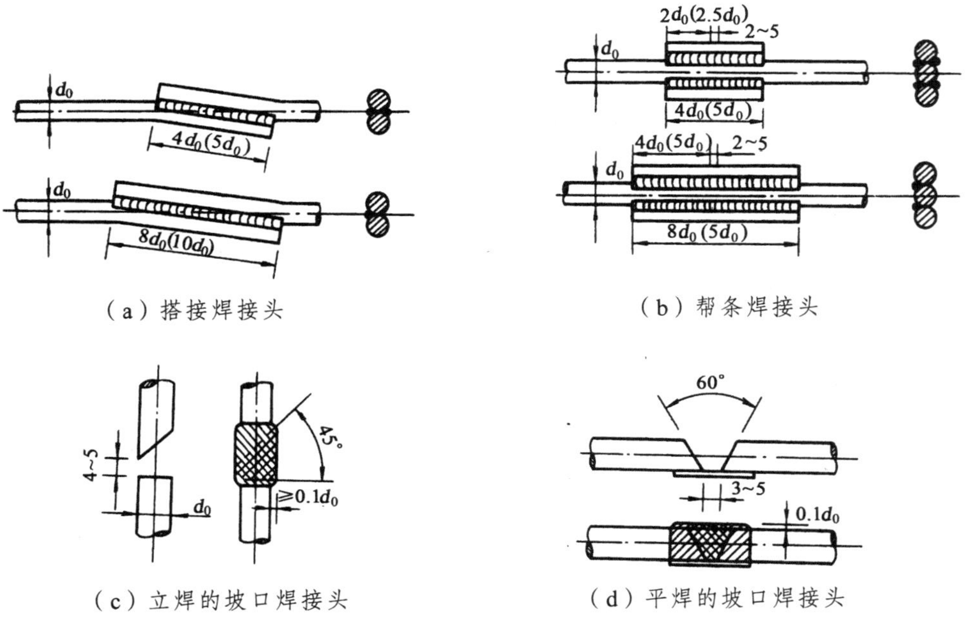

（a）搭接焊接头　（b）帮条焊接头

（c）立焊的坡口焊接头　（d）平焊的坡口焊接头

图 4.20　钢筋电弧焊的接头形式

搭接接头的长度、帮条的长度、焊缝的宽度和高度，均应符合规范的规定。

电弧焊接头外观检查时，应在清渣后逐个进行目测或量测。

钢筋电弧焊接头外观检查结果，应符合下列要求：

（1）焊缝表面应平整，不得有凹陷或焊瘤。

（2）焊接接头区域不得有裂纹。

（3）咬边深度、气孔、夹渣等缺陷允许值及接头尺寸的允许偏差，应符合表 4.11 的规定。

（4）坡口焊、熔槽帮条焊和窄间隙焊接头的焊缝余高不得大于 3 mm。

钢筋电弧焊接头拉伸试验结果应符合下列要求：

（1）3 个热轧钢筋接头试件的抗拉强度均不得小于该级别钢筋规定的抗拉强度。

（2）3 个接头试件均应断于焊缝之外，并应至少有 2 个试件呈延性断裂。

（三）电渣压力焊

电渣压力焊是利用电流通过渣池产生的电阻热将钢筋端部熔化，然后施加压力使钢筋焊合。

钢筋电渣压力焊分手工操作和自动控制两种。采用自动电渣压力焊时，主要设备是自动电渣焊机，电渣焊构造如图 4.21 所示。

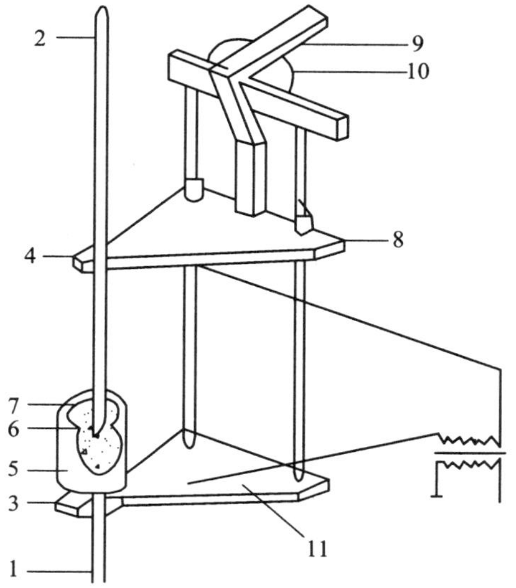

图 4.21　电渣焊构造

1，2—钢筋；3—固定电极；4—活动电极；5—药盒；6—导电剂；7—焊药；
8—滑动架；9—手柄；10—支架；11—固定架

电渣压力焊的焊接参数为焊接电流、渣池电压和通电时间等，可根据钢筋直径选择。

电渣压力焊的接头应按规范规定的方法检查外观质量和进行试样拉伸试验。

电渣压力焊接头应逐个进行外观检查。

电渣压力焊接头外观检查结果应符合下列要求：

（1）四周焊包凸出钢筋表面的高度应大于或等于 4 mm。

（2）钢筋与电极接触处，应无烧伤缺陷。

（3）接头处的弯折角不得大于 4°。

（4）接头处的轴线偏移不得大于钢筋直径的 0.1 倍，且不得大于 2 mm。

电渣压力焊拉头拉伸试验结果，3 个试件的抗拉强度均不得小于该级别钢筋规定的抗拉强度。

（四）埋弧压力焊

埋弧压力焊是利用焊剂层下的电弧，将两焊件相邻部位熔化，然后加压顶锻使两焊件焊合，如图 4.22 所示。具有焊后钢板变形小、抗拉强度高的特点。

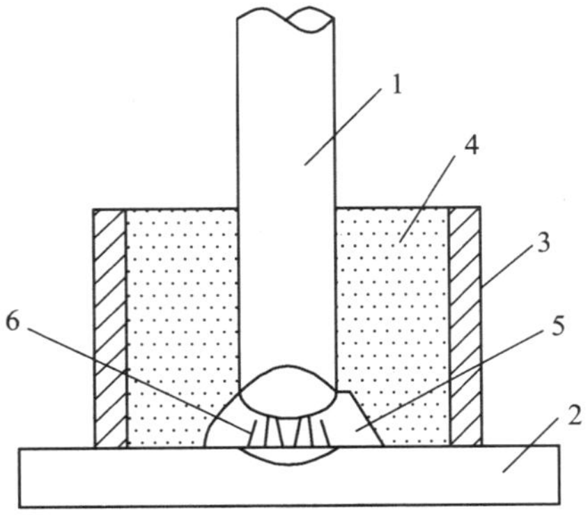

图 4.22 埋弧压力焊示意图

1—钢筋；2—钢板；3—焊剂盒；4—431 焊剂；5—电弧柱；6—弧焰

（五）气压焊

钢筋气压焊是利用乙炔、氧气混合气体燃烧的高温火焰，加热钢筋结合端部，不待钢筋熔融使其高温下加压接合。

气压焊的设备包括供气装置、加热器、加压器和压接器等，如图 4.23 所示。

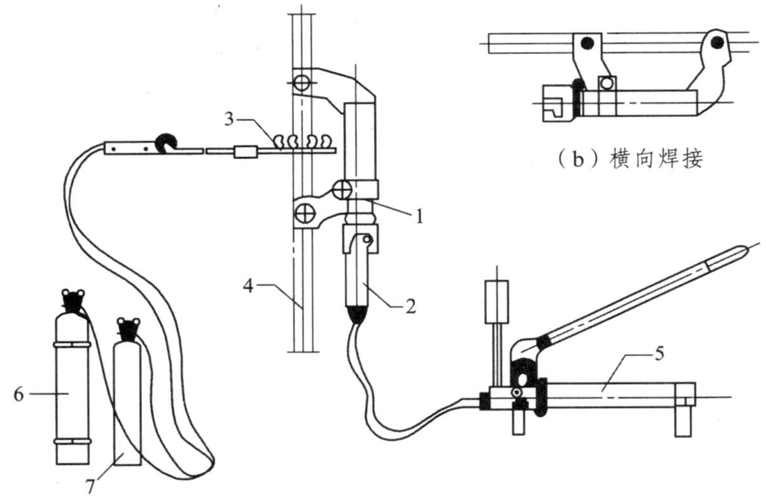

（b）横向焊接

（a）竖向焊接

图 4.23 气压焊装置系统图

1—压接器；2—顶头油缸；3—加热器；4—钢筋；
5—加压器（手动）；6—氧气；7—乙炔

气压焊操作工艺：

施焊前，钢筋端头用切割机切齐，压接面应与钢筋轴线垂直，如稍有偏斜，两钢筋间距不得大于 3 mm。

钢筋切平后，端头周边用砂轮磨成小八字角，并将端头附近 50 ~ 100 mm 内钢筋表面上的铁锈、油渍和水泥清除干净。

施焊时，先将钢筋固定于压接器上，并加以适当的压力使钢筋接触，然后将火钳火口对准钢筋接缝处，加热钢筋端部至 1 100 ~ 1 300 °C，表面发深红色时，当即加压油泵，对钢筋施以 40 MPa 以上的压力。

八、钢筋的加工与安装

钢筋的加工有除锈、调直、下料剪切及弯曲成型。钢筋加工的形状、尺寸应符合设计要求，其偏差应符合表 4.13 的规定。

表 4.13　允 许 偏 差

项　目	允许偏差/mm
受力钢筋顺长度方向全长的净尺寸	±10
弯折位置	±20
箍筋内净尺寸	±5

1. 除　锈

钢筋除锈一般可以通过以下两个途径：

大量钢筋除锈可通过钢筋冷拉或钢筋调直机调直过程中完成。

少量的钢筋局部除锈可采用电动除锈机或人工用钢丝刷、砂盘以及喷砂和酸洗等方法进行。

2. 调　直

钢筋调直宜采用机械方法，也可以采用冷拉。对局部曲折、弯曲或成盘的钢筋在使用前应加以调直。钢筋调直方法很多，常用的方法是使用卷扬机拉直和用调直机调直。

3. 切　断

切断前，应将同规格钢筋长短搭配，统筹安排，一般先断长料，后断短料，以减少短头和损耗。

钢筋切断可用钢筋切断机或手动剪切器。

4. 弯曲成型

钢筋弯曲的顺序是画线、试弯、弯曲成型。

画线主要根据不同的弯曲角在钢筋上标出弯折的部位，以外包尺寸为依据，扣除弯曲量度差值。

钢筋弯曲有人工弯曲和机械弯曲。

5. 安装检查

钢筋安置位置的偏差应符合表 4.14 的规定。

表 4.14　钢筋安置位置的允许偏差和检验方法

项　目			允许偏差/mm	检验方法
绑扎钢筋网	长、宽		±10	钢尺检查
	网眼尺寸		±20	钢尺量连续三挡，取最大值
绑扎钢筋骨架	长		±10	钢尺检查
	宽、高		±5	钢尺检查
受力钢筋	间　距		±10	钢尺量两端、中间各一点，取最大值
	排　距		±5	
	保护层厚度	基　础	±10	钢尺检查
		柱、梁	±5	钢尺检查
		板、墙、壳	±3	钢尺检查
绑扎箍筋、横向钢筋间距			±20	钢尺量连续三挡，取最大值
钢筋弯起点位置			20	钢尺检查
预埋件	中心线位置		5	钢尺检查
	水平高差		+3.0	钢尺和塞尺检查

【例 4.1】　某建筑物一层共有 10 根编号为 L_1 的梁，见图 4.24，计算各钢筋下料长度并绘制钢筋配料单。

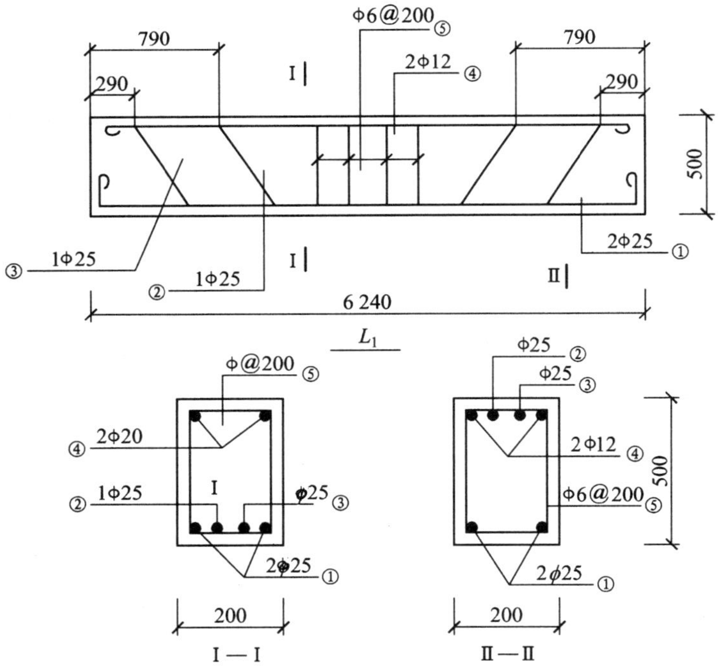

图 4.24　某建筑物 L_1 梁图

解：①号钢筋

外包尺寸：$6\,240 + 2 \times 200 - 2 \times 25 = 6\,590$ mm

下料长度：$6\,590 - 2 \times 2d + 2 \times 6.25d = 6\,590 - 2 \times 2 \times 25 + 2 \times 6.25 \times 25 = 6\,802$ mm

②号弯起钢筋

外包尺寸分段计算

端面平直部分长度：$790 - 25 = 765$ mm

斜段长度：$(500 - 2 \times 25) \times 1.414 = 636$ mm

中间直段长度：$6\,240 - 2 \times (790 + 450) = 3\,760$ mm

外包尺寸：$2 \times (765 + 636) + 3\,760 = 6\,562$ mm

下料长度：

$$6\,562 - 4 \times 0.5d + 2 \times 6.25d = 6\,562 - 4 \times 0.5 \times 25 + 2 \times 6.25 \times 25 = 6\,824 \text{ mm}$$

③号弯起钢筋

外包尺寸分段计算

端面平直部分长度：$290 - 25 = 265$ mm

斜段长度：同②号弯起钢筋为 636 mm

中间直段长度：$6\,240 - 2 \times (290 + 450) = 4\,760$ mm

外包尺寸：$2 \times (265 + 636) + 4\,760 = 6\,562$ mm

下料长度：

$$6\,562 - 4 \times 0.5d + 2 \times 6.25d = 6\,562 - 4 \times 0.5 \times 25 + 2 \times 6.25 \times 25 = 6\,824 \text{ mm}$$

④号筋

外包尺寸：$6\,240 - 2 \times 25 = 6\,190$ mm

下料长度：$6\,190 + 2 \times 6.25d = 6\,190 + 2 \times 6.25 \times 12 = 6\,340$ mm

⑤号箍筋

宽度：$200 - 2 \times 25 + 2 \times 6 = 162$ mm

高度：$500 \times 2 \times 25 + 2 \times 6 = 462$ mm

外包尺寸：$(162 + 462) \times 2 = 1\,248$ mm

⑤号箍筋端部为两个 90°/90°弯钩，主筋直径为 25 mm，箍筋直径 6，查表 4.5，取增长值 80 mm，则⑤号箍筋下料长度为

$$1\,248 - 3 \times 2d + 80 = 1\,248 - 3 \times 2 \times 6 + 80 = 1\,292 \text{ mm}$$

梁 L_1 的钢筋配料单如表 4.15 所示。

表 4.15　钢筋配料单

序号	构件名称	简图	直径/mm	钢号	下料长度/mm	单位根数	合计根数	质量/kg
1		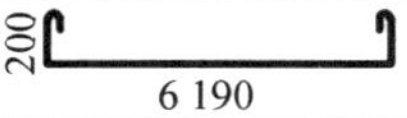	25		6 802	2	20	523.75
2		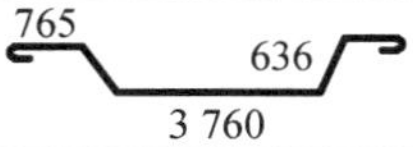	25		6 824	1	10	262.72
3		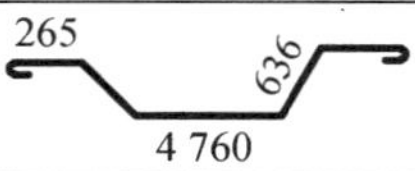	25		6 824	1	10	262.72
4			12		6 340	2	20	112.60
5		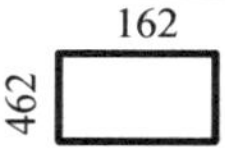	6		1 292	32	320	91.78
6	合计	4 691.78 kg；12：112.60 kg；25：1 049.19 kg；6：91.78 kg						

第三节　混凝土工程

混凝土工程包括配料、搅拌、运输、浇筑、振捣和养护等工序。各施工工序对混凝土工程质量都有很大的影响。因此，要使混凝土工程施工能保证结构具有设计的外形和尺寸，确保混凝土结构的强度、刚度、密实性、整体性及满足设计和施工的特殊要求，必须要严格保证混凝土工程每道工序的施工质量。

一、混凝土的原料

水泥进场时应对品种、级别、包装或散装仓号、出厂日期等进行检查。

当使用中对水泥质量有怀疑或水泥出厂超过 3 个月（快硬硅酸盐水泥超过 1 个月）时，应进行复验，并依据复验结果使用。

钢筋混凝土结构、预应力混凝土结构中，严禁使用含氯化物的水泥。

混凝土中掺外加剂的质量应符合现行国家标准《混凝土外加剂》(GB 8076)、《混凝土外加剂应用技术规程》(GB 50119)等和有关环境保护的规定。

混凝土中掺用矿物掺和料的质量应符合现行国家标准《用于水泥和混凝土中的粉煤灰》(GB 1596)等的规定。

普通混凝土所用的粗、细骨料的质量应符合《普通混凝土用碎石或卵石质量标准及检验方法》(JGJ 53)、《普通混凝土用砂质量标准及检验方法》(JGJ 52)的规定。

拌制混凝土宜采用饮用水；当采用其他水源时，水质应符合国家标准《混凝土拌和用水标准》（JGJ 63）的规定。

混凝土原材料每盘称量的偏差应符合表 4.16 的规定。

表 4.16　原材料每盘称量的允许偏差

材料名称	允许偏差
水泥、掺和料	±2%
粗、细骨料	±3%
水、外加剂	±2%

二、混凝土的施工配料

混凝土应按国家现行标准《普通混凝土配合比设计规程》（JGJ 55）的有关规定，根据混凝土强度等级、耐久性和工作性等要求进行配合比设计。

施工配料时影响混凝土质量的因素主要有两方面：一是称量不准；二是未按砂、石骨料实际含水率的变化进行施工配合比的换算。

混凝土的配合比是在实验室根据混凝土的施工配制强度经过试配和调整而确定的，称为实验室配合比。

实验室配合比所用的砂、石都是不含水分的。而施工现场的砂、石一般都含有一定的水分，且砂、石含水率的大小随当地气候条件不断发生变化。因此，为保证混凝土配合比的质量，在施工中应适当扣除使用砂、石的含水量，经调整后的配合比，称为施工配合比。施工配合比可以经对实验室配合比作如下调整得出。

设实验室配合比为水泥：砂子：石子 = 1：x：y，水灰比为 W/C，并测得砂、石含水率分别为 W_x、W_y，则施工配合比应为：

$$\text{水泥}：\text{砂子}：\text{石子} = 1 : x(1 + W_x) : y(1 + W_y)$$

按实验室配合比 1 m^3 混凝土水泥用量为 C（kN），计算时保持水灰比 W/C 不变，则 1 m^3 混凝土的各材料的用量（kN）为：

水泥：$C' = C$　　　　砂：$G' = C_x(1 + W_x)$

石：$G'_{\text{石}} = C_y(1 + W_y)$　　　　水：$W' = W - C_xW_x - C_yW_y$

混凝土配合比时，混凝土的最大水泥用量不宜大于 550 kg/m^3，且应保证混凝土的最大水灰比和最小水泥用量应符合表的规定。

配制泵送混凝土的配合比时，骨料最大粒径与输送管内径之比，对碎石不宜大于 1：3，卵石不宜大于 1：2.5，通过 0.315 mm 筛孔的砂不应少于 15%；砂率宜控制在 40% ~ 50%；最小水泥用量宜为 300 kg/m^3；混凝土的坍落度宜为 80 ~ 180 mm；混凝土内宜掺加适量的外加剂。泵送轻骨料混凝土的原材料选用及配合比，应由试验确定。

表 4.17 混凝土的最大水灰比和最小水泥用量

混凝土所处的环境条件	最大水灰比	最小水泥用量/(kg/m^3)			
		普通混凝土		轻骨料混凝土	
		配筋	无筋	配筋	无筋
不受风雪影响的混凝土	不作规定	250	200	250	225
(1)受风雪影响的露天混凝土 (2)位于水中或水位升降范围内的混凝土 (3)在潮湿环境中的混凝土	0.70	250	225	275	250
(1)寒冷地区水位升降范围内的混凝土 (2)受水压作用的混凝土	0.65	275	250	300	275
严寒地区水位升降范围内的混凝土	0.60	300	275	325	300

注：① 本表中的水灰比，对普通混凝土系指水与水泥（包括外掺混合材料）用量的比值；对轻骨料混凝土系指净用水量（不包括轻骨料的吸水量）与水泥（不包括外掺混合材料）用量的比值。

② 本表中的最小水泥用量，对普通混凝土包括外掺混合材料，对轻骨料混凝土不包括外掺混合材料；当采用人工捣实混凝土时，水泥用量应增加 25 kg/m^3；当掺用外加剂且能有效地改善混凝土的和易性时，水泥用量减少 25 kg/m^3。

③ 当混凝土强度等级低于 C10 时，可不受本表限制。

④ 寒冷地区系指最冷月平均气温为 −5～−15 °C；严寒地区系指最冷月份平均气温低于 −15 °C。

混凝土浇筑时的坍落度，宜按表 4.18 选用。坍落度测定方法应符合现行国家标准的规定。

表 4.18 混凝土浇筑时的坍落度

结 构 种 类	坍落度/mm
基础或地面垫层、无配筋的大体积结构（挡土墙、基础等）或配筋稀疏的结构	10～30
板、梁和大型及中型截面的柱等	30～50
配筋密列的结构（薄壁、斗仓、筒仓、细柱等）	50～70
配筋特密的结构	70～90

注：① 本表系用机械振捣混凝土时的坍落度，当采用人工捣实混凝土时，其值可适当增大。

② 当需要配制大坍落度混凝土时，应掺用外加剂。

③ 曲面或斜面结构混凝土的坍落度应根据实际需要另行选定。

④ 轻骨料混凝土的坍落度，宜比表中数值减少 10～20 mm。

三、混凝土的搅拌

混凝土搅拌，是将水、水泥和粗细骨料进行均匀拌和及混合的过程。同时，通过搅拌还要使材料达到强化、塑化的作用。混凝土可采用机构搅拌和人工搅拌。搅拌机械分为自落式搅拌机和强制式搅拌机。

（一）混凝土搅拌机

混凝土搅拌机按搅拌原理分为自落式和强制式两类。

自落式搅拌机多用于搅拌塑性混凝土和低流动性混凝土，根据其构造的不同又分为若干种，见表 4.19。

强制式搅拌机多用于搅拌干硬性混凝土和轻骨料混凝土，也可以搅拌低流动性混凝土。强制式搅拌机又分为立轴式和卧轴式两种。卧轴式有单轴、双轴之分，而立轴式又分为涡桨式和行星式，见表 4.19。

表 4.19　混凝土搅拌机类型

自落式			强制式			
鼓筒式	双锥式		立轴式			卧轴式（单轴双轴）
	反转出料	倾翻出料	涡桨式	行星式		
				定盘式	盘转式	
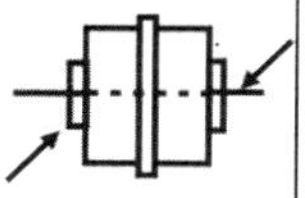	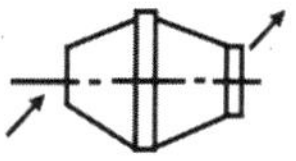	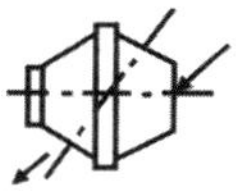		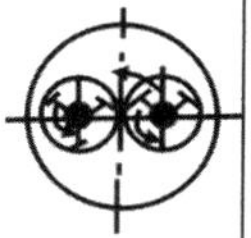	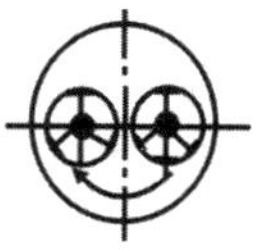	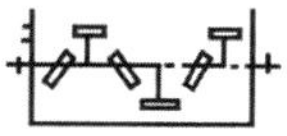

（二）混凝土搅拌

1. 搅拌时间

混凝土的搅拌时间：从砂、石、水泥和水等全部材料投入搅拌筒起，到开始卸料为止所经历的时间。

搅拌时间与混凝土的搅拌质量密切相关，随搅拌机类型和混凝土的和易性不同而变化。

在一定范围内，随搅拌时间的延长，强度有所提高，但过长时间的搅拌既不经济，而且混凝土的和易性又将降低，影响混凝土的质量。

加气混凝土还会因搅拌时间过长而使含气量下降。

混凝土搅拌的最短时间可按表 4.20 采用。

表 4.20　混凝土搅拌的最短时间

混凝土坍落度/cm	搅拌机机型	最短时间/s		
		搅拌机容量<250 L	250～500 L	>500 L
≤3	自落式	90	120	150
	强制式	60	90	120
>3	自落式	90	90	120
	强制式	60	60	90

2. 投料顺序

投料顺序应从提高搅拌质量，减少叶片、衬板的磨损，减少拌和物与搅拌筒的黏结，减少水泥飞扬，改善工作环境，提高混凝土强度及节约水泥等方面综合考虑确定。常用一次投料法和二次投料法。

（1）一次投料法是在上料斗中先装石子，再加水泥和砂，然后一次投入搅拌筒中进行搅拌。

自落式搅拌机要在搅拌筒内先加部分水，投料时砂压住水泥，使水泥不飞扬，而且水泥和砂先进搅拌筒形成水泥砂浆，可缩短水泥包裹石子的时间。

强制式搅拌机出料口在下部，不能先加水，应在投入原材料的同时，缓慢均匀分散地加水。

（2）二次投料法，是先向搅拌机内投入水和水泥（和砂），待其搅拌 1 min 后再投入石子和砂继续搅拌到规定时间。这种投料方法，能改善混凝土性能，提高了混凝土的强度，在保证规定的混凝土强度的前提下节约了水泥。

目前常用的方法有两种：预拌水泥砂浆法和预拌水泥净浆法。

预拌水泥砂浆法是指先将水泥、砂和水加入搅拌筒内进行充分搅拌，成为均匀的水泥砂浆后，再加入石子搅拌成均匀的混凝土。

预拌水泥净浆法是先将水泥和水充分搅拌成均匀的水泥净浆后，再加入砂和石子搅拌成混凝土。

与一次投料法相比，二次投料法可使混凝土强度提高 10%～15%，节约水泥 15%～20%。

水泥裹砂石法混凝土搅拌工艺，用这种方法拌制的混凝土称为造壳混凝土（简称 SEC 混凝土）。

它是分两次加水，两次搅拌。

先将全部砂、石子和部分水倒入搅拌机拌和，使骨料湿润，称之为造壳搅拌。

搅拌时间以 45～75 s 为宜，再倒入全部水泥搅拌 20 s，加入拌和水和外加剂进行第二次搅拌，60 s 左右完成，这种搅拌工艺称为水泥裹砂法。

3. 进料容量

进料容量是将搅拌前各种材料的体积累积起来的容量，又称干料容量。

进料容量与搅拌机搅拌筒的几何容量有一定比例关系。进料容量约为出料容量的 1.4～1.8 倍（通常取 1.5 倍），如任意超载（超载 10%），就会使材料在搅拌筒内无充分的空间进行拌和，影响混凝土的和易性。反之，装料过少，又不能充分发挥搅拌机的效能。

四、混凝土的运输

（一）混凝土运输的要求

运输中的全部时间不应超过混凝土的初凝时间。

运输中应保持匀质性，不应产生分层离析现象，不应漏浆；运至浇筑地点应具有规定的坍落度，并保证混凝土在初凝前能有充分的时间进行浇筑。

混凝土的运输道路要求平坦，应以最少的运转次数、最短的时间从搅拌地点运至浇筑地点。

从搅拌机中卸出后到浇筑完毕的延续时间不宜超过表 4.21 规定。

表 4.21　混凝土从搅拌机中卸出后到浇筑完毕的延续时间

混凝土强度等级	延续时间/min	
	气温<25 °C	气温≥25 °C
低于及等于 C30	120	90
高于 C30	90	60

注：① 掺用外加剂或采用快硬水泥拌制混凝土时，应按试验确定。
② 轻骨料混凝土的运输、浇筑延续时间应适当缩短。

（二）运输工具的选择

混凝土运输分地面水平运输、垂直运输和楼面水平运输等三种。

地面运输时，短距离多用双轮手推车、机动翻斗车，长距离宜用自卸汽车、混凝土搅拌运输车。

垂直运输可采用各种井架、龙门架和塔式起重机作为垂直运输工具。对于浇筑量大、浇筑速度比较稳定的大型设备基础和高层建筑，宜采用混凝土泵，也可采用自升式塔式起重机或爬升式塔式起重机运输。

（三）泵送混凝土

混凝土用混凝土泵运输，通常称为泵送混凝土。常用的混凝土泵有液压柱塞泵和挤压泵两种。

1. 液压柱塞泵

液压柱塞泵如图 4.25 所示。

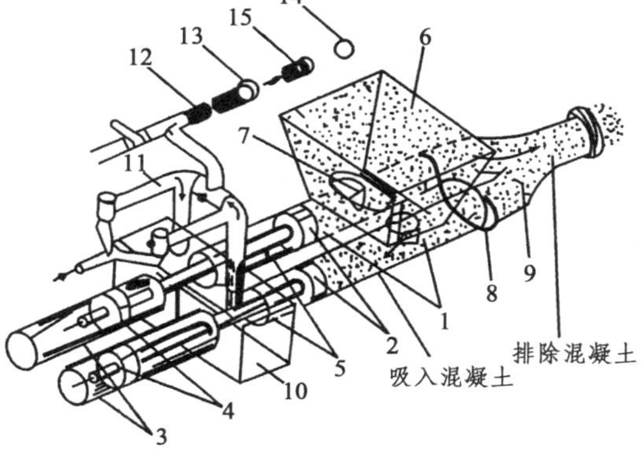

图 4.25　液压活塞式混凝土泵工作原理图

1—混凝土缸；2—混凝土活塞；3—液压缸；4—液压活塞；5—活塞杆；6—受料斗；7—吸入端水平片阀；8—排出端竖直片阀；9—Y 形输送管；10—水箱；11—水洗装置换向阀；12—水洗用高压软管；13—水洗用法兰；14—海绵球；15—清洗活塞

它是利用柱塞的往复运动将混凝土吸入和排出。

混凝土输送管有直管、弯管、锥形管和浇筑软管等，一般由合金钢、橡胶、塑料等材料制成，常用混凝土输送管的管径为 100 ~ 150 mm。

2. 泵送混凝土对原材料的要求

（1）粗骨料：碎石最大粒径与输送管内径之比不宜大于 1：3；卵石不宜大于 1：2.5。

（2）砂：以天然砂为宜，砂率宜控制在 40% ~ 50%，通过 0.315 mm 筛孔的砂不少于 15%。

（3）水泥：最少水泥用量为 300 kg/m^3，坍落度宜为 80 ~ 180 mm，混凝土内宜适量掺入外加剂。泵送轻骨料混凝土的原材料选用及配合比，应通过试验确定。

（四）泵送混凝土施工中应注意的问题

输送管的布置宜短直，尽量减少弯管数，转弯宜缓，管段接头要严密，少用锥形管。

混凝土的供料应保证混凝土泵能连续工作，不间断；正确选择骨料级配，严格控制配合比。

泵送前，为减少泵送阻力，应先用适量与混凝土内成分相同的水泥浆或水泥砂浆润滑输送管内壁。

泵送过程中，泵的受料斗内应充满混凝土，防止吸入空气形成阻塞。

防止停歇时间过长，若停歇时间超过 45 min，应立即用压力或其他方法冲洗管内残留的混凝土；泵送结束后，要及时清洗泵体和管道；用混凝土泵浇筑的建筑物，要加强养护，防止龟裂。

五、混凝土的浇筑与振捣

（一）混凝土浇筑前的准备工作

混凝土浇筑前，应对模板、钢筋、支架和预埋件进行检查。检查模板的位置、标高、尺寸、强度和刚度是否符合要求，接缝是否严密，预埋件位置和数量是否符合图纸要求。

检查钢筋的规格、数量、位置、接头和保护层厚度是否正确；清理模板上的垃圾和钢筋上的油污，浇水湿润木模板；填写隐蔽工程记录。

（二）混凝土的浇筑

1. 混凝土浇筑的一般规定

混凝土浇筑前不应发生离析或初凝现象，如已发生，须重新搅拌。混凝土运至现场后，其坍落度应满足表 4.22 的要求。

表 4.22　混凝土浇筑时的坍落度

结 构 种 类	坍落度/mm
基础或地面的垫层、无配筋的大体积结构（挡土墙、基础等）或配筋稀疏的结构	10 ~ 30
板、梁和大型及中型截面的柱子等	30 ~ 50
配筋密列的结构（薄壁、斗仓、筒仓、细柱等）	50 ~ 70
配筋特密的结构	70 ~ 90

混凝土自高处倾落时，其自由倾落高度不宜超过 2 m；若混凝土自由下落高度超过 2 m，应设串筒、斜槽、溜管或振动溜管等，如图 4.26 所示。

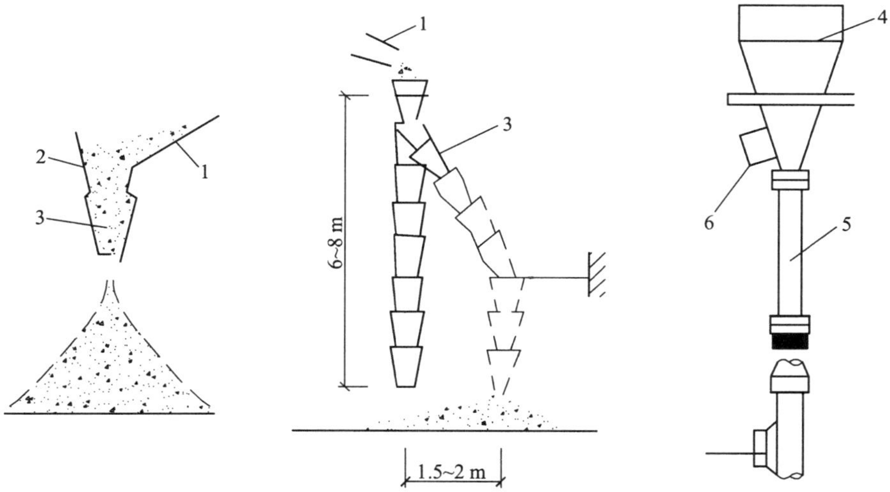

（a）溜槽　　（b）串筒　　（c）振动串筒

图 4.26　溜槽与串筒

1—溜槽；2—挡板；3—串筒；4—漏斗；5—节管；6—振动器

混凝土的浇筑工作，应尽可能连续进行。混凝土的浇筑应分段、分层连续进行，随浇随捣。混凝土浇筑层厚度应符合表 4.23 的规定。

在竖向结构中浇筑混凝土时，不得发生离析现象。

表 4.23　混凝土浇筑层厚度

项次	捣实混凝土的方法		浇筑层厚度/mm
1	插入式振捣		振捣器作用部分长度的 1.25 倍
2	表面振动		200
3	人工捣固	在基础、无筋混凝土或配筋稀疏的结构中	250
4		在梁、墙板、柱结构中	200
5		在配筋密列的结构中	150
6	轻骨料混凝土	插入式振捣器	300
7		表面振动（振动时须加荷）	200

2. 施工缝的留设与处理

如果由于技术或施工组织上的原因，不能对混凝土结构一次连续浇筑完毕，而必须停歇较长的时间，其停歇时间已超过混凝土的初凝时间，致使混凝土已初凝；当继续浇混凝土时，形成了接缝，即为施工缝。

（1）施工缝的留设位置

施工缝设置的原则，一般宜留在结构受力（剪力）较小且便于施工的部位。

柱子的施工缝宜留在基础与柱子交接处的水平面上，或梁的下面，或吊车梁牛腿的下面、吊车梁的上面、无梁楼盖柱帽的下面，如图 4.27 所示。

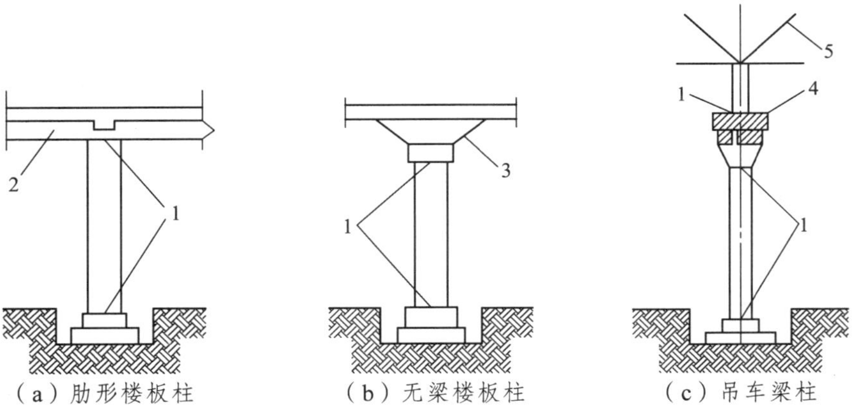

图 4.27　柱子施工缝的位置

1—施工缝；2—梁；3—柱帽；4—吊车梁；5—屋架

高度大于 1 m 的钢筋混凝土梁的水平施工缝，应留在楼板底面下 20～30 mm 处，当板下有梁托时，留在梁托下部；单向平板的施工缝，可留在平行于短边的任何位置处；对于有主次梁的楼板结构，宜顺着次梁方向浇筑，施工缝应留在次梁跨度的中间 1/3 范围内，如图 4.28 所示。

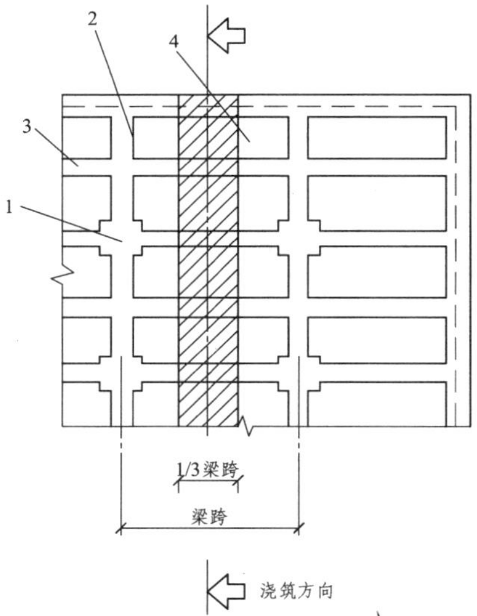

图 4.28　有梁板的施工缝位置

1—柱；2—主梁；3—次梁；4—板

（2）施工缝的处理

施工缝处继续浇筑混凝土时，应待混凝土的抗压强度不小于 1.2 MPa 方可进行。

施工缝浇筑混凝土之前，应除去施工缝表面的水泥薄膜、松动石子和软弱的混凝土层，并加以充分湿润和冲洗干净，不得有积水。

浇筑时，施工缝处宜先铺水泥浆（水泥：水 = 1：0.4），或与混凝土成分相同的水泥砂浆一层，厚度为 30 ~ 50 mm，以保证接缝的质量。浇筑过程中，施工缝应细致捣实，使其紧密结合。

3. 混凝土的浇筑方法

（1）多层钢筋混凝土框架结构的浇筑

浇筑框架结构首先要划分施工层和施工段，施工层一般按结构层划分，而每一施工层的施工段划分，则要考虑工序数量、技术要求、结构特点等。

混凝土的浇筑顺序：先浇捣柱子，在柱子浇捣完毕后，停歇 1 ~ 1.5 h，使混凝土达到一定强度后，再浇捣梁和板。

（2）大体积钢筋混凝土结构的浇筑

大体积钢筋混凝土结构多为工业建筑中的设备基础及高层建筑中厚大的桩基承台或基础底板等。

特点是混凝土浇筑面和浇筑量大，整体性要求高，不能留施工缝，以及浇筑后水泥的水化热量大且聚集在构件内部，形成较大的内外温差，易造成混凝土表面产生收缩裂缝等。

为保证混凝土浇筑工作连续进行，不留施工缝，应在下一层混凝土初凝之前，将上一层混凝土浇筑完毕。要求混凝土按不小于下述的浇筑量进行浇筑：

$$Q = \frac{FH}{T} \tag{4.2}$$

式中 Q——混凝土最小浇筑量（m^3/h）；

F——混凝土浇筑区的面积（m^2）；

H——浇筑层厚度（m）；

T——下层混凝土从开始浇筑到初凝所容许的时间间隔（h）。

大体积钢筋混凝土结构的浇筑方案，一般分为全面分层、分段分层和斜面分层三种，如图 4.29 所示。

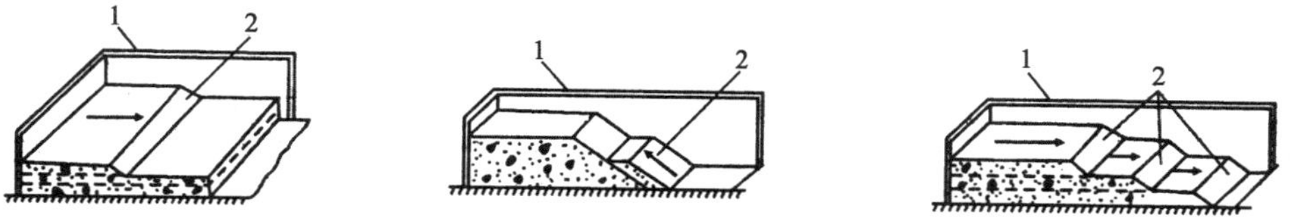

（a）全面分层　　（b）分段分层　　（c）斜面分层

图 4.29　大体积混凝土浇筑方案

1—模板；2—新浇筑的混凝土

全面分层：在第一层浇筑完毕后，再回头浇筑第二层，如此逐层浇筑，直至完工为止。

分段分层：混凝土从底层开始浇筑，进行 2 ~ 3 m 后再回头浇第二层，同样依次浇筑各层。

斜面分层：要求斜坡坡度不大于 1/3，适用于结构长度大大超过厚度 3 倍的情况。

（三）混凝土的振捣

振捣方式分为人工振捣和机械振捣两种。

（1）人工振捣

利用捣锤或插钎等工具的冲击力来使混凝土密实成型，其效率低、效果差。

（2）机械振捣

将振动器的振动力传给混凝土，使之发生强迫振动而密实成型，其效率高、质量好。

混凝土振动机械按其工作方式分为内部振动器、表面振动器、外部振动器和振动台等，如图 4.30 所示。这些振动机械的构造原理，主要是利用偏心轴或偏心块的高速旋转，使振动器因离心力的作用而振动。

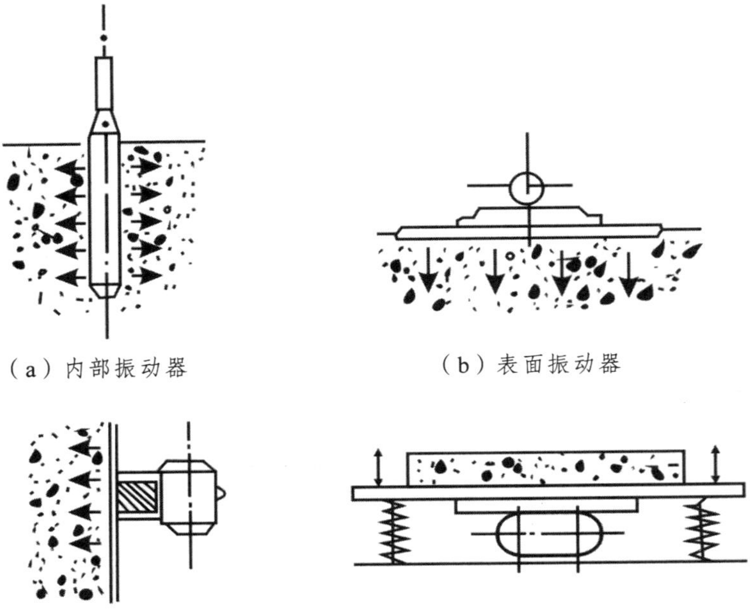

（a）内部振动器　（b）表面振动器

（c）外部振动器　（d）振动台

图 4.30　振动机械示意图

（1）内部振动器

内部振动器又称插入式振动器，其构造如图 4.31 所示。适用于振捣梁、柱、墙等构件和大体积混凝土。

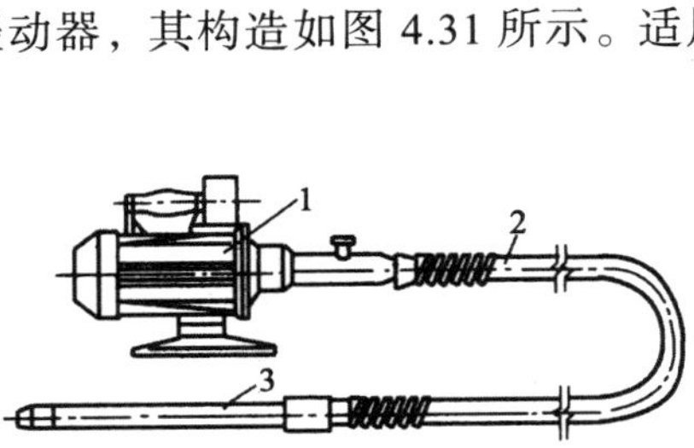

图 4.31　插入式振动器

1—电动机；2—软轴；3—振动棒

插入式振动器操作要点：

插入式振动器的振捣方法有两种：一是垂直振捣，即振动棒与混凝土表面垂直；二是斜向振捣，即振动棒与混凝土表面成 40°～45°。

振捣器的操作要做到快插慢拔，插点要均匀，逐点移动，顺序进行，不得遗漏，达到均匀振实。振动棒的移动，可采用行列式或交错式，如图 4.32 所示。

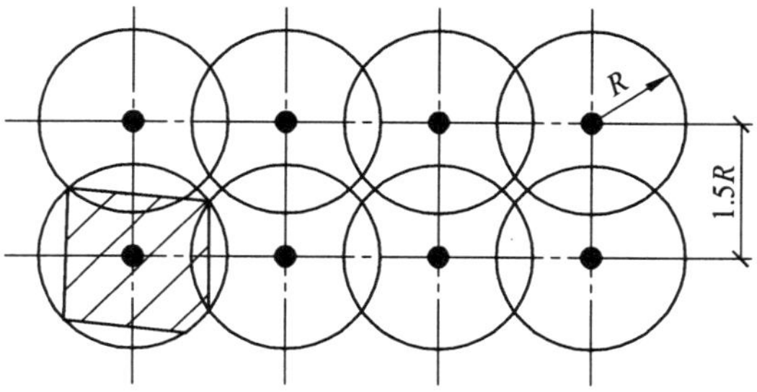

（a）行列式

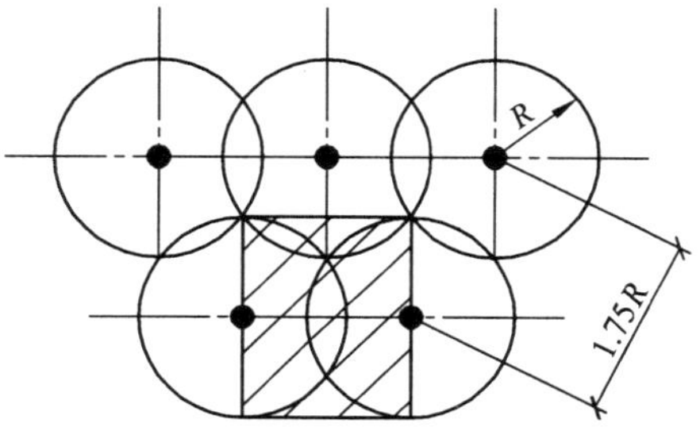

（b）交错式

图 4.32　振捣点的布置

R—振动棒有效作用半径

混凝土分层浇筑时，应将振动棒上下来回抽动 50～100 mm；同时，还应将振动棒深入下层混凝土中 50 mm 左右，如图 4.33 所示。

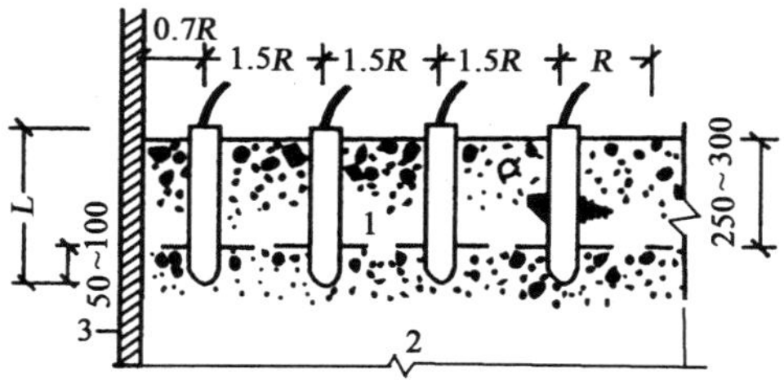

图 4.33　插入式振动器的插入深度

1—新浇筑的混凝土；2—下层已振捣但尚未初凝的混凝土；3—模板；
R—有效作用半径；*L*—振捣棒长度

使用振动器时，每一振捣点的振捣时间一般为 20～30 s。不允许将其支承在结构钢筋上或碰撞钢筋，不宜紧靠模板振捣。

（2）表面振动器

表面振动器又称平板振动器，是将电动机轴上装有左右两个偏心块的振动器固定在一块平板上而成。其振动作用可直接传递于混凝土面层上。

这种振动器适用于振捣楼板、空心板、地面和薄壳等薄壁结构。

（3）外部振动器

外部的振动器又称附着式振动器，它是直接安装在模板上进行振捣，利用偏心块旋转时产生的振动力通过模板传给混凝土，达到振实的目的。

适用于振捣断面较小或钢筋较密的柱子、梁、板等构件。

（4）振动台

振动台一般在预制厂用于振实干硬性混凝土和轻骨料混凝土。

宜采用加压振动的方法，加压力为 1 ~ 3 kN/m^2。

六、混凝土的养护

混凝土的凝结硬化是水泥水化作用的结果，而水泥水化作用必须在适当的温度和湿度条件下才能进行。混凝土的养护，就是使混凝土具有一定的温度和湿度，而逐渐硬化。混凝土养护分自然养护和人工养护。自然养护就是在常温（平均气温不低于 5 °C）下，用浇水或保水方法使混凝土在规定的期间内有适宜的温湿条件进行硬化。人工养护就是人工控制混凝土的温度和湿度，使混凝土强度增长，如蒸汽养护、热水养护、太阳能养护等，现浇结构多采用自然养护。

混凝土自然养护，是对已浇筑完毕的混凝土，应加以覆盖和浇水，并应符合下列规定：应在浇筑完毕后的 12 d 以内对混凝土加以覆盖和浇水；混凝土浇水养护的时间，对采用硅酸盐水泥、普通硅酸盐水泥或矿渣硅酸盐水泥拌制的混凝土，不得少于 7 d，对掺用缓凝型外加剂或有抗渗性要求的混凝土，不得少于 14 d；浇水次数应能保持混凝土处于湿润状态；混凝土的养护用水应与拌制用水相同。

对不易浇水养护的高耸结构、大面积混凝土或缺水地区，可在已凝结的混凝土表面喷涂塑性溶液，等溶液挥发后，形成塑性模，使混凝土与空气隔绝，阻止水分蒸发，以保证水化作用正常进行。

对地下建筑或基础，可在其表面涂刷沥青乳液，以防混凝土内水分蒸发。已浇筑的混凝土，强度达到 1.2 N/mm^2 后，方允许在其上往来人员，进行施工操作。

七、混凝土的质量检查与缺陷防治

（一）混凝土的质量检查

混凝土质量检查包括施工过程中的质量检查和养护后的质量检查。

1. 混凝土在拌制和浇筑过程中的质量检查

混凝土在拌制和浇筑过程中应按下列规定进行检查：

第一，检查拌制混凝土所用原材料的品种、规格和用量，每一工作班至少两次。混凝土拌制时，原材料每盘称量的偏差，不得超过表4.24中允许偏差的规定。

表4.24　混凝土原材料称量的允许偏差　　%

材料名称	允许偏差
水泥、混合材料	±2
粗、细骨料	±3
水、外加剂	±2

注：① 各种衡器应定期校验，保持准确。
② 骨料含水率应经常测定，雨天施工应增加测定次数。

第二，检查混凝土在浇筑地点的坍落度，每一工作班至少两次；当采用预拌混凝土时，应在商定的交货地点进行坍落度检查。实测坍落度与要求坍落度之间的允许偏差应符合表4.25的要求。

表4.25　混凝土坍落度与要求坍落度之间的允许偏差　　mm

要求坍落度	允许偏差/mm
<50	±10
50～90	±20
>90	±30

第三，在每一个工作班内，当混凝土配合比由于外界影响有变动时，应及时检查调整。
第四，混凝土的搅拌时间应随时检查，是否满足规定的最短搅拌时间要求。

2. 检查预拌混凝土厂家提供的技术资料

如果使用商品混凝土，应检查混凝土厂家提供的下列技术资料：
第一，水泥品种、标号及每立方米混凝土中的水泥用量。
第二，骨料的种类和最大粒径。
第三，外加剂、掺合料的品种及掺量。
第四，混凝土强度等级和坍落度。
第五，混凝土配合比和标准试件强度。
第六，对轻骨料混凝土尚应提供其密度等级。

3. 混凝土质量的试验检查

检查混凝土质量应进行抗压强度试验。对有抗冻、抗渗要求的混凝土，尚应进行抗冻性、抗渗性等试验。
用于检查结构构件混凝土质量的试件，应在混凝土的浇筑地点随机取样制作。试件的留置应符合下列规定。

第一，每拌制 100 盘且不超过 100 m^3 的同配合比混凝土，取样不得少于一次。

第二，每工作班拌制的同配合比的混凝土不足 100 盘时，取样不得少于一次。

第三，对现浇混凝土结构，每一现浇楼层同配合比的混凝土取样不得少于一次；同一单位工程每一验收项目中同配合比的混凝土取样不得少于一次。

混凝土取样时，均应作成标准试件（即边长为 150 mm 标准尺寸的立方体试件），每组三个试件应在同盘混凝土中取样制作，并在标准条件下［温度（20 ± 3）°C，相对湿度为 90%以上］，养护至 28 d 龄期按标准试验方法，则得混凝土立方体抗压强度。取三个试件强度的平均值作为该组试件的混凝土强度代表值；或者当三个试件强度中的最大值或最小值之一与中间值之差超过中间值的 15%时，取中间值作为该组试件的混凝土强度的代表值；当三个试件强度中的最大值和最小值与中间值之差均超过中间值的 15%，该组试件不应作为强度评定的依据。

4. 现浇混凝土结构的允许偏差检查

现浇混凝土结构的允许偏差，应符合表 4.26 的规定；当有专门规定时，尚应符合相应的规定。

混凝土表面外观质量要求：不应有蜂窝、麻面、孔洞、露筋、缝隙及夹层、缺棱掉角和裂缝等。

表 4.26　现浇混凝土结构的尺寸允许偏差和检验方法

项　目			允许偏差/mm	抽验方法
轴线位置	基　础		15	钢尺检查
	独立基础		10	
	墙、柱、梁		8	
	剪力墙		5	
垂直度	层高	≤50 m	8	经纬仪或吊线、钢尺检查
		>5 m	10	经纬仪或吊线、钢尺检查
	全高 H		H/1 000 且≤30	经纬仪、钢尺检查
标高	层高		±10	水准仪或拉线、钢尺检查
	全高		±30	
截面尺寸			+8	钢尺检查
			−5	
电梯井	井筒长、宽对定位中心线		+25 0	钢尺检查
井筒全高			H/1 000 且≤30	经纬仪或吊线、钢尺检查
表面平整度			8	2 m 靠尺和塞尺检查
预埋设施中心线位置	预埋件		10	钢尺检查
	预埋螺栓		5	
	预埋管		5	
	预留洞中心线位置		15	钢尺检查

（二）现浇湿混凝土结构质量缺陷及产生原因

现浇结构的外观质量缺陷，应由监理（建设）单位、施工单位等各方根据其对结构性能和使用功能影响的严重程度，按表 4.27 确定。

表 4.27 现浇结构的外观质量缺陷

名称	现　象	严重缺陷	一般缺陷
露筋	构件内钢筋未被混凝土包裹而外露	纵向受力钢筋有露筋	其他钢筋有少量露筋
蜂窝	混凝土表面缺少水泥砂浆而形成石子外露	构件主要受力部位有蜂窝	其他部位有少量蜂窝
孔洞	混凝土中孔穴深度和长度均超过保护层厚度	构件主要受力部位有孔洞	其他部位有少量孔洞
夹渣	混凝土中夹有杂物且深度超过保护层厚度	构件主要受力部位有夹渣	其他部位有少量夹渣
疏松	混凝土中局部不密实	构件主要受力部位有疏松	其他部位有少量疏松
裂缝	缝隙从混凝土表面延伸至混凝土内部	构件主要受力部位有影响结构性能	其他部位有少量不影响结构性能
连接部位缺陷	构件连接处混凝土缺陷及连接钢筋、连接件松动	连接部位有影响结构传力性能的缺陷	基本不影响结构传力性能的缺陷
外形缺陷	缺棱掉角、棱角不直、翘曲不平、飞边凸肋等	清水混凝土构件有影响使用功能	有不影响使用功能的外形缺陷
外表缺陷	构件表面麻面、掉皮、起砂、沾污等	具有重要装饰效果的清水混凝土构件有外表缺陷	其他有不影响使用功能的外表缺陷

混凝土质量缺陷产生的原因主要如下：

蜂窝：由于混凝土配合比不准确，浆少而石子多，或搅拌不均造成砂浆与石子分离，或浇筑方法不当，或振捣不足，以及模板严重漏浆。

麻面：模板表面粗糙不光滑，模板湿润不够，接缝不严密，振捣时发生漏浆。

露筋：浇筑时垫块位移，甚至漏放，钢筋紧贴模板，或者因混凝土保护层处漏振或振捣不密实而造成露筋。

孔洞：混凝土结构内存在空隙，砂浆严重分离，石子成堆，砂与水泥分离。另外，有泥块等杂物掺入也会形成孔洞。

缝隙和薄夹层：主要是混凝土内部处理不当的施工缝、温度缝和收缩缝，以及混凝土内有外来杂物而造成的夹层。

裂缝：构件制作时受到剧烈振动，混凝土浇筑后模板变形或沉陷，混凝土表面水分蒸发过快，养护不及时等，以及构件堆放、运输、吊装时位置不当或受到碰撞。

产生混凝土强度不足的原因是多方面的，主要是由于混凝土配合比设计、搅拌、现场浇捣和养护等四个方面的原因造成的。

配合比设计方面有时不能及时测定水泥的实际活性，影响了混凝土配合比设计的正确性；另外，套用混凝土配合比时选用不当及外加剂用量控制不准等，都有可能导致混凝土强度不足。分离，或浇筑方法不当，或振捣不足，以及模板严重漏浆。

搅拌方面任意增加用水量，配合比称料不准，搅拌时颠倒加料顺序及搅拌时间过短等造成搅拌不均匀，导致混凝土强度降低。

现场浇捣方面主要是施工中振捣不实，以及发现混凝土有离析现象时，未能及时采取有效措施来纠正。

养护方面主要是不按规定的方法、时间对混凝土进行妥善的养护，以致造成混凝土强度降低。

（三）混凝土质量缺陷的防治与处理

1. 表面抹浆修补

对数量不多的小蜂窝、麻面、露筋、露石的混凝土表面，主要是保护钢筋和混凝土不受侵蚀，可用 1∶2～1∶2.5 水泥砂浆抹面修整。

2. 细石混凝土填补

当蜂窝比较严重或露筋较深时，应取掉不密实的混凝土，用清水洗净并充分湿润后，再用比原强度等级高一级的细石混凝土填补并仔细捣实。

3. 水泥灌浆与化学灌浆

对于宽度大于 0.5 mm 的裂缝，宜采用水泥灌浆；对于宽度小于 0.5 mm 的裂缝，宜采用化学灌浆。

【例 4.2】 已知 C20 混凝土的试验室配合比为 1∶2.55∶5.12，水灰比为 0.65，经测定砂的含水率为 3%，石子的含水率为 1%，每 1 m^3 混凝土的水泥用量 310 kg，则施工配合比为：

$$1:2.55(1+3\%):5.12(1+1\%)=1:2.63:5.17$$

每 1 m^3 混凝土材料用量为：

水泥：310 kg

砂子：$310\times2.63=815.3$ kg

石子：$310\times5.17=1\ 602.7$ kg

水：$310\times0.65-310\times2.55\times3\%-310\times5.12\times1\%=161.9$ kg

施工配料：

施工中往往以一袋或两袋水泥为下料单位，每搅拌一次叫作一盘。因此，求出每 1 m^3 混凝土材料用量后，还必须根据工地现有搅拌机出料容量确定每次需用几袋水泥，然后按水泥用量算出砂、石子的每盘用量。

如采用 JZ250 型搅拌机，出料容量为 0.25 m^3，则每搅拌一次的装料数量为：

水泥：$310\times0.25=77.5$ kg（取一袋半水泥，即 75 kg）

砂子：$815.3\times75/310=1\ 973.25$ kg

石子：$16\,027 \times 75/310 = 387.75$ kg

水：$161.9 \times 75/310 = 3.2$ kg

【例 4.3】 某工程混凝土实验室配合比为 1∶2.28∶4.47；水灰比 $W/C = 0.63$，每 1 m^3 混凝土水泥用量 $C = 285$ kg，现场实测砂含水率 3%，石子含水率 1%，求施工配合比及每 1 m^3 混凝土各种材料用量。

解： 施工配合比

$$1 : x(1 + W_{Sa}) : y(1 + W_g) = 1 : 2.28 \times (1 + 3\%) : 4.47 \times (1 + 1\%) = 1 : 2.35 : 4.51$$

按施工配合比得到 1 m^3 混凝土各组成材料用量为：

水泥 $C = 285$ kg

砂 $S = 285 \times 2.35 = 669.75$ kg

石 $G = 285 \times 4.51 = 1\,285.35$ kg

水 $W = (W/C - W_{sa} - W_g)C = (0.63 - 2.28 \times 3\% - 4.47 \times 1\%) \times 285 = 147.32$ kg

若采用 400 L 混凝土搅拌机，求搅拌时的一次投料量。

解： 400 L 搅拌机每次可搅拌出混凝土

$$400\ \text{L} \times 0.65 = 260\ \text{L} = 0.26\ \text{m}^3$$

则搅拌时的一次投料量：

水泥 $285 \times 0.26 = 74.1$ kg（取 75 kg，一袋半）

砂 $75 \times 2.35 = 176.25$ kg

石子 $75 \times 4.51 = 338.25$ kg

水 $75 \times (0.63 - 2.28 \times 3\% - 4.47 \times 1\%) = 38.77$ kg

习 题

1. 什么是钢筋冷拉？冷拉的作用和目的有哪些？影响冷拉质量的主要因素是什么？
2. 钢筋冷拉控制方法有几种？各用于何种情况？采用控制应力方法冷拉时，冷拉应力怎样取值？冷拉率有何限制？采用控制冷拉率方法冷拉时，其控制冷拉率怎样确定？
3. 冷拉设备包括哪些？如何计算设备能力及测力计的负荷？
4. 试述钢筋冷拔工艺。冷拔与冷拉相比有何区别？
5. 怎样计算钢筋下料长度及编制钢筋配料单？
6. 简述钢筋加工工序和绑扎、安装要求。绑扎接头有何规定？
7. 钢筋工程检查验收包括哪几方面？应注意哪些问题？
8. 试述模板的作用。对模板及其支架的基本要求有哪些？模板有哪些类型？各有何特点？适用范围怎样？
9. 基础、柱、梁、楼板结构的模板构造及安装要求有哪些？

10. 试述定型组合钢模特点、组成及组合钢模配板原则。

11. 混凝土工程施工包括哪几个施工过程?

12. 混凝土施工配合比怎样根据实验室配合比求得? 施工配料怎样计算?

13. 混凝土搅拌参数指什么? 各有何影响? 什么是一次投料、二次投料? 各有何特点? 二次投料时混凝土强度为什么会提高?

14. 混凝土运输有哪些要求? 有哪些运输工具机械? 各适用于何种情况?

15. 混凝土浇筑前对模板钢筋应作哪些检查?

16. 混凝土浇筑基本要求是什么? 怎样防止离析?

17. 什么是施工缝? 留设位置怎样? 继续浇筑混凝土时，对施工缝有何要求? 如何处理?

18. 什么是混凝土的自然养护? 自然养护有哪些方法? 如何控制混凝土拆模强度?

19. 混凝土检查包括哪些内容?

20. 使用商品混凝土时，应审查预拌混凝土厂家提供的哪些资料?

21. 对混凝土质量试验的试件留置有哪些规定? 试件混凝土强度值如何确定?

22. 某同炉批Ⅱ级 22 钢筋采用控制冷拉率方法进行冷拉。今取 4 根试件测定冷拉率，试件长 600 mm，标距 $l=10d$（钢筋直径），当试件达到控制应力时，其标距 l_1 分别为 230.1、234.0、230.0、230.5 mm。

试求：① 测定时钢筋的拉力应为多少?

② 冷拉时控制冷拉率取值应为多少?

23. 某批Ⅲ级 32 钢筋，采用控制应力的方法进行冷拉，钢筋长度为 24 m，其中有一根钢筋达到冷拉控制应力 500 N/mm^2 时，其总长达 25.32 m（已超过规定的冷拉率）。经检验该钢筋的屈服点为 510 N/mm^2，抗拉强度为 585 N/mm^2，伸长率 δ_{10} 为 8%，冷弯合格，问这根钢筋合格否? 又若测得的 δ_{10} 为 7%时，这根钢筋合格否?

第五章
预应力混凝土工程

学习目标

知识目标

了解预应力混凝土的原理及种类，并掌握先张法、后张法施工工艺、机具设备及材料，以及预应力混凝土工程的施工质量验收要求与标准，并熟悉预应力工程安全技术措施。

技能目标

学生能够根据不同工程类型，选择合适的张拉设备；能够计算张拉伸长值及张拉应力；能够根据张拉设备提出工作锚具及工具锚具等规格型号。

素质目标

通过为不同工程类型配备张拉设备及相关配套机具，培养学生现场综合组织管理能力和协调能力；通过张拉实训，锻炼学生动手操作和解决实际问题的能力，培养学生的团队协作能力。

学习方法

通过实训，严格按照《张拉实训指导书》的要求，熟悉张拉工艺、质量验收标准以及安全技术规程。有条件的，联系工程实际，组织 1～2 次现场认识实习。

预应力混凝土工程是一门新兴的科学技术，1928 年由法国弗来西奈首先研究成功以后，在世界各国广泛推广应用。其推广数量和范围多少，是衡量一个国家建筑技术水平的重要标志之一。

我国 1950 年开始采用预应力混凝土结构，现在无论在数量以及结构类型方面均得到迅速发展。预应力技术已经从开始的单个构件发展到预应力结构新阶段。如无黏结预应力现浇平板结构、装配式整体预应力板柱结构、预应力薄板叠合板结构、大跨度部分预应力框架结构等。

普通钢筋混凝土构件的抗拉极限应变值只有 0.000 1 ~ 0.000 15，即相当于每米只允许拉长 0.1 ~ 0.15 mm，超过此值，混凝土就会开裂。如果混凝土不开裂，构件内的受拉钢筋应力只能达到 20 ~ 30 N/mm^2。如果允许构件开裂，裂缝宽度限制在 0.2 ~ 0.3 mm 时，构件内的受拉钢筋应力也只能达到 150 ~ 250 N/mm^2。因此，在普通混凝土构件中采用高强钢材达到节约钢材的目的受到限制。采用预应力混凝土才是解决这一矛盾的有效办法。所谓预应力混凝土结构（构件），就是在结构（构件）受拉区预先施加压力产生预压应力，从而使结构（构件）在使用阶段产生的拉应力首先抵消预压应力，从而推迟了裂缝的出现和限制裂缝的开展，提高了结构（构件）的抗裂度和刚度。这种施加预应力的混凝土，叫作预应力混凝土。

与普通混凝土相比，预应力混凝土除了提高构件的抗裂度和刚度外，还具有减轻自重、增加构件的耐久性、降低造价等优点。

预应力混凝土按施工方法的不同可分为先张法和后张法两大类；按钢筋张拉方式不同可分为机械张拉、电热张拉与自应力张拉法等。

第一节　先张法

先张法是在浇筑混凝土之前，先张拉预应力钢筋，并将预应力筋临时固定在台座或钢模上，待混凝土达到一定强度（一般不低于混凝土设计强度标准值的 75%），混凝土与预应力筋具有一定的黏结力时，放松预应力筋，使混凝土在预应力筋的反弹力作用下，使构件受拉区的混凝土承受预压应力。预应力筋的张拉力，主要是由预应力筋与混凝土之间的黏结力传递给混凝土。图 5.1 为预应力混凝土构件先张法（台座）生产示意图。

先张法生产可采用台座法和机组流水法。

台座法是构件在台座上生产，即预应力筋的张拉、固定、混凝土浇筑、养护和预应力筋的放松等工序均在台座上进行。采用机组流水法是利用钢模板作为固定预应力筋的承力架，构件连同模板通过固定的机组，按流水方式完成其生产过程。先张法适用于生产定型的中小型构件，如空心板、屋面板、吊车梁、檩条等。先张法施工中常用的预应力筋有钢丝和钢筋两类。

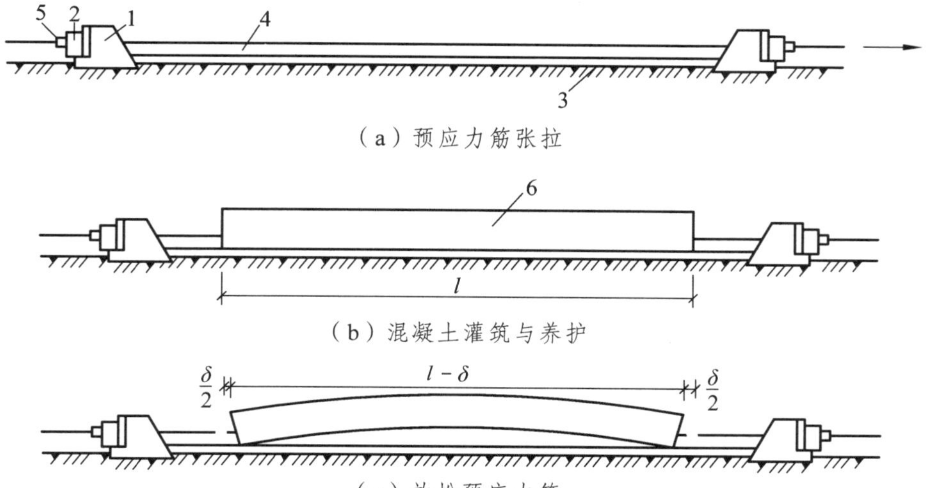

图 5.1　先张法台座示意图

1—台座承力结构；2—横梁；3—台面；4—预应力筋；
5—锚固夹具；6—混凝土构件

一、台　座

台座是先张法预张拉和临时固定预应力筋的支撑结构，它承受预应力筋的全部张拉力，因此要求台座具有足够的强度、刚度和稳定性。台座按构造形式分为：墩式台座和槽式台座。

（一）墩式台座

墩式台座由承力台墩、台面和横梁组成，如图 5.2 所示。目前常用的是现浇钢筋混凝土制成的由承力台墩与台面共同受力的台座。

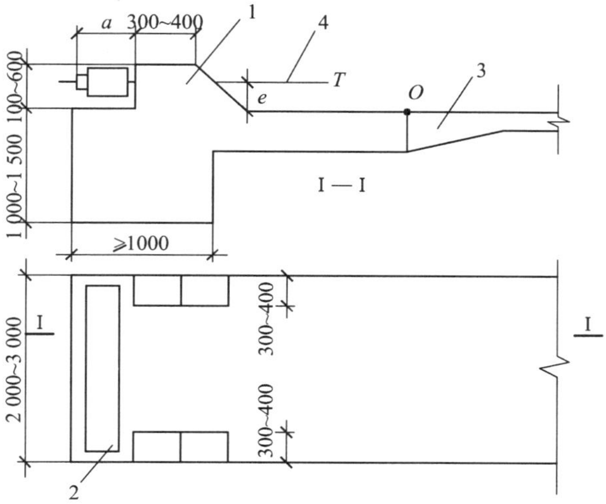

图 5.2　墩式台座

1—台墩；2—横梁；3—台面；4—预应力筋

台座的长度和宽度由场地大小、构件类型和产量而定，一般长度宜为 100 ~ 150 m，宽度为 2 ~ 4 m，这样既可利用钢丝长的特点，张拉一次可生产多根（块）构件，又可以减少因钢丝滑动或台座横梁变形引起的预应力损失。

抗倾覆验算的计算简图如图 5.2 所示：

钢筋混凝土台墩绕台面 O 点倾覆，其埋深较小，当气温变化土质干缩时，土与台墩分离，土压力小而不稳定，故忽略土压力对 O 点产生的平衡力矩。台墩抗倾覆按下式验算：

$$K_1 = \frac{M'}{M} = \frac{G_1 l_1 + G_2 l_2}{Te} \tag{5.1}$$

式中 K_1——台座的抗倾覆安全系数；

M——由张拉力产生的倾覆力矩（kN · m）；

M'——抗倾覆力矩，如忽略土压力，则 $M' = G_1 l_1 + G_2 l_2$（kN · m）；

T——预应力筋张拉力（kN）；

e——张拉力合力 T 的作用点到倾覆点的力臂（m）；

G_1——承台墩的自重（kN）；

l_1——承台台墩重心至倾覆转动点 O 的力臂（m）；

G_2——承台墩外伸台面局部加厚部分的自重（kN）；

l_2——承力台墩外伸台面局部加厚部分的重心至倾覆转动 O 的力臂（m）。

抗滑移验算可按下式进行：

$$K_2 = \frac{T_1}{T} \geqslant 1.3 \tag{5.2}$$

式中 K_2——抗滑移安全系数；

T——张拉力合力（kN）；

T_1——抗滑移的力（kN）。对独立的台墩，由侧壁上压力和底部摩阻力等产生，对与台面共同工作的台墩，其水平推力几乎全部传给台面，不存在滑移问题，可不作抗滑移计算，此时应验算台面的强度。

台座强度验算时，支承横梁的牛腿，按柱子牛腿的计算方法计算其配筋；墩式台座与台面接触的外伸部分，按偏心受压构件计算；台面按轴心受压杆件计算；横梁按承受均布荷载的简支梁计算，挠度不应大于 2 mm，并不得产生翘曲。预应力筋的定位板必须安装准确，其挠度不大于 1 mm。

台面一般是先夯铺一层碎石，后浇一层 60 ~ 100 mm 厚的混凝土，其承载力按下式计算：

$$P = \frac{\psi A f_c}{\gamma_0 \gamma_Q K'} \tag{5.3}$$

式中 ψ——轴心受压纵向弯曲系数，取 $\psi = 1$；

A——台面截面面积；

f_c——混凝土轴心抗压强度设计值；

γ_0——构件重要性系数，按二级考虑取 $\gamma_0 = 1.0$；

γ_Q——荷载分项系数，取 $\gamma_Q = 1.4$；

K'——考虑台面面积不均匀和其他影响因素的附加安全系数，取 $K' = 5$，台面伸缩缝可根据当地温度和经验设置，一般约 10 m 设置一条。

【例 5.1】 某墩式钢筋混凝土台座，截面如图 5.3 所示，台面宽度为 4 m，预应力张拉力共为 1 000 kN，台面混凝土为 C20，厚度 80 mm，试作抗倾覆验算及台面承载力验算（取混凝土的重力密度为 25 kN/m³，倾覆力矩矩心在台面厚度的中点）。

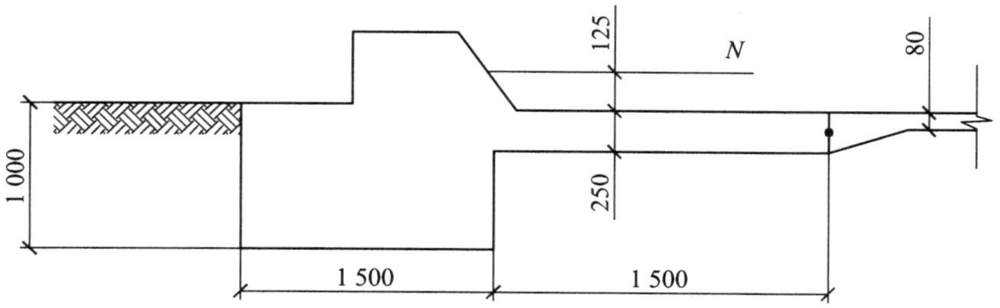

图 5.3　台座尺寸

解：由于埋深仅为 1 m，故忽略土压力作用，只考虑混凝土墩自重及悬臂部分自重（牛腿部分较小可忽略）。

抗倾覆力矩为：

$$M' = G_1 l_1 + G_2 l_2 = 1.5 \times 1 \times 4 \times 25\ 000 \times \left(1.5 \times \frac{1.5}{2}\right) +$$

$$0.25 \times 4 \times 1.5 \times 25\ 000 \times \frac{1.5}{2}$$

$$= 337\ 500 + 28\ 125 = 365.63\ \text{kN}\cdot\text{m}$$

倾覆力矩为：

$$M = 1\ 000 \times (0.125 + 0.04) = 165.00\ \text{kN}\cdot\text{m}$$

$$K = \frac{365.63}{165.00} = 2.21 > 1.5$$

满足要求。

混凝土为 C20，$f_c = 10\ \text{N}/\text{mm}^2$，其承载力为：

$$P = \frac{1.0 \times 80 \times 4\ 000 \times 10}{1 \times 1.4 \times 1.5} = 1\ 523.8\ \text{kN} > 1\ 000\ \text{kN}$$

满足要求。

（二）槽式台座

槽式台座是由端柱、传力柱和上、下横梁及砖墙组成的，如图 5.4 所示。端柱和传力柱是槽式台座的主要受力结构，采用钢筋混凝土结构。砖墙一般为一砖厚，起挡土作用，同时又是蒸汽养护的保温侧墙。

槽式台座适用于张拉吨位较大的构件，如吊车梁、屋架、薄腹梁等。

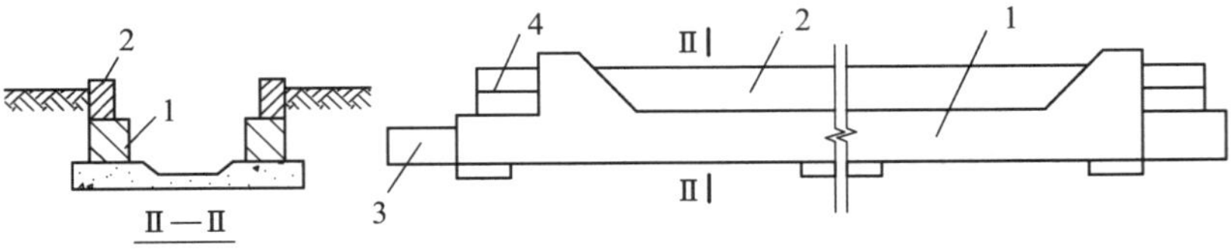

图 5.4　槽式台座

1—传力柱；2—砖墙；3—下横梁；4—上横梁

二、夹　具

夹具是预应力筋张拉和临时固定的锚固装置，用在先张法施工中。按其用途不同，可分为锚固夹具和张拉夹具。

（一）夹具的要求

夹具的静载锚固性能，应由预应力筋夹具组装件静载试验测定的夹具效率系数确定。夹具效率系数 η_s，按下式计算：

$$\eta_s = \frac{F_{spu}}{\eta_p F_{spu}^0} \tag{5.4}$$

式中　F_{spu}——预应力夹具组装件的实测极限拉力；

F_{spu}^0——预应力夹具组装件中各根预应力钢材计算极限拉力之和；

η_p——预应力筋的效率系数：预应力筋为消除应力钢丝、钢绞线或热处理钢筋时，取 0.97。

夹具的静载锚固性能应满足：>0.95。

夹具除满足上述要求外，尚应具有下列性能：

（1）当预应力夹具组装件达到实际极限拉力时，全部零件不应出现肉眼可见的裂缝和破坏。

（2）有良好的自锚性能。

（3）有良好的松锚性能。

（4）能多次重复使用。

（二）锚固夹具

1. 钢质锥形夹具

钢质锥形夹具主要用来锚固直径为 3 ~ 5 mm 的单根钢丝夹具，如图 5.5 所示。

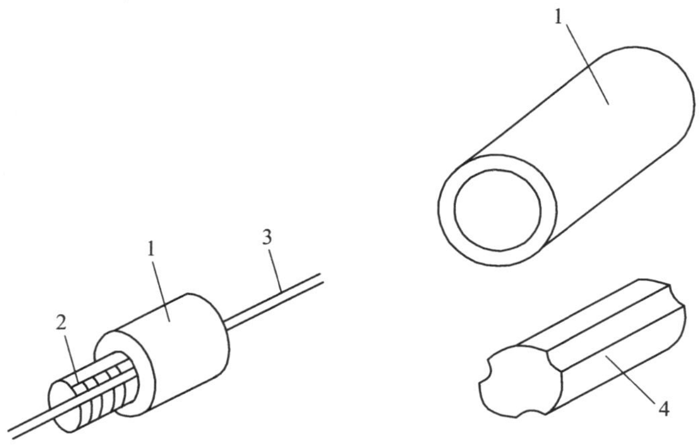

（a）圆锥齿板式　　（b）圆锥三槽式

图 5.5　钢质锥形夹具

1—套筒；2—齿板；3—钢丝；4—锥销

2. 镦头夹具

镦头夹具适用于预应力钢丝固定端的锚固，如图 5.6 所示。

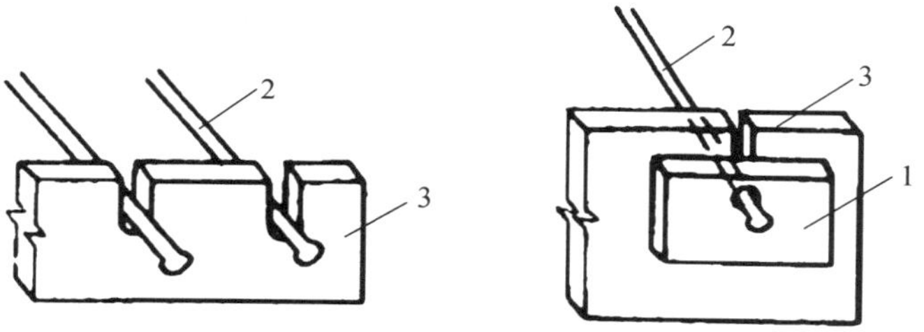

图 5.6　固定端镦头夹具

1—垫片；2—镦头钢丝；3—承力板

（三）张拉夹具

张拉夹具是将预应力筋与张拉机械连接起来进行预应力张拉的工具，常用的张拉夹具有月牙形夹具、偏心式夹具和楔形夹具等，如图 5.7 所示。

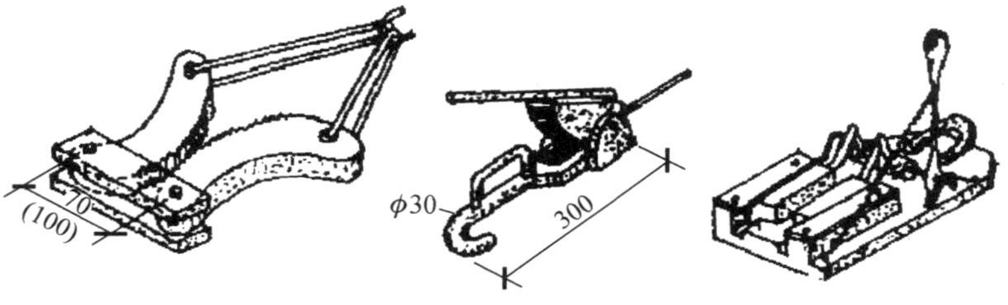

（a）月牙形夹具　　（b）偏心式夹具　　（c）楔形夹具

图 5.7　张拉夹具

三、张拉设备

张拉设备要求工作可靠，控制应力准确，能以稳定的速率加大拉力。常用的张拉设备有油压千斤顶、卷扬机、电动螺杆张拉机等。

1. 油压千斤顶

油压千斤顶可用来张拉单根或多根成组的预应力筋。可直接从油压的读数求得张拉应力值，图 5.8 为 YC-20 穿心式千斤顶张拉过程示意图。成组张拉时，由于拉力较大，一般用油压千斤顶张拉，如图 5.9 所示。

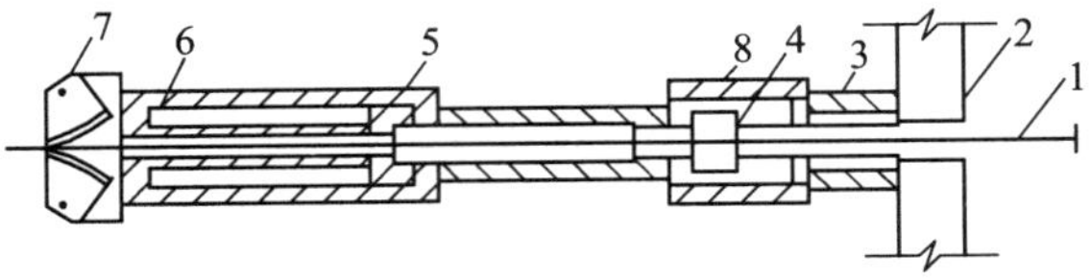

（a）张拉

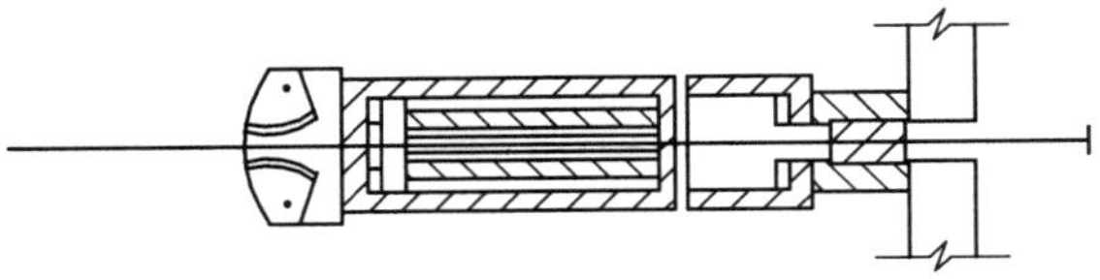

（b）暂时锚固，回油

图 5.8　YC-20 穿心式千斤顶张拉过程示意图

1—钢筋；2—台座；3—穿心式夹具；4—弹性顶压头；
5，6—油嘴；7—偏心式夹具；8—弹簧

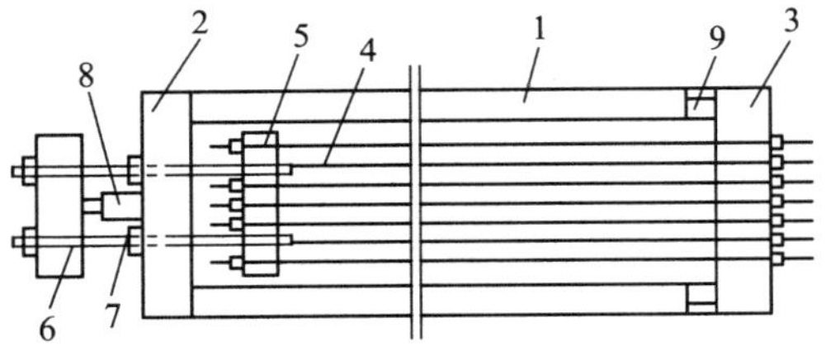

图 5.9　油压千斤顶成组张拉

1—台座；2，3—前后横梁；4—钢筋；5，6—拉力架横梁；
7—大螺丝杆；8—油压千斤顶；9—放松装置

2. 电动螺杆张拉机

电动螺杆张拉机由螺杆、电动机、变速箱、测力计及顶杆等组成。可单根张拉预应力钢丝或钢筋。张拉时，顶杆支于台座横梁上，用张拉夹具夹紧钢筋后，开动电动机，由皮带、齿轮传动系统使螺杆作直线运动，从而张拉钢筋。这种张拉的特点是运行稳定，螺杆有自锁性能，故张拉机恒载性能好，速度快，张拉行程大，如图 5.10 所示。

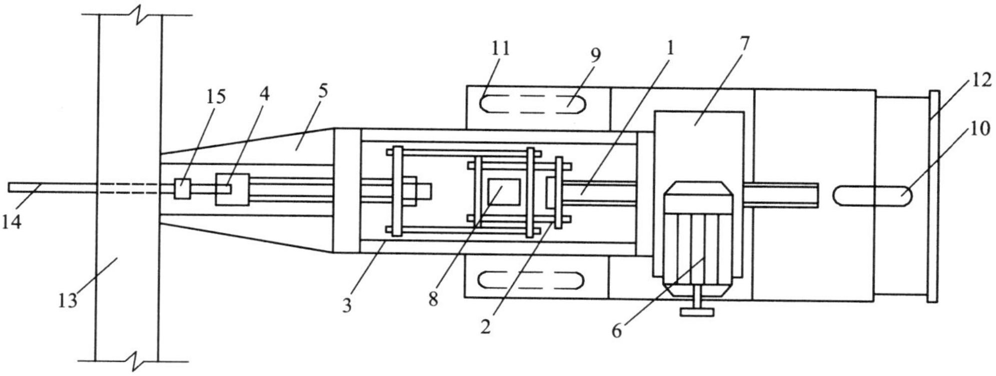

图 5.10 电动螺杆张拉机

1—螺杆；2，3—拉力架；4—张拉夹具；5—顶杆；6—电动机；7—齿轮减速箱；8—测力计；9，10—车轮；11—底盘；12—手把；13—横梁；14—钢筋；15—锚固夹具

四、先张法施工工艺流程图

先张法施工工艺流程如图 5.11 所示。

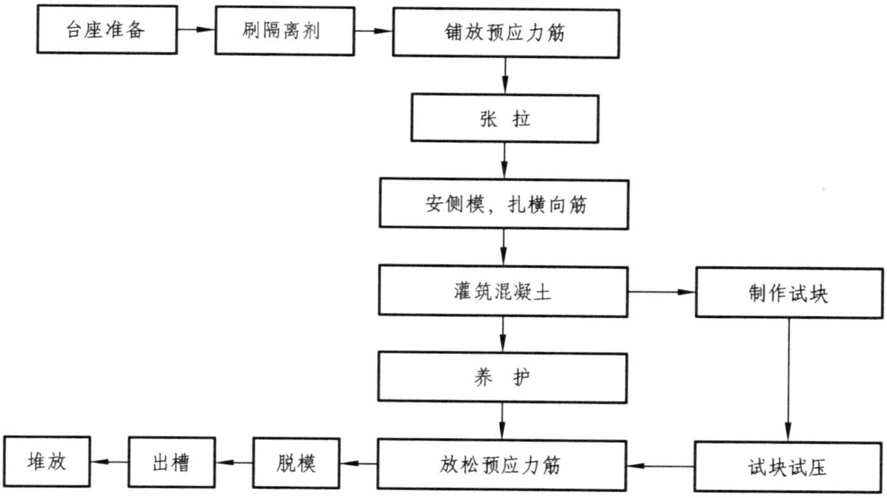

图 5.11 先张法施工工艺流程图

（一）预应力筋的铺设、张拉

1. 预应力筋的铺设

预应力筋铺设前先做好台面的隔离层，应选用非油类模板隔离剂，隔离剂不得使预应力筋受污，以免影响预应力筋与混凝土的黏结。

碳素钢丝强度高、表面光滑、与混凝土黏结力较差，因此必要时可采取表面刻痕和压波措施，以提高钢丝与混凝土的黏结力。

钢丝接长可借助钢丝拼接器用 20 ~ 22 号铁丝密排绑扎，如图 5.12 所示。

2. 预应力筋张拉应力的确定

预应力筋的张拉控制应力，应符合设计要求。施工如采用超张拉，可比设计要求提高5%，但其最大张拉控制应力不得超过表5.1的规定。

表5.1 张拉控制应力限值

钢 种	张拉方法	
	先张法	后张法
消除应力钢丝、钢绞线	$0.8f_{ptk}$	$0.8f_{ptk}$
热处理钢筋	$0.75f_{ptk}$	$0.70f_{ptk}$

注：f_{ptk}为预应力筋极限抗拉强度标准值。

3. 预应力筋张拉力的计算

预应力筋张拉力 P 按下式计算：

$$P=(1+m)\sigma_{con}A_p \text{（kN）}$$

式中 m——超张拉百分率（%）；

σ_{con}——张拉控制应力；

A_p——预应力筋截面面积。

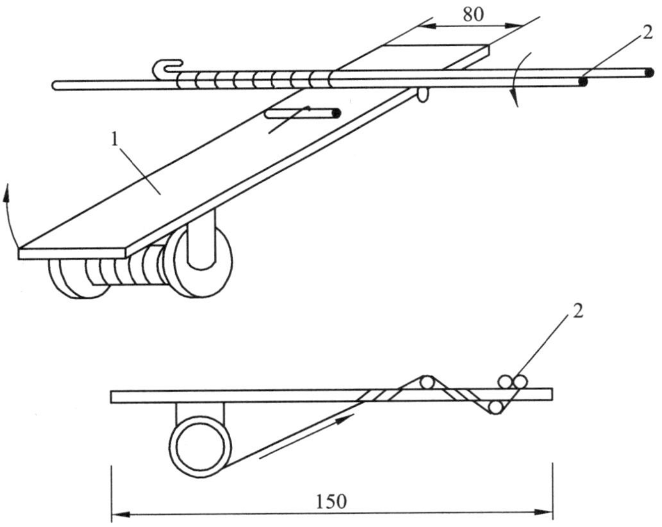

图5.12 钢丝拼接器

1—拼接器；2—钢丝

4. 张拉程序

预应力筋的张拉程序可按下列程序之一进行：

$$1\longrightarrow 103\%\sigma_{con}$$

或 $$0\longrightarrow 105\%\sigma_{con}\xrightarrow{\text{持荷 2 min}}\sigma_{con}$$

第一种张拉程序中，超张拉 3%是为了弥补预应力筋的松弛损失，这种张拉程序施工简便，一般多采用。

第二种张拉程序中，超张拉 5%并持荷 2 min 其目的是减少预应力筋的松弛损失。钢筋松弛的数值与控制应力、延续时间有关，控制应力越高，松弛也就越大，同时还随着时间的延续不再增加，但在第一分钟内完成损失总值的 50%左右，24 h 内则完成 80%。上述程序中，超张拉持荷 2 min，可以减少 50%以上的松弛损失。

5. 预应力筋伸长值与应力的测定

预应力筋张拉后，一般应校核预应力筋的伸长值。如实际伸长值与计算伸长值的偏差超过 ± 6%时，应暂停张拉，查明原因并采取措施予以调整后，方可继续张拉。预应力筋的伸长值按下式计算：

$$\Delta L=\frac{F_{\mathrm{p}}\cdot l}{A_{\mathrm{p}}\cdot E_{\mathrm{s}}} \tag{5.5}$$

式中 F_{p}——预应力筋张拉力；

l——预应力筋长度；

A_{p}——预应力筋截面面积；

E_{s}——预应力筋的弹性模量。

预应力筋的实际伸长值，宜在初应力约为 10% σ_{con} 时开始测量，但必须加上初应力以下的推算伸长值。

预应力筋的位置不允许有过大偏差，对设计位置的偏差不得大于 5 mm，也不得大于构件截面最短边长的 4%。

采用钢丝作为预应力筋时，不做伸长值校核，但应在钢丝锚固后，用钢丝测力计或半导体频率记数测力计测定其钢丝应力。其偏差不得大于或小于按一个构件全部钢丝预应力总值的 5%。

多根钢丝同时张拉时，必须事先调整初应力使其相互间的应力一致。断丝和滑脱钢丝的数量不得大于钢丝总数的 3%，一束钢丝中只允许断丝一根。构件在浇筑混凝土前发生断丝或滑脱的预应力钢丝必须予以更换。

（二）混凝土的浇筑与养护

为了减少预应力损失，在设计配合比时应考虑减少混凝土的收缩和徐变。应采用低水灰比，控制水泥用量，采用良好的骨料级配并振捣密实。

振捣混凝土时，振动器不得碰撞预应力钢筋。混凝土未达到一定强度前也不允许碰撞和踩动预应力筋，以保证预应力筋与混凝土有良好的黏结力。

预应力混凝土可采用自然养护和湿热养护。当采用湿热养护时应采取正确的养护制度，减少由于温差引起的预应力损失。在台座生产的构件采用湿热法养护时，由于温度升高后，预应力筋膨胀而台座长度并无变化，因而预应力筋的应力减少。在这种情况下混凝土逐渐硬结，则在混凝土硬化前预应力筋由于温度升高而引起的应力降低将无法恢复，形成温差应力损失。因此，为了减少温差应力损失，应使混凝土达到一定强度（100 N/mm^2）前，将温度升高限制在一定范围内（一般不超过 20 °C）。用机组流水法钢模制作预应力构件，因湿热养护时钢模与预应力筋同样伸缩，所以不存在因温差引起的预应力损失。

（三）预应力筋的放张

1. 放张要求

放张预应力筋时，混凝土应达到设计要求的强度。如设计无要求时，应不得低于设计混凝土强度等级的 75%。

放张预应力筋前应拆除构件的侧模使放张时构件能自由压缩，以免模板损坏或造成构件开裂。对有横肋的构件（如大型屋面板），其横肋断面应有适宜的斜度，也可以采用活动模板，以免放张时构件端肋开裂。

2. 放张方法

配筋不多的中小型构件，钢丝可用砂轮锯或切断机等方法放张。配筋多的钢筋混凝土构件，钢丝应同时放张，如逐根放张，最后几根钢丝将由于承受过大的拉力而突然断裂，使得构件端部容易开裂。

对钢丝、热处理钢筋不得用电弧切割，宜用砂轮锯或切断机切断。预应力钢筋数量较多时，可用千斤顶、砂箱、楔块等装置同时放张，如图 5.13 所示。

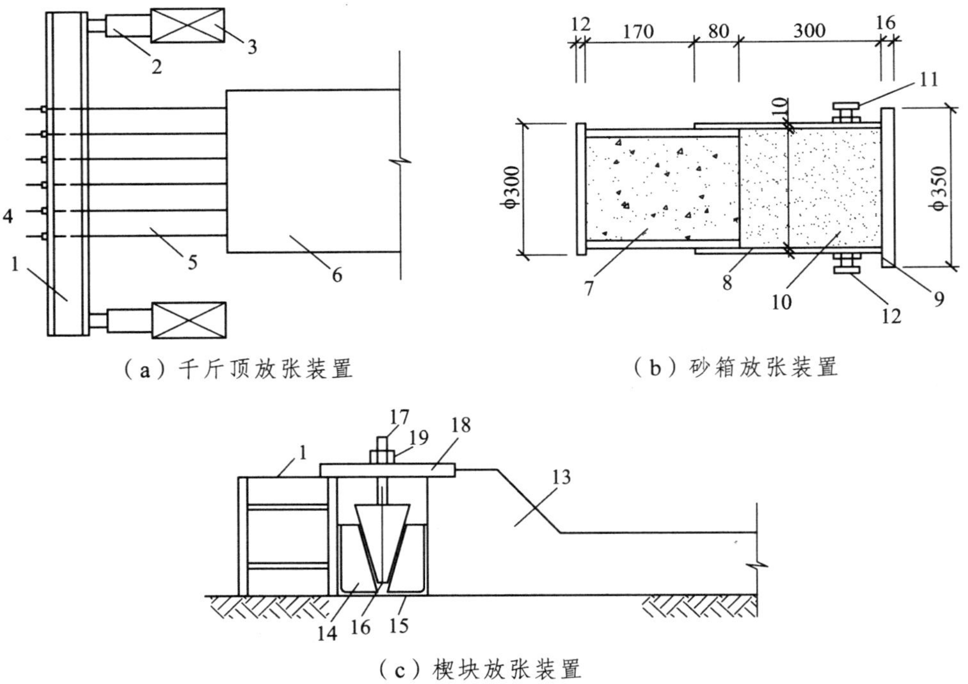

（a）千斤顶放张装置　　（b）砂箱放张装置

（c）楔块放张装置

图 5.13　预应力筋放张装置

1—横梁；2—千斤顶；3—承力架；4—夹具；5—钢丝；6—构件；7—活塞；8—套箱；9—套箱底板；10—砂；11—进砂口；12—出砂口；13—台座；14，15—固定楔块；16—滑动楔块；17—螺杆；18—承力板；19—螺母

3. 放张顺序

预应力筋的放张顺序，应满足设计要求，如设计无要求时应满足下列规定：

对轴心受预压构件（如压杆、桩等）所有预应力筋应同时放张。

对偏心受预压构件（如梁等）先同时放张预压力较小区域的预应力筋，再同时放张预压力较大区域的预应力筋。

如不能按上述规定放张时，应分阶段、对称、相互交错地放张，以防止在放张过程中构件发生翘曲、裂纹及预应力筋断裂等现象。

第二节 后张法

后张法是先制作构件，预留孔道，待构件混凝土强度达到设计规定的数值后，在孔道内穿入预应力筋进行张拉，并用锚具在构件端部将预应力筋锚固，最后进行孔道灌浆。预应力筋的张拉力主要是靠构件端部的锚具传递给混凝土，使混凝土产生预压应力。图 5.14 为预应力混凝土后张法生产示意图。

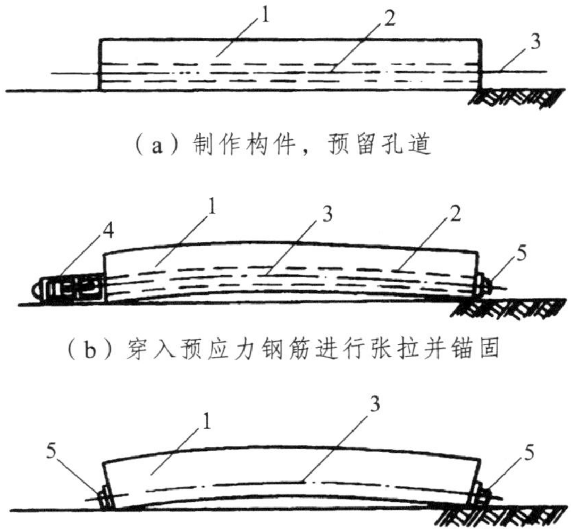

（a）制作构件，预留孔道

（b）穿入预应力钢筋进行张拉并锚固

（c）孔道灌浆

图 5.14 后张法施工顺序

1—混凝土构件；2—预留孔道；3—预应力筋；4—千斤顶；5—锚具

一、锚具及张拉设备

（一）锚具的要求

锚具是预应力筋张拉和永久固定在预应力混凝土构件上的传递预应力的工具。按锚固性能不同，可分为 I 类锚具和 n 类锚具。I 类锚具适用于承受动载、静载的预应力混凝土结构；n 类锚具仅适用于有黏结预应力混凝土结构，且锚具只能处于预应力筋应力变化不大的部位。

锚具的静载锚固性能，应由预应力锚具组装件静载试验测定的锚具效率系数和达到实测极限拉力时的总应变 e_{apu} 确定，其值应符合表 5.2 规定。

表 5.2　锚具效率系数与总应变

锚具类型	锚具效率系数	实测极限拉力时的总应变 e_{apu}/%
I	>0.95	>2.0
U	0.90	1.7

锚具效率系数 η_a 按下式计算：

$$\eta_a = \frac{F_{apu}}{\eta_p \cdot F_{apu}^c}$$

式中　F_{apu}——预应力筋锚具组装件的实测极限拉力（kN）；

F_{apu}^c——预应力筋锚具组装件中各根预应力钢材计算极限拉力之和（kN）；

η_p——预应力筋的效率系数。

对于重要预应力混凝土结构工程使用的锚具，预应力筋的效率系数 η_p 应按国家现行标准《预应力钢筋锚具、夹具和连接器》的规定进行计算。

对于一般预应力混凝土结构工程使用的锚具，当预应力筋为钢丝、钢绞线或热处理钢筋时，预应力筋的效率系数 η_p 取 0.97。

除满足上述要求，锚具尚应满足下列规定：

（1）当预应力筋锚具组装件达到实测极限拉力时，除锚具设计允许的现象外，全部零件均不得出现肉眼可见的裂缝或破坏。

（2）除能满足分级张拉及补张拉工艺外，宜具有能放松预应力筋的性能。

（3）锚具或其附件上宜设置灌浆孔道，灌浆孔道应有使浆液通畅的截面面积。

（二）锚具的种类

后张法所用锚具根据其锚固原理和构造形式不同，分为螺杆锚具、夹片锚具、锥销式锚具和镦头锚具四种体系；在预应力筋张拉过程中，锚具所在位置与作用不同，又可分为张拉端锚具和固定端锚具；预应力筋的种类有热处理钢筋束、消除应力钢筋束或钢绞线束、钢丝束。因此按锚具锚固钢筋或钢丝的数量，可分为单根粗钢筋锚具、钢丝锚具和钢筋束、钢绞线束锚具。

1. 单根粗钢筋锚具

（1）螺栓端杆锚具

螺栓端杆锚具由螺栓端杆、垫板和螺母组成，适用于锚固直径不大于 36 mm 的热处理筋，如图 5.15（a）所示。

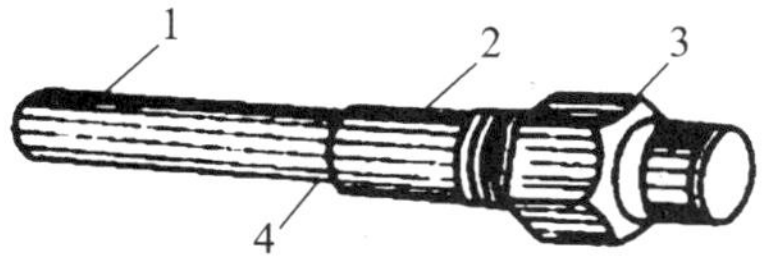

（a）螺栓端杆锚具

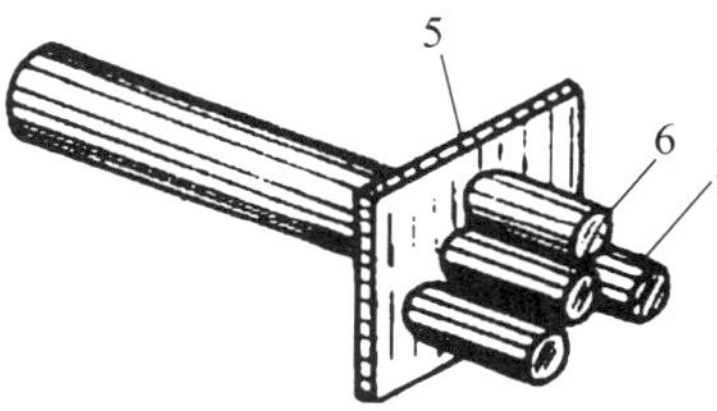

（b）帮条锚具

图 5.15　单根筋锚具

1—钢筋；2—螺栓端杆；3—螺母；4—焊接接头；5—衬板；6—帮条

螺栓端杆可用同类热处理钢筋或热处理 45 号钢制作。制作时，先粗加工至接近设计尺寸，再进行热处理，然后精加工至设计尺寸。热处理后不能有裂纹和伤痕。螺母可用 3 号钢制作。

螺栓端杆锚具与预应力筋对焊，用张拉设备张拉螺栓端杆，然后用螺母锚固。

（2）帮条锚具

帮条锚具由一块方形衬板与三根帮条组成［图 5.15（b）］。衬板采用普通低碳钢板，帮条采用与预应力筋同类型的钢筋。帮条安装时，三根帮条与衬板相接触的截面应在一个垂直平面上，以免受力时产生扭曲。

帮条锚具一般用在单根粗钢筋作预应力筋的固定端。

2. 钢筋束、钢绞线束锚具

钢筋束和钢绞线束目前使用的锚具有 JM 型、KT-Z 型、XM 型、QM 型和镦头锚具等。

（1）JM 型锚具

JM 型锚具由锚环与夹片组成，如图 5.16 所示，夹片呈扇形，靠两侧的半圆槽锚固预应力钢筋。为增加夹片与预应力筋之间的摩擦力，在半圆槽内刻有截面为梯形的齿痕，夹片背

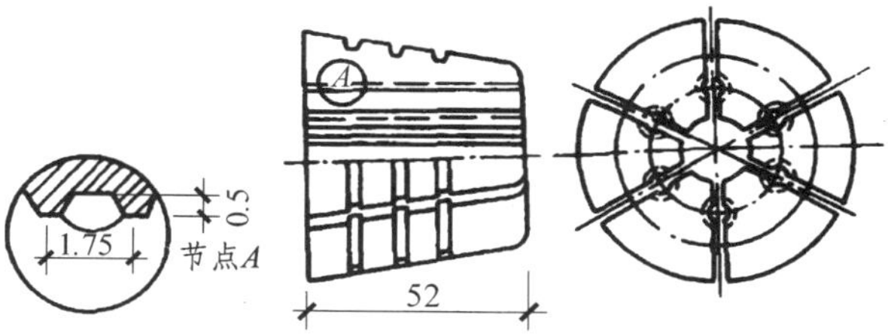

（b）JM 型锚具的夹片

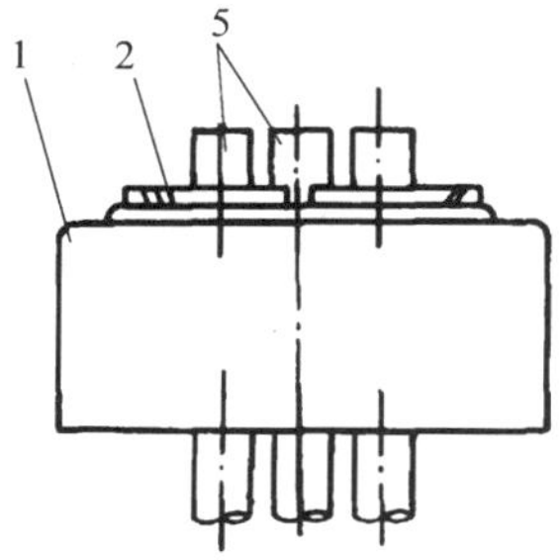

（a）JM 型锚具

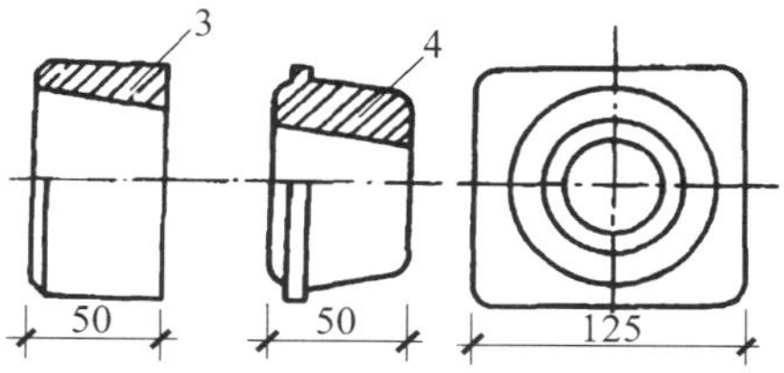

（c）JM 型锚具的锚环

图 5.16　JM 型锚具

1—锚环；2—夹片：3—圆锚环；4—方锚环；5—预应力筋或钢绞线

面的坡度与锚环一致。锚环分甲型和乙型两种，甲型锚环为一个具有锥形内孔的圆柱体，外形比较简单，使用时直接放置在构件端部的垫板上。乙型锚环在圆柱体外部增添正方形肋板，使用时锚环预埋在构件端部不另设垫板。锚环和夹片均用 45 号钢制造，甲型锚环和夹片必须经过热处理，乙型锚环可不必进行热处理。

JM 型锚具可用于锚固 3～6 根直径为 12 mm 的光圆或螺纹钢筋束。也可以用于锚固 5～6 根 12 mm 的钢绞线束。它可以作为张拉端或固定端锚具，也可作重复使用的工具锚。

（2）KT-Z 型锚具

KT-Z 型锚具为可锻铸铁锥形锚具，由锚环和锚塞组成。如图 5.17 所示，分为 A 型和 B 型两种，当预应力筋的最大张拉力超过 450 kN 时采用 A 型，不超过 450 kN 时，采用 B 型。KT-Z 型锚具适用锚固，3～6 根直径为 12 mm 的钢筋束或钢绞线束。该锚具为半埋式，使用时先将锚环小头嵌入承压钢板中，并用断续焊缝焊牢，然后共同预埋在构件端部。预应力筋的锚固需借千斤顶将锚塞顶入锚环，其顶压力为预应力筋张拉力的 50%～60%。使用 KT-Z 型锚具时，预应力筋在锚环小口处形成弯折，因而产生摩擦损失。预应力筋的损失值为：钢筋束约 4% σ_{con}；钢绞线约 2% σ_{con}。

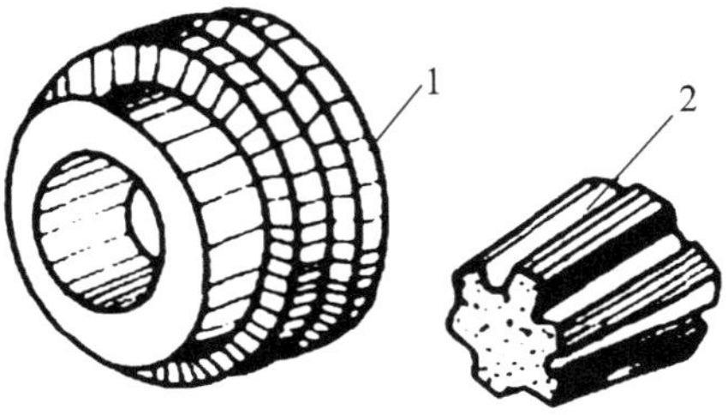

图 5.17　KT-Z 型锚具

1—锚环；2—锚塞

（3）XM 型锚具

XM 型锚具属新型大吨位群锚体系锚具。它由锚环和夹片组成。三个夹片为一组，夹持一根预应力筋形成一个锚固单元。由一个锚固单元组成的锚具称单孔锚具，由两个或两个以上的锚固单元组成的锚具称为多孔锚具，如图 5.18 所示。

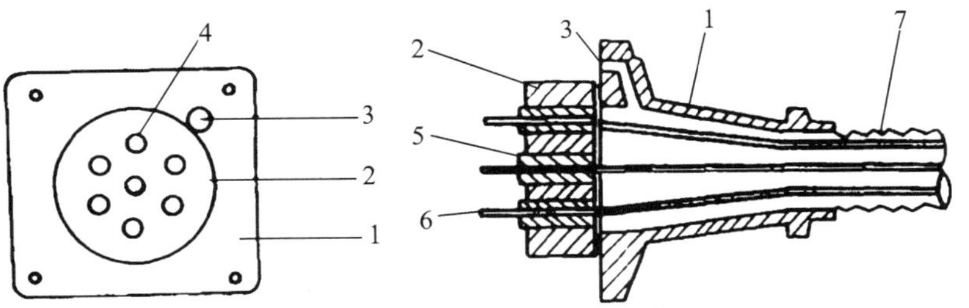

图 5.18　XM 型锚具

1—喇叭管；2—锚环；3—灌浆孔；4—圆锥孔；
5—夹片；6 —钢绞线；7—波纹管

XM 型锚具的夹片为斜开缝，以确保夹片能夹紧钢绞线或钢丝束中每一根外围钢丝，形成可靠的锚固。夹片开缝宽度一般平均为 1.5 mm。

XM 型锚具既可作为工作锚，又可兼作工具锚。

（4）QM 型锚具

QM 型锚具与 XM 型锚具相似，它也是由锚板和夹片组成。但锚孔是直的，锚板顶面是平的，夹片垂直开缝。此外，备有配套喇叭形铸铁垫板与弹簧圈等。这种锚具适用于锚固 4 ~ 31 根 p12 和 3 ~ 9 根 p15 钢绞线束，如图 5.19 所示。

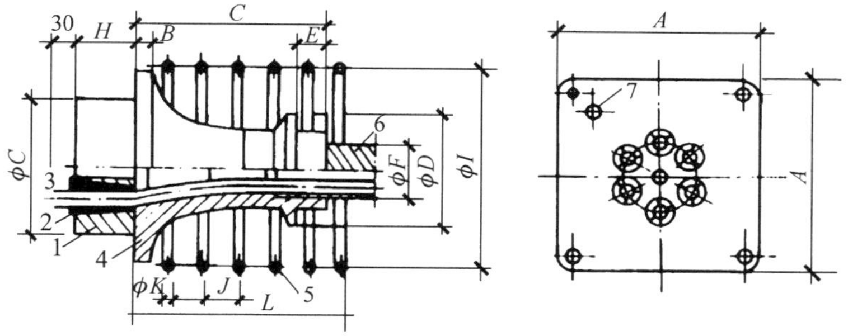

图 5.19　QM 型锚具及配件

1—锚板；2—夹片；3—钢绞线；4—喇叭形铸铁垫板；5—弹簧圈；6—预留孔道用的波纹管；7—灌浆孔

（5）镦头锚具

镦头锚用于固定端，如图 5.20 所示，它由锚固板和带镦头的预应力筋组成。

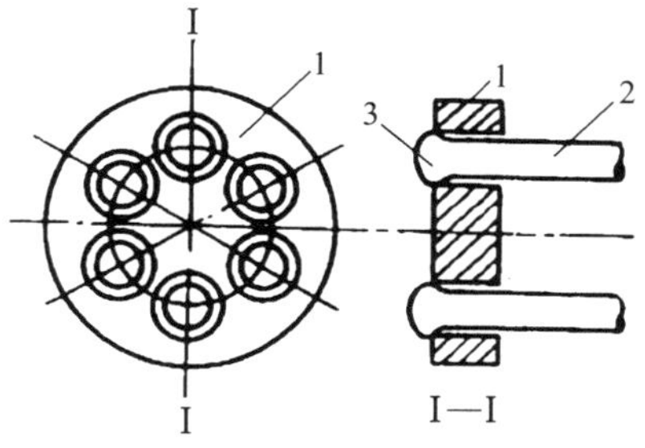

图 5.20　固定端用镦头锚具

1—锚固板；2—预应力筋；3—镦头

（三）钢丝束锚具

钢丝束所用锚具目前国内常用的有钢质锥形锚具、锥形螺杆锚具、钢丝束镦头锚具、XM 型锚具和 QM 型锚具。

1. 钢质锥形锚具

钢质锥形锚具由锚环和锚塞组成，如图 5.21 所示。

用于锚固以锥锚式双作用千斤顶张拉的钢丝束。钢丝分布在锚环锥孔内侧，由锚塞塞紧锚固。锚环内孔的锥度应与锚塞的锥度一致，锚塞上刻有细齿槽，夹紧钢丝防止滑移。

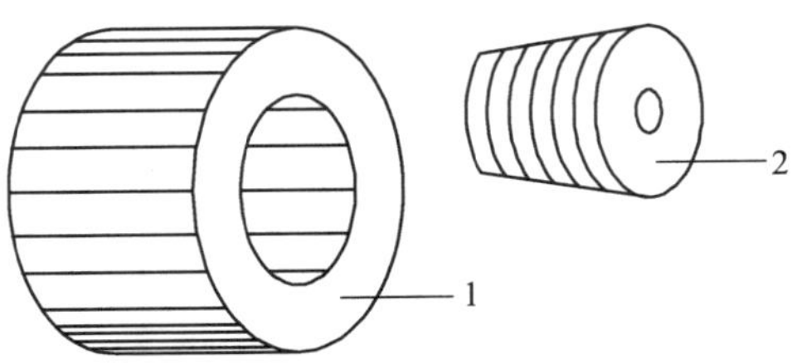

图 5.21 钢质锥形锚具

1—锚环；2—锚塞

锥形锚具的缺点是当钢丝直径误差较大时，易产生单根滑丝现象，且很难补救。如用加大顶锚力的办法来防止滑丝，又易使钢丝被咬伤。此外，钢丝锚固时呈辐射状态，弯折处受力较大。目前在国外已少采用。

2. 锥形螺杆锚具

锥形螺杆锚具适用于锚固 14 ~ 28 根 ϕ^s5 组成的钢丝束。由锥形螺杆、套筒、螺母、垫板组成，如图 5.22 所示。

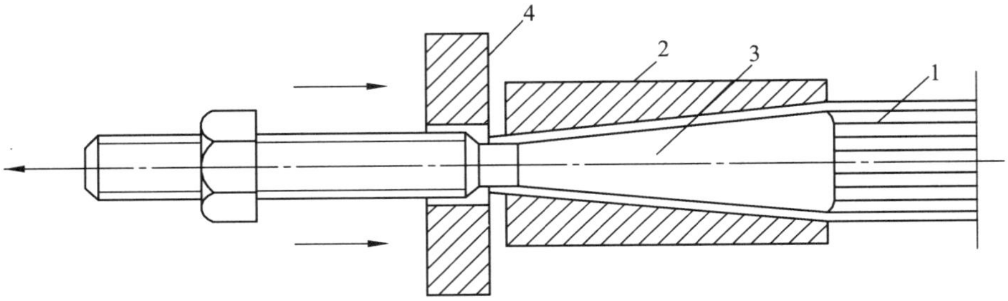

图 5.22 锥形螺杆锚具

1—钢丝；2—套筒；3—锥形螺杆；4—垫板

3. 钢丝束镦头锚具

钢丝束镦头锚具用于锚固 12 ~ 54 根 ϕ^s5 碳素钢丝束，分 DM5A 型和 DM5B 型两种。A 型用于张拉端，由锚环和螺母组成，B 型用于固定端。仅有一块锚板，如图 5.23 所示。

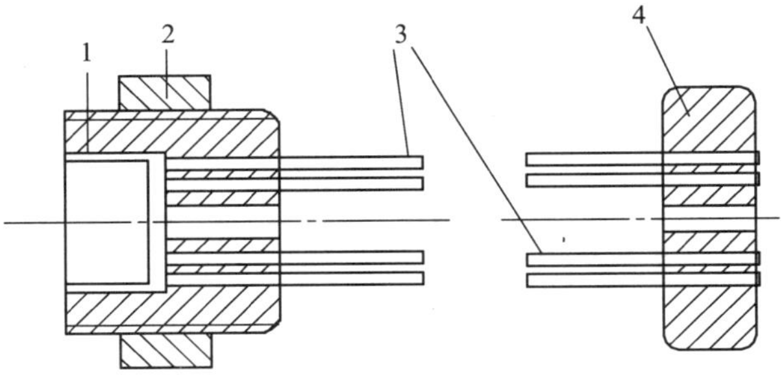

图 5.23 钢丝束镦头锚具

1—A 型锚环；2—螺母；3—钢丝束；4—锚板

锚环的内外壁均有丝扣，内丝扣用于连接张拉螺杆，外丝扣用拧紧螺母锚固钢丝束。锚环和锚板四周钻孔，以固定镦头的钢丝。孔数和间距由钢丝根数确定。钢丝可用液压冷镦器进行镦头。钢丝束一端可在制束时将头镦好，另一端则待穿束后镦头，但构件孔道端部要设置扩孔。

张拉时，张拉螺丝杆一端与锚环内丝扣连接，另一端与拉杆式千斤顶的拉头连接，当张拉到控制应力时，锚环被拉出，则拧紧锚环外丝扣上的螺母加以锚固。

（四）张拉设备

后张法主要张拉设备有千斤顶和高压油泵。

1. 拉杆式千斤顶（YL 型）

拉杆式千斤顶主要用于张拉带有螺丝端杆锚具的粗钢筋、锥形螺杆锚具钢丝束及镦头锚具钢丝束。

拉杆式千斤顶构造如图 5.24 所示，由主缸 1、主缸活塞 2、副缸 4、副缸活塞 5、连接器 7、顶杆 8 和拉杆 9 等组成。张拉预应力筋时，首先使连接器 7 与预应力筋 11 的螺丝端杆 14 连接，并使顶杆 8 支承在构件端部的预埋钢板 13 上。当高压油泵将油液从主缸油嘴 3 进入主缸时，推动主缸活塞向左移动，带动拉杆 9 和连接在拉杆末端的螺丝端杆，预应力筋即被拉伸，当达到张拉力后，拧紧预应力筋端部的螺母 10，使预应力筋锚固在构件端部。锚固完毕后，改用副缸油嘴 6 进油，推动副缸活塞和拉杆向右移动，回到开始张拉时的位置，与此同时，主缸 1 的高压油也回到油泵中。目前工地上常用的为 600 kN 拉杆式千斤顶，其主要技术性能见表 5.3。

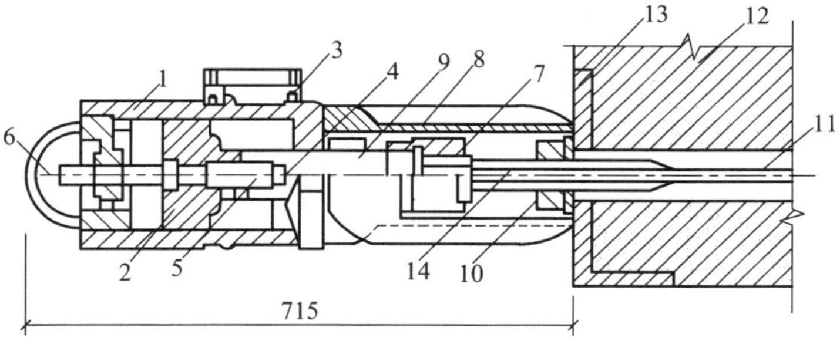

图 5.24　拉伸机构造示意图

1—主缸；2—主缸活塞；3—主缸油嘴；4—副缸；5—副缸活塞；6—副缸油嘴；7—连接器；8—顶杆；9—拉杆；10—螺母；11—预应力筋；12—混凝土构件；13—预埋钢板；14—螺栓端杆

表 5.3　拉杆式千斤顶主要性能

项　目	单　位	技术性能
最大张拉力	kN	600
张拉行程	mm	150
主缸活塞面积	cm^2	152
最大工作油压	MPa	40
质　量	kg	68

2. 锥锚式千斤顶（YZ 型）

锥锚式千斤顶主要用于张拉 KT-Z 型锚具锚固的钢筋束或钢绞线束和使用锥形锚具的预应力钢丝束。其张拉油缸用以张拉预应力筋，顶压油缸用以顶压锥塞，因此又称双作用千斤顶，如图 5.25 所示。

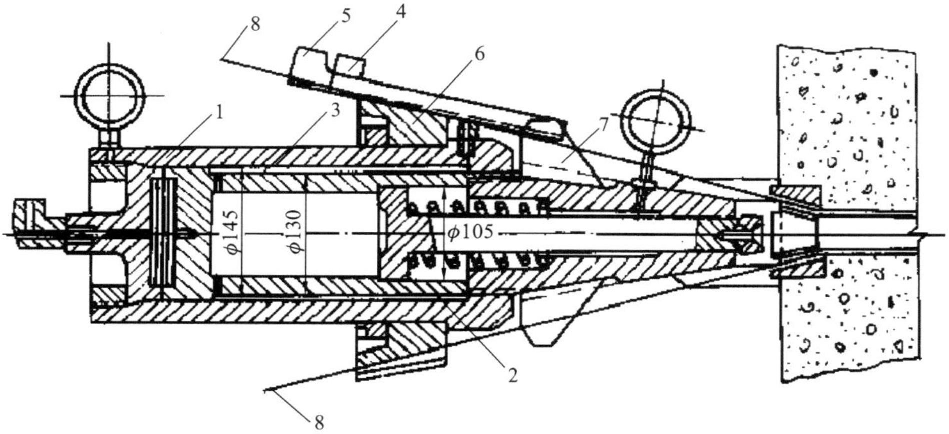

图 5.25 锥锚式千斤顶构造图

1—主缸；2—副缸；3—退楔缸；4—楔块（张拉时位置）；5—楔块（退出时位置）；6—锥形长环；7—退楔翼片；8—预应力筋

张拉预应力筋时，主缸进油，主缸被压移，使固定在其上的钢筋被张拉。钢筋张拉后，改由副缸进油，随即由副缸活塞将锚塞顶入锚圈中。主、副缸的回油则是借助设置在主缸和副缸中弹簧作用来进行的。

3. 穿心式千斤顶（YC 型）

穿心式千斤顶适用性很强，它适用于张拉采用 JM12 型、QM 型、XM 型的预应力钢丝束、钢筋束和钢绞线束。配置撑脚和拉杆等附件后，又可作为拉杆式千斤顶使用。在千斤顶前端装上分束顶压器，并在千斤顶与撑套之间用钢管接长后可作为 YZ 型千斤顶使用，张拉钢质锥形锚具，穿心式千斤顶的特点是千斤顶中心有穿通的孔道，以便预应力筋或拉杆穿过后用工具锚临时固定在千斤顶的顶部进行张拉。根据张拉力和构造不同，有 YC60、YC20D、YCD120、YCD200 和无顶压机构的 YCQ 型千斤顶。现以 YC60 型千斤顶为例，说明其工作原理（图 5.26）。

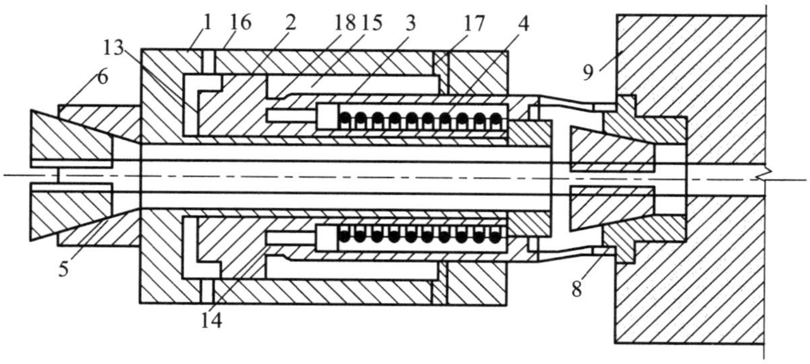

（a）构造与工作原理图

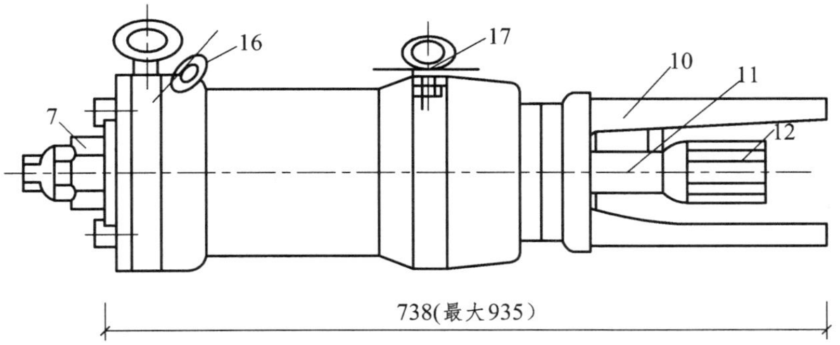

（b）加撑脚后的外貌图

图 5.26　YC-60 型千斤顶

1—张拉油缸；2—顶压油缸（即张拉活塞）；3—顶压活塞；4—弹簧；5—预应力筋；6—工具锚；7—螺母；8—锚环；9—构件；10—撑脚；11—张拉杆；12—连接器；13—张拉工作油室；14—顶压工作油室；15—张拉回程油室；16—张拉缸油嘴；17—顶压缸油嘴；18—油孔

张拉前，先把装好锚具的预应力筋穿入千斤顶的中心孔道，并在张拉油缸 1 的端部用工具锚 6 加以锚固。张拉时，用高压油泵将高压油液由张拉缸油嘴 16 进入张拉工作油室 13，由于张拉活塞 2 顶在构件 9 上，因而张拉油缸 1 逐渐向左移动而张拉预应力筋。在张拉过程中，由于张拉油缸 1 向左移动而使张拉回程油室 15 的容积逐渐减小，所以须将顶压缸油嘴 17 开启以便回油。张拉完毕立即进行顶压锚固，顶压锚固时，高压油液由顶压缸油嘴 17 经油孔 18 进入顶压缸油室 14，由于顶压油缸 2 顶在构件 9 上，且张拉工作油室中的高压油液尚未回油，因此顶压活塞 3 向右移动顶压 JM12 型锚具的夹片，按规定的顶压力将夹片压入锚环 8 内，将预应力筋锚固。张拉和顶压完成后，开启张拉缸油嘴 16，同时顶压缸油嘴 17 继续进油，由于顶压活塞 3 仍顶住夹片，顶压工作油室 14 的容积不变，进入的高压油液全部进入张拉回程油室 15，因而张拉油缸 1 逐渐向右移动进行复位，然后油泵停止工作，开启油嘴门，利用弹簧 4 使顶压活塞 3 复位，并使顶压工作油室 14、张拉回程油室 15 回油卸荷。

4. 千斤顶的校正

采用千斤顶张拉预应力筋，预应力的大小是通过油压表的读数表达，油压表读数表示千斤顶活塞单位面积的油压力。如张拉力为 N，活塞面积是 F，则油压表的相应读数为：

$$P=\frac{N}{F} \tag{5.6}$$

由于千斤顶活塞与油缸之间存在着一定的摩阻力，所以实际张拉力往往比上式计算的小。为保证预应力筋张拉应力的准确性，应定期校验千斤顶与油压表读数的关系，制成表格或绘制 P 与 N 的关系曲线，供施工中直接查用。校验时千斤顶活塞方向应与实际张拉时的活塞运行方向一致，校验期不应超过半年。如在使用过程中张拉设备出现反常现象，应重新校验。

千斤顶校正的方法主要有：标准测力计校正、压力机校正及用两台千斤顶互相校正等方法。

5. 高压油泵

高压油泵与液压千斤顶配套使用，它的作用是向液压千斤顶各个油缸供油，使其活塞按照一定速度，伸出或回缩。

高压油泵按驱动方式分为手动和电动两种。一般采用电动高压油泵。油泵型号有：$ZB_{0.8}$/500、$ZB_{0.6}$/630、ZB_4/500、ZB_{10}/500（分数线上数字表示每分钟的流量，分数线下数字表示工作油压 kg/cm^2）等数种。选用时，应使油泵的额定压力等于或大于千斤顶的额定压力。

二、预应力筋的制作

1. 单根预应力筋的制作

单根预应力钢筋一般用热处理钢筋，其制作包括配料、对焊、冷拉等工序。为保证质量，宜采用控制应力的方法进行冷拉；钢筋配料时应根据钢筋的品种测定冷拉率，如果在一批钢筋中冷拉率变化较大时，应尽可能把冷拉率相近的钢筋对焊在一起进行冷拉，以保证钢筋冷拉力的均匀性。

钢筋对焊接长在钢筋冷拉前进行。钢筋的下料长度由计算确定。

当构件两端均采用螺丝端杆锚具时（图 5.27），预应力筋下料长度为：

$$L=\frac{l+2l_2-2l_1}{1+\gamma-\delta}+n\Delta \qquad (5.7)$$

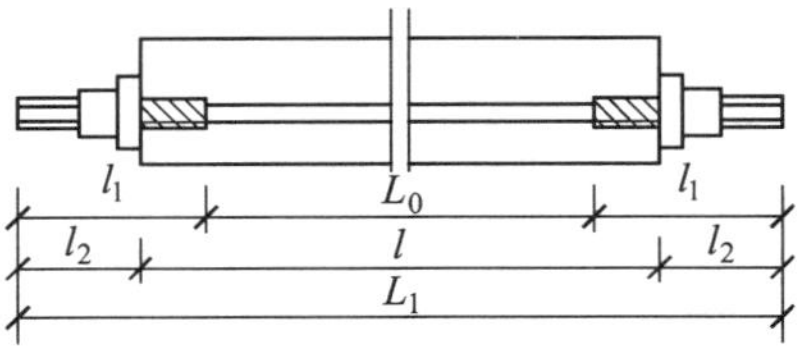

图 5.27　预应力筋下料长度计算图

当一端采用螺丝端杆锚具，另一端采用帮条锚具或镦头锚具时，预应力筋下料长度为：

$$L=\frac{l+l_2+l_3-l_1}{1+\gamma-\delta}+n\Delta \qquad (5.8)$$

式中　l——构件的孔道长度；

l_1——螺丝端杆长度，一般为 320 mm；

l_2——螺丝端杆伸出构件外的长度，一般为 120 ~ 150 mm 或按下式计算：

张拉端：$l_2=2H+h+5$ mm

锚固端：$l_2=2H+h+10$ mm

l_3——帮条或镦头锚具所需钢筋长度；

γ——预应力筋的冷拉率（由试验定）；

δ——预应力筋的冷拉回弹率，一般为 0.4% ~ 0.6%；

n——对焊接头数量；

Δ——每个对焊接头的压缩量，取一个钢筋直径；

H——螺母高度；

h——垫板厚度。

2. 钢筋束及钢绞线束制作

钢筋束由直径为 10 mm 的热处理钢筋编束而成，钢绞线束由直径为 12 mm 或 15 mm 的钢绞线束编束而成。预应力筋的制作一般包括开盘冷拉、下料和编束等工序。每束 3～6 根，一般不需对焊接长，下料是在钢筋冷拉后进行。钢绞线下料前应在切割口两侧各 50 mm 处用铁丝绑扎，切割后对切割口应立即焊牢，以免松散。

为了保证构件孔道穿入筋和张拉时不发生扭结，应对预应力筋进行编束。编束时一般把预应力筋理顺后，用 18～22 号铁丝，每隔 1 m 左右绑扎一道，形成束状。预应力钢筋束或钢绞线束的下料长度 L 可按下式计算：

一端张拉时：

$$L = l + a + b \tag{5.9a}$$

两端张拉时：

$$L = l + 2a \tag{5.9b}$$

式中　l——构件孔道长度；

a——张拉端留量，与锚具和张拉千斤顶尺寸有关；

b——固定端留量，一般为 80 mm。

3. 钢丝束制作

钢丝束制作随锚具的不同而异，一般需经调直、下料、编束和安装锚具等工序。当采用 XM 型锚具、QM 型锚具、钢质锥形锚具时，预应力钢丝束的制作和下料长度计算基本与预应力钢筋束、钢绞线束相同。

当采用镦头锚具时，一端张拉，应考虑钢丝束张拉锚固后螺母位于锚环中部，钢丝下料长度 L，可按图 5.28 所示，用下式计算：

$$L = L_0 + 2a + 2b - 0.5(H - H_1) - \Delta L - C \tag{5.10}$$

式中　L_0——孔道长度；

a——锚板厚度；

b——钢丝镦头留量，取钢丝直径 2 倍；

H——锚杯高度；

H_1——螺母高度；

ΔL——张拉时钢丝伸长值；

C——混凝土弹性压缩（若很小时可忽略不计）。

为了保证张拉时各钢丝应力均匀，用锥形螺杆锚具和镦头锚具的钢丝束，要求钢丝每根长度要相等。下料长度相对误差要控制在 $L/5\,000$ 以内且不大于 5 mm。因此下料时应在应力状态下切断下料，下料的控制应力为 300 MPa。

为了保证钢丝不发生扭结，必须进行编束。编束前应对钢丝直径进行测量，直径相对误差不得超过 0.1 mm，以保证成束钢丝与锚具可靠连接。采用锥形螺杆锚具时，编束工作在平整的场地上把钢丝理顺放平，用 22 号铁丝将钢丝每隔 1 m 编成帘子状，然后每隔 1 m 放置 1 个螺旋衬圈，再将编好的钢丝帘绕衬圈围成圆束，用铁丝绑扎牢固，如图 5.29 所示。

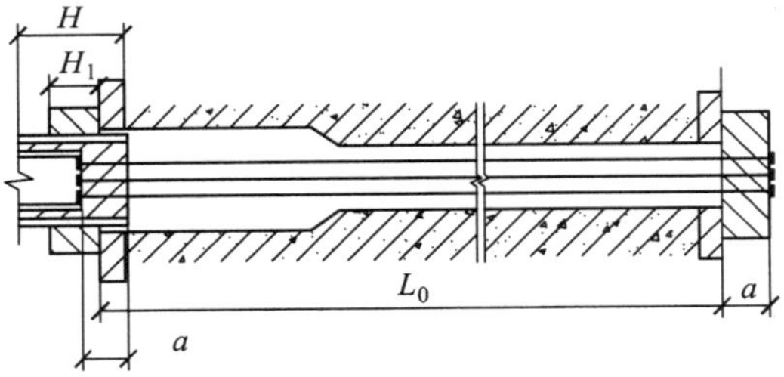

图 5.28　用镦头锚具时钢丝下料长度计算简图

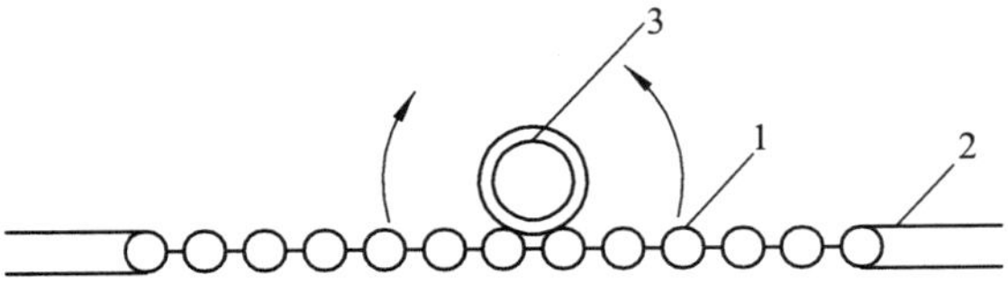

图 5.29　钢丝束的编束

1—钢丝；2—铅丝；3—衬圈

当采用镦头锚具时，根据钢丝分圈布置的特点，编束时首先将内圈和外圈钢丝分别用铁丝顺序编扎，然后将内圈钢丝放在外圈钢丝内扎牢。编束好后，先在一端安装锚杯并完成镦头工作，另一端钢丝的镦头，待钢丝束穿过孔道安装上锚板后再进行。

三、后张法施工工艺

后张法施工工艺与预应力施工有关的主要是孔道留设、预应力筋张拉和孔道灌浆三部分，图 5.30 为后张法工艺流程图。

（一）孔道留设

后张法构件中孔道留设一般采用钢管抽芯法、胶管抽芯法、预埋管法。预应力筋的孔道形状有直线、曲线和折线三种。钢管抽芯法只用于直线孔道，胶管抽芯法和预埋管法则适用于直线、曲线和折线孔道。

孔道的留设是后张法构件制作的关键工序之一。所留孔道的尺寸与位置应正确，孔道要平顺，端部的预埋钢板应垂直于孔中心线。孔道直径一般应比预应力筋的接头外径或需穿入孔道锚具外径大 10 ~ 15 mm，以利于穿入预应力筋。

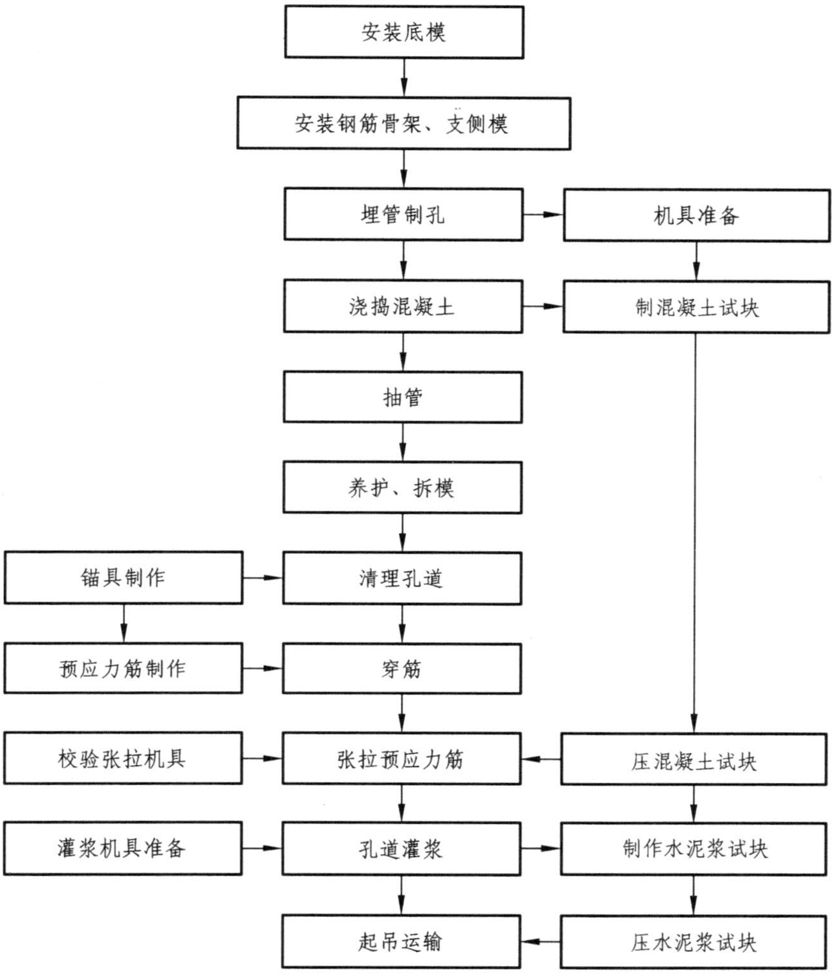

图 5.30　后张法施工工艺流程图

1. 钢管抽芯法

将钢管预先埋设在模板内孔道位置，在混凝土浇筑和养护过程中，每隔一定时间要慢慢转动钢管一次，以防止混凝土与钢管黏结。在混凝土初凝后、终凝前抽出钢管，即在构件中形成孔道。为保证预留孔道质量，施工中应注意以下几点：

（1）钢管要平直，表面光滑，安放位置准确。钢管不直，在转动及拔管时易将混凝土管壁挤裂。钢管预埋前应除锈、刷油，以便抽管。钢管的位置固定一般用钢筋井字架，井字架间距一般为 1 ~ 2 m。在灌筑混凝土时，应防止振动器直接接触钢管，以免产生位移。

（2）钢管每根长度最好不超过 15 m，以便旋转和抽管。钢管两端应各伸出构件 500 mm 左右。较长构件可用两根钢管接长，两根钢管接头处可用 0.5 mm 厚铁皮做成的套管连接，如图 5.31 所示。套管内表面要与钢管外表面紧密结合，以防漏浆堵塞孔道。

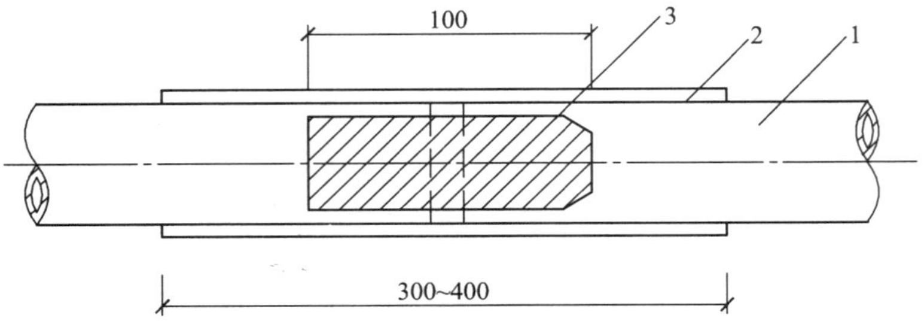

图 5.31　钢管连接方式

1—钢管；2—铁皮套筒；3—硬木塞

（3）恰当地掌握抽管时间：抽管时间与水泥品种、气温和养护条件有关。抽管宜在混凝土终凝前、初凝后进行，以用手指按压混凝土表面不显指纹时为宜。常温下抽管时间一般在混凝土浇筑后 3 ~ 6 h。抽管时间过早，会造成坍孔事故；太晚，混凝土与钢管黏结牢固，抽管困难，甚至抽不出来。

（4）抽管顺序和方法：抽管顺序宜先上后下进行。抽管时速度要均匀。边抽边转，并与孔道保持在一直线上。抽管后，应及时检查孔道，并做好孔道清理工作，以免增加以后穿筋的困难。

（5）灌浆孔和排气孔的留设：由于孔道灌浆需要，每个构件与孔道垂直的方向应留设若干个灌浆孔和排气孔，孔距一般不大于 12 m，孔径为 20 mm，可用木塞或白铁皮管成孔。

2. 胶管抽芯法

留设孔道用的胶管一般有5层或7层夹布管和供预应力混凝土专用的钢丝网橡皮管两种。前者必须在管内充气或充水后才能使用。后者质硬，且有一定弹性，预留孔道时与钢管一样使用。下面介绍常用的夹布胶管留设孔道的方法。

胶管采用钢筋井字架固定，间距不宜大于 0.5 m，并与钢筋骨架绑扎牢。然后充水（或充气）加压到 0.5 ~ 0.8 N/mm^2，此时胶管直径可增大约 3 mm。待混凝土初凝后，放出压缩空气或压力水，胶管直径变小并与混凝土脱离，以便于抽出形成的孔道。为了保证留设孔道质量，使用时应注意以下几个问题：

胶管必须有良好的密封装置，勿使漏水、漏气。密封的方法是将胶管一端外表面削去 1 ~ 3 层胶皮及帆布，然后将外表面带有粗丝扣的钢管（钢管一端用铁板密封焊牢）插入胶管端头孔内，再用 20 号铅丝与胶管外表面密缠牢固，铅丝头用锡焊牢。胶管另一端接上阀门，其方法与密封端基本相同。

胶管接头处理，图 5.32 所示为胶管接头方法。图中 1 mm 厚钢管用无缝钢管加工而成。其内径等于或略小于胶管外径，以便于打入硬木塞后起到密封作用。铁皮套管与胶管外径相等或稍大（在 0.5 mm 左右），以防止在振捣混凝土时胶管受振外移。

抽管时间和顺序：抽管时间比钢管略迟。一般可参照气温和浇筑后的小时数的乘积达 200 °C · h 左右。抽管顺序一般为先上后下，先曲后直。

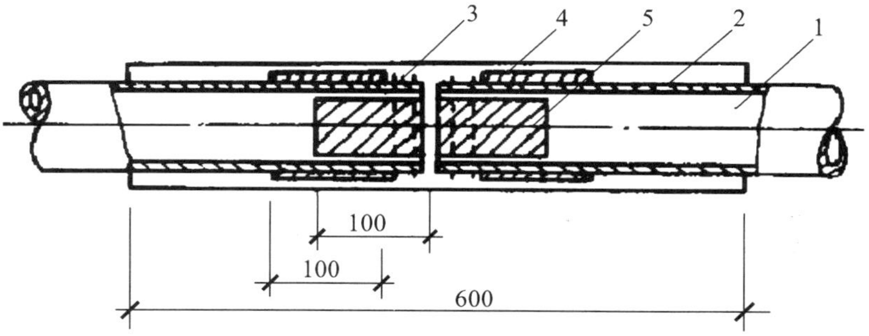

图 5.32　胶管接头

1—胶管；2—白铁皮套筒；3—钉子；4—1 mm 厚钢管；5—硬木塞

3. 预埋管法

预埋管法是利用与孔道直径相同的金属波纹管埋在构件中，无需抽出，一般采用黑铁皮管、薄钢管或镀锌双波纹金属软管制作。预埋管法因省去抽管工序，且孔道留设的位置，形状也易保证，故目前应用较为普遍。金属波纹管质量轻、刚度好、弯折方便且与混凝土黏结好。金属波纹管每根长 4～6 m，也可根据需要，现场制作，其长度不限。波纹管在 1 kN 径向力作用下不变形，使用前应作灌水试验，检查有无渗漏现象。

波纹管的固定，采用钢筋井字架，间距不宜大于 0.8 m，曲线孔道时应加密，并用铁丝绑扎牢。波纹管的连接，可采用大一号同型波纹管，接头管长度应大于 200 mm，用密封胶带或塑料热塑管封口。

（二）预应力筋张拉

用后张法张拉预应力筋时，混凝土强度应符合设计要求，如设计无规定时，不应低于设计强度等级的 75%。

1. 张拉控制应力

张拉控制应力越高，建立的预应力值就越大，构件抗裂性越好。但是张拉控制应力过高，构件使用过程经常处于高应力状态，构件出现裂缝的荷载与破坏荷载很接近，往往构件破坏前没有明显预兆，而且当控制应力过高，构件混凝土预压应力过大而导致混凝土的徐变应力损失增加。因此控制应力应符合设计规定。在施工中预应力筋需要超张拉时，可比设计要求提高 5%，但其最大张拉控制应力不得超过表 5.1 的规定。

为了减少预应力筋的松弛损失，预应力筋的张拉程序可为：

$$0 \longrightarrow 1.05\sigma_{con} \xrightarrow{\text{持荷 2 min}} \sigma_{con}$$

或

$$0 \longrightarrow 1.03\sigma_{con}$$

2. 张拉顺序

张拉顺序应使构件不扭转与侧弯，不产生过大偏心力，预应力筋一般应对称张拉。对配有多根预应力筋构件，不可能同时张拉时，应分批、分阶段对称张拉，张拉顺序应符合设计要求。

分批张拉时，由于后批张拉的作用力，混凝土再次产生弹性压缩导致先批预应力筋应力下降。此应力损失可按下式计算后加到先批预应力筋的张拉应力中去。分批张拉的损失也可以采取对先批预应力筋逐根复位补足的办法处理。

$$\Delta\sigma=\frac{E_s(\sigma_{con}-\sigma_1)A_p}{E_c A_n} \tag{5.11}$$

式中　$\Delta\sigma$——先批张拉钢筋应增加的应力；

E_s——预应力筋弹性模量；

σ_{con}——控制应力；

σ_1——后批张拉预应力筋的第一批预应力损失（包括锚具变形后和摩擦损失）；

E_c——混凝土弹性模量；

A_p——后批张拉的预应力筋面积；

A_n——构件混凝土净截面面积（包括构造钢筋折算面积）。

【例 5.2】 某屋架下弦截面面积尺寸为 240 mm × 220 mm，有 4 根预应力筋；预应力筋采用 HRB 335 级钢筋，直径为 25 mm，张拉控制应力 $\sigma_{con}=0.85f_{pyk}=0.85\times500=425\ \text{N/mm}^2$。采用 $0\to1.03\sigma_{con}$ 张拉程序，沿对角线分两批对称张拉，屋架下弦杆构造配筋为 4ϕ10，孔道直径为 $D=48$ mm，试计算第一批预应力筋张拉应力增加值 A_t。

解： 采用两台 YL60 千斤顶，考虑到第二批张拉对第一批预应力筋的影响，则第一批预应力筋张拉应力应增加 A_t。

$$\Delta\sigma=\frac{E_s(\sigma_{con}-\sigma_1)A_p}{E_c\cdot A_n}$$

式中

$$E_s=180\ 000\ \text{N/mm}^2,\quad E_c=32\ 500\ \text{N/mm}^2,\quad \sigma_{con}=425\ \text{N/mm}^2$$

$$\sigma_1=28\ \text{N/mm}^2\ \text{（计算略去）},\quad A_p=491\times2=982\ \text{mm}^2$$

$$A_n=240\times220-4\times\frac{\pi\times48^2}{4}+4\times78.5\times\frac{200\ 000}{32\ 500}=47\ 498\ \text{mm}^2$$

代入计算公式：

$$\Delta\sigma=\frac{180\ 000\times(425-28)\times982}{32\ 500\times47\ 498}=45.4\ \text{N/mm}^2$$

则第一批预应力筋张拉应力为：

$$(425+45.4)\times1.03=485>0.9f_{pyk}=450\ \text{N/mm}^2$$

上述计算表明，分批张拉的影响若计算补加到先批预应力筋张拉应力中，将使张拉应力过大，超过了规范规定，故采取重复张拉补足的办法。

【例 5.3】 上例中，若 $\Delta\sigma = 12\ \text{N/mm}^2$，试计算第一批、第二批预应力筋的张拉力及油压表读数。

解： 当采用超张拉 $\Delta\sigma$ 时钢筋的应力为：

$$1.03\times(425-\text{hl2})=450\ \text{N/mm}^2=0.9f_{\text{pyk}}$$

故第一批筋可超张拉 $\Delta\sigma$

第一批的张拉力为：

$$N=1.03\times(425+12)\times491=221\ \text{kN}$$

油压表读数为：

$$P=\frac{221\,000}{16\,200}=13.64\ \text{N/mm}^2\text{（活塞面积 }16\,200\ \text{mm}^2\text{）}$$

第二批筋的张拉力为：

$$N=1.03\times425\times491=214.9\ \text{kN}$$

油压表读数为：

$$P=\frac{214\,900}{16\,200}=13.3\ \text{N/mm}^2$$

3. 叠层构件的张拉

对叠浇生产的预应力混凝土构件，上层构件产生的水平摩阻力会阻止下层构件预应力筋张拉时混凝土弹性压缩的自由变形，当上层构件吊起后，由于摩阻力影响消失，将增加混凝土弹性压缩变形，因而引起预应力损失。该损失值与构件形式、隔离层和张拉方式有关。为了减少和弥补该项预应力损失，可自上而下逐层加大张拉力，底层张拉力不宜比顶层张拉力大 5%（钢丝、钢绞线、热处理钢筋）且不得超过表 5.1 规定。

为了使逐层加大的张拉力符合实际情况，最好在正式张拉前对某叠层第一、第二层构件的张拉压缩量进行实测，然后按下式计算各层应增加的张拉力。

$$\Delta N=(n-1)\frac{\varDelta_1-\varDelta_2}{L}E_{\text{s}}A_{\text{p}} \tag{5.12}$$

式中 ΔN——层间摩阻力；

n——构件所在层数（自上而下计）；

$\varDelta_1$——第一层构件张拉压缩值；

$\varDelta_2$——第二层构件张拉压缩值；

L——构件长度；

E_{s}——预应力筋弹性模量；

A_{p}——预应力筋截面面积。

此外，为了减少叠层摩阻应力损失，应进一步改善隔离层的性能，并应限制重叠层数，一般以 3～4 层为宜。

【例 5.4】 例中的预应力屋架下弦孔道长度为 23 800 mm，4 榀屋架叠加生产，经实测第一榀屋架压缩变形值为 12 mm，第二榀屋架压缩变形值为 11 mm，计算摩阻力 ΔN 。

解：层间摩阻力为：

$$\Delta N=(n-1)\frac{\varDelta_1-\varDelta_2}{L}E_{\mathrm{s}}A_{\mathrm{p}}$$
$$=(2-1)\frac{12-11}{23\ 800}\times 180\ 000\times 982=7\ 427\ \mathrm{N}$$

则第二榀屋架张拉应力为：

$$\sigma_{\mathrm{con}}+\frac{7\ 427}{982}=0.85\times 500+7.6=433\ \mathrm{N/mm^2}$$

第三榀屋架张拉应力为：

$$433+7.6=440.6\ \mathrm{N/mm^2}$$

第四榀屋架张拉应力为：

$$440.6+7.6=448.2\ \mathrm{N/mm^2}$$

上面各榀屋架预应力的张拉力都满足不超过 0.90 f_{ptk}（450 $\mathrm{mm^2}$）的要求。

4. 张拉端的设置

为了减少预应力筋与预留孔壁摩擦引起的预应力损失，对于抽芯成形孔道，曲线预应力筋和长度大于 24 m 的直线预应力筋，应在两端张拉；对长度等于或小于 24 m 的直线预应力筋，可在一端张拉；预埋波纹管孔道，对于曲线预应力筋和长度大于 30 m 的直线预应力筋，宜在两端张拉；对于长度小于 30 m 的直线预应力筋可在一端张拉。当同一截面中有多根一端张拉的预应力筋时，张拉端宜分别设在构件的两端，以免构件受力不均匀。

5. 预应力值的校核和伸长值的测定

为了了解预应力值建立的可靠性，需对预应力筋的应力及损失进行检验和测定，以便使张拉时补足和调整预应力值。检验应力损失最方便的办法是，在预应力筋张拉 24 小时后孔道灌浆前重拉一次，测读前后两次应力值之差，即为钢筋预应力损失（并非应力损失全部，但已完成很大部分）。预应力筋张拉锚固后，实际预应力值与工程设计规定检验值的相对允许偏差为 ± 5%。

在测定预应力筋伸长值时，须先建立 10% σ_{con} 的初应力，预应力筋的伸长值，也应从建立初应力后开始测量，但须加上初应力的推算伸长值，推算伸长值可根据预应力弹性变形呈直线变化的规律求得。例如某筋应力自 0.2 σ_{con} 增至 0.3 σ_{con} 时，其变形为 4 mm，即应力每增加 0.1 σ_{con} 变形增加 4 mm，故该筋初应力 10% σ_{con} 时的伸长值为 4 mm。对后张法尚应扣除混凝土构件在张拉过程中的弹性压缩值。预应力筋在张拉时，通过伸长值的校核，可以综合反映出张拉应力是否满足，孔道摩阻损失是否偏大，以及预应力筋是否有异常现象等。如实际伸长值与计算伸长值的偏差超过 ± 6%时，应暂停张拉，分析原因后采取措施。

（三）孔道灌浆

预应力筋张拉完毕后，应进行孔道灌浆。灌浆的目的是防止钢筋锈蚀，增加结构的整体性和耐久性，提高结构抗裂性和承载力。

灌浆用的水泥浆应有足够强度和黏结力，且应有较好的流动性，较小的干缩性和泌水性，水灰比控制在 0.4 ~ 0.45，搅拌后 3 h 泌水率宜控制在 2%，最大不得超过 3%，对孔隙较大的孔道，可采用砂浆灌浆。

为了增加孔道灌浆的密实性，在水泥浆或砂浆内可掺入对预应力筋无腐蚀作用的外加剂。如掺入占水泥重量 0.25%的本质素磺酸钙，或掺入占水泥重量 05%的铝粉。

灌浆用的水泥浆或砂浆应过筛，并在灌浆过程中不断搅拌，以免沉淀析水。灌浆前，用压力水冲洗和湿润孔道。用电动或手动灰浆泵进行灌浆。灌浆工作应连续进行，不得中断。并应防止空气压入孔道而影响灌浆质量。灌浆压力以 0.5 ~ 0.6 MPa 为宜。灌浆顺序应先下后上，以避免上层孔道漏浆时把下层孔道堵塞。

当灰浆强度达到 15 N/mm^2 时，方能移动构件，灰浆强度达到 100%设计强度时，才允许吊装。

第三节　无黏结预应力施工工艺

无黏结预应力是指在预应力构件中的预应力筋与混凝土没有黏结力，预应力筋张拉力完全靠构件两端的锚具传递给构件。具体做法是预应力筋表面刷涂料并包塑料布（管）后，将其铺设在支好的构件模板内，并浇筑混凝土，待混凝土达到规定强度后进行张拉锚固。它属于后张法施工。

无黏结预应力具有不需要预留孔道、穿筋、灌浆等复杂工序，施工程序简单，加快了施工速度。同时摩擦力小，且易弯成多跨曲线型，特别适用于大跨度的单、双向连续多跨曲线配筋梁板结构和屋盖。

一、无黏结预应力筋制作

（一）无黏结预应力筋的组成及要求

无黏结预应力筋主要由预应力钢材、涂料层、外包层和锚具组成，如图 5.33 所示。

无黏结预应力筋所用钢材主要有消除应力钢丝和钢绞线。钢丝和钢绞线不得有死弯，有死弯时必须切断，每根钢丝必须通长，严禁有接点。预应力筋的下料长度计算，应考虑构件长度、千斤顶长度、镦头的预留量、弹性回弹值、张拉伸长值、钢材品种和施工方法等因素。具体计算方法与有黏结预应力筋计算方法基本相同。

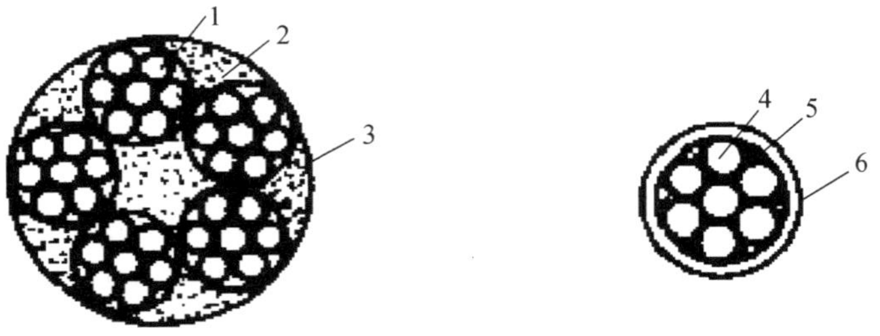

（a）无黏结钢绞线束　　　　（b）无黏结钢丝束或单根钢绞线

图 5.33　无黏结筋横截面示意图

1—钢绞线；2—沥青涂料；3—塑料布外包层；4—钢丝；
5—油脂涂料；6—塑料管、外包层

预应力筋下料时，宜采用砂轮锯或切断机切断，不得采用电弧切割。钢丝束的钢丝下料应采用等长下料。钢绞线下料时，应在切口两侧用 20 号或 22 号钢丝预先绑扎牢固，以免切割后松散。

涂料层的作用是使预应力筋与混凝土隔离，减少张拉时的摩擦损失，防止预应力筋腐蚀等。常用的涂料主要有防腐沥青和防腐油脂。涂料应有较好的化学稳定性和韧性；在 $-20\sim+70$ °C 温度内应不开裂、不变脆、不流淌，能较好地黏附在钢筋上；涂料层应不透水、不吸湿、润滑性好、摩阻力小。

外包层主要由塑料带或高压聚乙烯塑料管制作而成。外包层应在 $-20\sim+70$ °C 温度内不脆化、化学稳定性高，抗破损性强和具有足够的韧性，防水性好且对周围材料无侵蚀作用。塑料使用前必须烘干或晒干，避免成型过程中由于气泡引起塑料表面开裂。

单根无黏结筋制作时，宜优先选用防腐油脂作涂料层，外包层应用塑料注塑机注塑成形。防腐油脂应充足饱满，外包层与涂油预应力筋之间有一定的间隙，使预应力筋能在塑料套管中任意滑动。成束无黏结预应力筋可用防腐沥青或防腐油脂作涂料层。当使用防腐沥青时，应用密缠塑料带作外包层，塑料带各圈之间的搭接宽度应不小于带宽的 1/2，缠绕层数不小于 4 层。

制作好的预应力筋可以直线或盘圆运输、堆放。存放地点应设有遮盖棚，以免日晒雨淋。装卸堆放时，应采用软钢绳绑扎并在吊点处垫上橡胶衬垫，避免塑料套管外包层遭到损坏。

（二）锚　具

无黏结预应力构件中，预应力筋的张拉力主要是靠锚具传递给混凝土的。因此，无黏结预应力筋的锚具不仅受力比有黏结预应力筋的锚具大，而且承受的是重复荷载。无黏结筋的锚具性能应符合 I 类锚具的规定。

预应力筋为高强钢丝时，主要是采用镦头锚具。预应筋为钢绞线时，可采用 XM 型锚具和 QM 型锚具，XM 型和 QM 型锚具可夹持多根 ϕ15 或 ϕ12 钢绞线，或 7 mm × 5 mm、7 mm × 4 mm 平行钢丝束，以适应不同的结构要求。

（三）成型工艺

1. 涂包成型工艺

涂包成型工艺可以采用手工操作完成内涂刷防腐沥青或防腐油脂，外包塑料布。也可以在缠纸机上连续作业，完成编束、涂油、镦头、缠塑料布和切断等工序。缠纸机的工作示意图如图 5.34 所示。

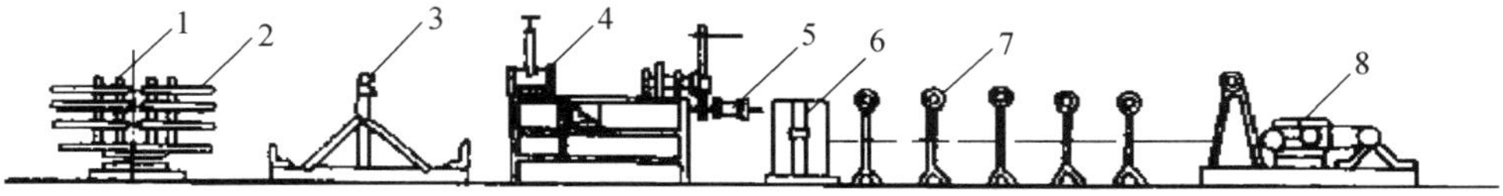

图 5.34　无黏结预应力筋缠纸工艺流程图

1—放线盘；2—盘圆钢丝；3—梳子板；4—油枪；5—塑料布卷；6—切断机；7—滚道台；8—牵引装置

无黏结预应力筋制作时，钢丝放在放线盘上，穿过梳子板汇成钢丝束，通过油枪均匀涂油后穿入锚环用冷镦机冷镦锚头，带有锚环的成束钢丝用牵引机向前牵引，同时开动装有塑料条的缠纸转盘，钢丝束一边前进一边进行缠绕塑料布条工作。当钢丝束达到需要长度后，进行切割，成为一完整的无黏结预应力筋。

2. 挤压涂塑工艺

挤压涂塑工艺主要是钢丝通过涂油装置涂油，涂油钢丝束通过塑料挤压机涂刷聚乙烯或聚丙烯塑料薄膜，再经冷却成型，形成塑料套管。此法涂包质量好，生产效率高，适用于大规模生产的单根钢绞线和 7 根钢丝束。挤压涂塑流水工艺如图 5.35 所示。

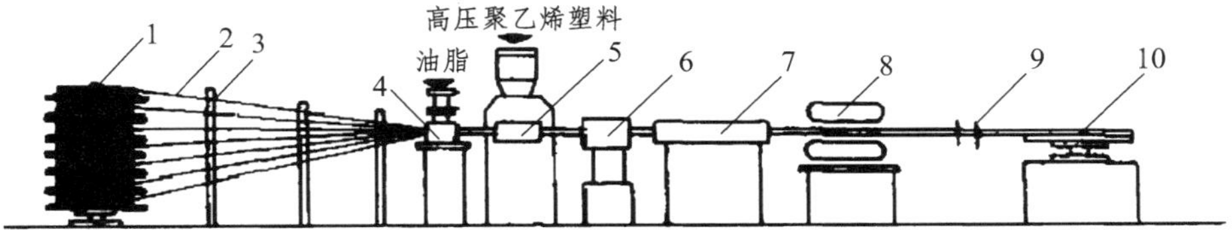

图 5.35　挤压涂层工艺流水线图

1—放线盘；2—钢丝；3—梳子板；4—给油装置；5—塑料挤压机机头；6—风冷装置；7—水冷装置；8—牵引机；9—定位支架；10—收线盘

二、无黏结预应力施工工艺

下面主要叙述无黏结预应力构件制作工艺中的几个主要问题。

（一）预应力筋的铺设

无黏结预应力筋铺设前应检查外包层完好程度，对有轻微破损者，用塑料带补包好，对破损严重者应予以报废。双向预应力筋铺设时，应先铺设下面的预应力筋，再铺设上面的预应力筋，以免预应力筋相互穿插。

无黏结预应力筋应严格按设计要求的曲线形状就位固定牢固。可用短钢筋或混凝土垫块等架起控制标高，再用铁丝绑扎在非预应力筋上。绑扎点间距不大于 1 m，钢丝束的曲率控制可用铁马凳控制，马凳间距不宜大于 2 m。

（二）预应力筋的张拉

预应力筋张拉时，混凝土强度应符合设计要求，当设计无要求时，混凝土的强度应达到设计强度的 75%方可开始张拉。

张拉程序一般采用 0 ~ 103% σ_{con} 以减少无黏结预应力筋的松弛损失。

张拉顺序应根据预应力筋的铺设顺序进行，先铺设的先张拉，后铺设的后张拉。

当预应力筋的长度小于 25 m 时，宜采用一端张拉；若长度大于 25 m 时，宜采用两端张拉；长度超过 50 m 时，宜采取分段张拉。

预应力平板结构中，预应力筋往往很长，如何减少其摩阻损失值是重要的问题。

影响摩阻损失值的主要因素是润滑介质、外包层和预应力筋截面形式。其中润滑介质和外包层的摩阻损失值，对一定的预应力束而言是个定值，相对稳定。

而截面形式则影响较大，不同截面形式其离散性不同，但如能保证截面形状在全长内一致，则其摩阻损失值就能在很小范围内波动。否则，因局部阻塞就可能导致其损失值无法测定。摩阻损失值，可用标准测力计或传感器等测力装置进行测定。施工时，为降低摩阻损失值，宜采用多次重复张拉工艺。成束无黏结筋正式张拉前，一般先用千斤顶往复抽动 1 ~ 2 次。张拉过程中，严防钢丝被拉断，要控制同一截面的断裂根数不得大于 2%。

预应力筋的张拉伸长值应按设计要求进行控制。

（三）预应力筋端部处理

1. 张拉端处理

预应力筋端部处理取决于无黏结筋和锚具种类。

锚具的位置通常从混凝土的端面缩进一定的距离，前面做成一个凹槽，待预应力筋张拉锚固后，将外伸在锚具外的钢绞线切割到规定的长度，即要求露出夹片锚具外长度不小于 30 mm，然后在槽内壁涂以环氧树脂类黏结剂，以加强新老材料间的黏结，再用后浇膨胀混凝土或低收缩防水砂浆或环氧砂浆密封。

在对凹槽填砂浆或混凝土前，应预先对无黏结筋端部和锚具夹持部分进行防潮、防腐封闭处理。

无黏结预应力筋采用钢丝束镦头锚具时，其张拉端头处理如图 5.36 所示，其中塑料套筒供钢丝束张拉时锚环从混凝土中拉出来用，软塑料管是用来保护无黏结钢丝末端因穿锚具而损坏的塑料管。无黏结钢丝的锚头防腐处理，应特别重视。当锚环被拉出后，塑料套筒内产生空隙，必须用油枪通过锚环的注油孔向套筒内注满防腐油脂，灌油后将外露锚具封闭好，避免长期与大气接触造成锈蚀。

采用无黏结钢绞线夹片式锚具时，张拉端头构造简单，无须另加设施。张拉端头钢绞线预留长度不小于 150 mm，多余割掉，然后在锚具及承压板表面涂以防水涂料，再进行封闭。锚固区可以用后浇的钢筋混凝土圈梁封闭，将锚具外伸的钢绞线散开打弯，埋在圈梁内加强锚固，如图 5.37 所示。

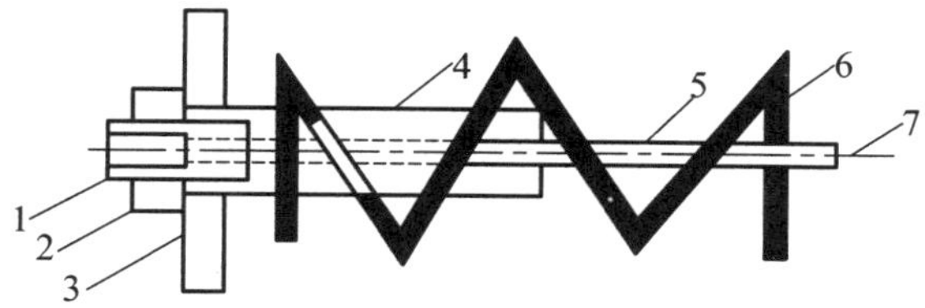

图 5.36　镦头锚固系统张拉端

1—锚环；2—螺母；3—承压板；4—塑料套筒；
5—软塑料管；6—螺旋筋；7—无黏结筋

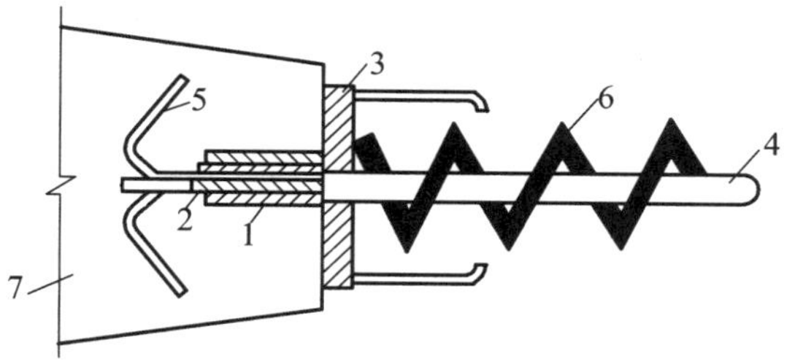

图 5.37　夹片式锚具张拉端处理

1—锚环；2—夹片；3—承压板；4—无黏结筋；5—散开打弯钢丝；
6—螺旋筋；7—后浇混凝土

2. 固定端处理

无黏结筋的固定端可设置在构件内。

大的镦头锚板，并用螺旋筋加强，如图 5.38（a）所示。施工中如端头无结构配筋时，需要配置构造钢筋，使固定端板与混凝土之间有可靠锚固性能。当采用无黏结钢绞线时，锚固端可采用压花成型，如图 5.38（b）所示，埋置在设计部位。这种做法的关键是张拉前锚固端的混凝土强度等级必须达到设计强度（≥C30）才能形成可靠的黏结式锚头。

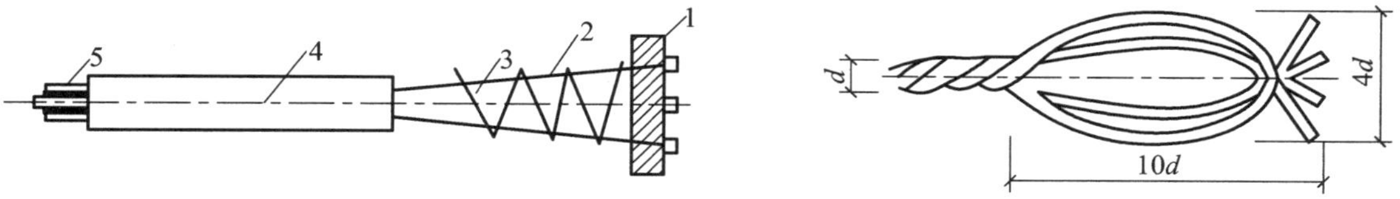

（a）无黏结钢丝束固定端　　　　（b）钢绞线固定端

图 5.38　无黏结筋固定端详图

1—锚板；2—钢丝；3—螺旋筋；4—软塑料管；5—无黏结钢丝束

第四节　预应力混凝土施工质量检查与安全措施

一、质量检查

混凝土工程的施工质量检验应按主控项目、一般项目规定的检验方法进行检验。

（一）主控项目

（1）预应力筋进场时，应按现行国家标准《预应力混凝土用钢绞线》（GB/T 5224）的规定抽取试件作力学性能检验，其质量必须符合有关标准的规定。

检查数量：按进场的批次和产品的抽样检验方案确定。

检验方法：检查产品合格证、出厂检验报告和进场复检报告。

（2）无黏结预应力筋的涂包质量应符合无黏结预应力钢绞线标准的规定。

检查数量：每 60 t 为一批，每批抽取一组试件。

检验方法：观察，检查产品合格证、出厂检验报告和进场复验报告。

（3）预应力筋用锚具、夹具和连接器应按设计要求采用，其性能应符合现行国家标准《预应力筋用锚具、夹具和连接器》（GB/T 14370）等的规定。

孔道灌浆用水泥应采用普通硅酸盐水泥，其质量应符合有关规范的规定。孔道灌浆用外加剂的质量应符合有关规范的规定。

检查数量：按进场批次和产品的抽样检验方案确定。

检验方法：检查产品合格证、出厂检验报告和进场复验报告。

（4）预应力筋安装时，其品种、级别、规格、数量必须符合设计要求。

先张法预应力施工时应选用非油质类模板隔离剂，并应避免玷污预应力筋。施工过程中应避免电火花损伤预应力筋；受损伤的预应力筋应予以更换。

检查数量：全数检查。

检验方法：观察，钢尺检查。

（5）预应力筋张拉或放张时，混凝土强度应符合设计要求；当设计无具体要求时，不应低于设计的混凝土立方体抗压强度标准值的 75%。

检查数量：全数检查。

检验方法：检查同条件养护试件试验报告。

（6）预应力筋的张拉力、张拉或放张顺序及张拉工艺应符合设计及施工技术方案的要求，并应符合《混凝土结构施工质量验收规范》（GB 50204）规定。

检查数量：全数检查。

检验方法：检查张拉记录。

（7）预应力筋张拉锚固后实际建立的预应力值与工程设计规定检验值的相对允许偏差为 5%。

检查数量：对先张法施工，每工作班抽查预应力筋总数的 1%，且不少于 3 根；对后张法施工，在同一检验批内，抽查预应力筋总数的 3%，且不少于 5 束。

检验方法：对先张法施工，检查预应力筋应力检测记录；对后张法施工，应见证检查张拉记录。

（8）张拉过程中应避免预应力筋断裂或滑脱，当发生断裂或滑脱时，必须符合下列规定：对后张法预应力结构构件。断裂或滑脱的数量严禁超过同一截面预应力筋总根数的 3%，且每束钢丝不得超过 1 根；对多跨双向连续板，其同一截面应按每跨计算；对先张法预应力构件，在浇筑混凝土前发生断裂或滑脱的预应力筋必须予以更换。

检查数量：全数检查。

检验方法：观察，检查张拉记录。

（9）后张法有黏结预应力筋张拉后应尽早进行孔道灌浆，孔道内水泥浆应饱满、密实。

检查数量：全数检查。

检验方法：观察，检查灌浆记录。

（10）锚具的封闭保护应符合设计要求；当设计无具体要求时，应符合下列规定：应采取防止锚具腐蚀和遭受机械损伤的有效措施；凸出式锚固端锚具的保护层厚度不应小于 50 mm；外露预应力筋的保护层厚度：处于正常环境时，不应小于 20 mm；处于易受腐蚀的环境时，不应小于 50 mm。

检查数量：在同一检验批内，抽查预应力筋总数的 5%，且不少于 5 处。

检验方法：观察，钢尺检查。

（二）一般项目

（1）预应力筋使用前应进行外观检查，要求：有黏结预应力筋展开后应平顺，不得有弯折，表面不应有裂纹、小刺、机械损伤、氧化铁皮和油污等；无黏结预应力筋护套应光滑，无裂缝，无明显褶皱。

预应力筋用锚具、夹具和连接器使用前应进行外观检查，其表面应无污物、锈蚀、机械损伤和裂纹。

预应力混凝土用金属螺旋管在使用前应进行外观检查，其内外表面应清洁，无锈蚀，不应有油污、孔洞和不规则的褶皱，咬口不应有开裂或脱扣。

检查数量：全数检查。

检验方法：观察。

（2）预应力混凝土用金属螺旋管的尺寸和性能应符合国家现行标准《预应力混凝土用金属螺旋管》（JG/T 3013）的规定。

检查数量：按进场批次和产品的抽样检验方案确定。

检验方法：检查产品合格证、出厂检验报告和进场复验报告。

（3）预应力筋应采用砂轮锯或切断机切断，不得采用电弧切割。当钢丝束两端采用镦头锚具时，同一束中各根钢丝长度的极差不应大于钢丝长度的 1/5 000，且不应大于 5 mm；成组张拉长度不大于 10 m 的钢丝时，同组钢丝长度的极差不得大于 2 mm。

检查数量：每工作班抽查预应力筋总数的 3%，且不少于 3 束。

检验方法：观察，钢尺检查。

（4）预应力筋端部锚具的制作质量应符合下列要求：挤压锚具制作时压力表油压应符合操作说明书的规定，挤压后预应力筋外端应露出挤压套筒。

（5）钢绞线压花锚成形时，表面应清洁、无油污，梨形头尺寸和直线段长度应符合设计要求；钢丝镦头的强度不得低于钢丝强度标准值的 98%。

检查数量：对挤压锚，每工作班抽查 5%，且不应少于 5 件；对压花锚，每工作班抽查 3 件；对钢丝镦头强度，每批钢丝检查 6 个镦头试件。

检验方法：观察，钢尺检查，检查镦头强度试验报告。

（6）后张法有黏结预应力筋预留孔道的规格、数量、位置和形状应符合设计要求和规范规定。

检查数量：全数检查。

检验方法：观察，钢尺检查。

（7）预应力筋束形控制点的竖向位置偏差应符合表 5.4 的规定。

表 5.4　束形控制点的竖向位置允许偏差

截面高（厚）度/mm	$A<300$	$300<A<1\ 500$	$A>1\ 500$
允许偏差/mm	±5	±10	±15

注：束形控制点的竖向位置偏差合格点率应达到 90%及以上，且不得有超过表中数值 1.5 倍的尺寸偏差。

检查数量：在同一检验批内，抽查各类型构件中预应力筋总数的 5%，且对各类型构件均不少于 5 束，每束不应少于 5 处。

检验方法：钢尺检查。

（8）无黏结预应力筋的铺设除应符合上条的规定外，尚应符合下列要求：无黏结预应力筋的定位应牢固，浇筑混凝土时不应出现移位和变形；端部的预埋锚垫板应垂直于预应力筋；内埋式固定端垫板不应重叠，锚具与垫板应贴紧；无黏结预应力筋成束布置时应能保证混凝土密实并能裹住预应力筋；无黏结预应力筋的护套应完整，局部破损处应采用防水胶带缠绕紧密。

检查数量：全数检查。

检验方法：观察。

（9）浇筑混凝土前穿入孔道的后张法有黏结预应力筋，宜采取防止锈蚀的措施。

检查数量：全数检查。

检验方法：观察。

（10）先张法预应力筋张拉后与设计位置的偏差不得大于 5 mm。且不得大于构件截面短边边长的 4%。

锚固阶段张拉端预应力筋的内缩量应符合设计要求；当设计无具体要求时，应符合表 5.5 的规定。

表 5.5　张拉端预应力筋的内缩量限值

锚具类别		内缩量限值/mm
支承式锚具（镦头锚具等）	螺帽缝隙	1
	每块后加垫板的缝隙	1
锥塞式锚具		5
夹片式锚具	有顶压	5
	无顶压	6～8

检查数量：每工作班抽查预应力筋总数的 3%，且不少于 3 束。

检验方法：钢尺检查。

（11）后张法预应力筋锚固后的外露部分宜采用机械方法切割，其外露长度不宜小于预应力筋直径的 1.5 倍，且不宜小于 30 mm。

检查数量：在同一检验批内，抽查预应力筋总数的 3%，且不少于 5 束。

检验方法：观察，钢尺检查。

（12）灌浆用水泥浆的水灰比不应大于 0.45，搅拌后 3 h 泌水率不宜大于 2%，且不应大于 3%。泌水应能在 24 h 内全部重新被水泥浆吸收。

检查数量：同一配合比检查一次。

检验方法：检查水泥浆性能试验报告。

（13）灌浆用水泥浆的抗压强度不应小于 30 N/mm^2。

检查数量：每工作班留置一组边长为 70.7 mm 的立方体试件。

检验方法：检查水泥浆试件强度试验报告。

二、安全措施

所用张拉设备仪表，应由专人负责使用与管理，并定期进行维护与检验，设备的测定期不超过半年，否则必须及时重新测定。施工时，根据预应力筋种类等合理选择张拉设备，预应力筋的张拉力不应大于设备额定张拉力，严禁在负荷时拆换油管或压力表。按电源时，机壳必须接地，经检查绝缘可靠后，才可试运转。

先张法施工中，张拉机具与预应力筋应在一条直线上；顶紧锚塞时，用力不要过猛，以防钢丝折断。台座法生产，其两端应设有防护设施，并在张拉预应力筋时，沿台座长度方向每隔 4 ~ 5 m 设置一个防护架，两端严禁站人，更不准进入台座。

后张法施工中，张拉预应力筋时，任何人不得站在预应力筋两端，同时在千斤顶后面设立防护装置。操作千斤顶的人员应严格遵守操作规程，应站在千斤顶侧面工作。在油泵开动过程中，不得擅自离开岗位，如需离开，应将油阀全部松开或切断电路。

习　题

一、简答题

1. 什么叫先张法？什么叫后张法？比较它们的异同点。

2. 先张法对所用夹具有何要求？

3. 施加预应力的方法有几种？其预应力值是如何建立和传递的？

4 先张法长线台座由哪几部分组成？各起什么作用？如何进行台座的稳定性验算？

5. 先张法的张拉程序如何？

6. 超张拉的作用是什么？有何要求？

7. 先张法的张拉设备有哪些？

8. 预应力筋放张的条件是什么？

9. 后张法常用的锚具有哪些？对锚具有何要求？

10. 后张法孔道留设方法有哪几种？各适用于什么情况？

11. 后张法张拉设备有哪些？

12. 后张法的张拉顺序是如何确定的？

13. 预应力筋伸长值如何校核？

14. 预应力筋张拉与钢筋冷拉有何区别？

15. 分批张拉时，如何弥补混凝土弹性压缩造成的预应力损失？

16. 叠层生产的预应力损失是如何产生的？怎样弥补？

17. 孔道灌浆的作用是什么？对灌浆材料有何要求？

18. 有黏结预应力与无黏结预应力施工工艺有何区别？

19. 如何制作无黏结预应力筋？

二、计算题

1. 钢筋混凝土墩式台座，台座截面尺寸如图 5.39 所示，张拉力为 800 kN，台面宽 4 m，台面混凝土为 C20，厚为 100 mm，试验算其稳定性及台座承载力。

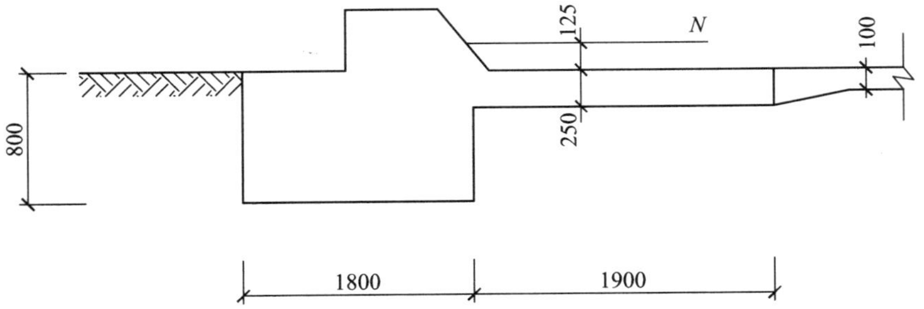

图 5.39　墩式台座尺寸

2. 某预应力混凝土屋架，采用机械后张法施工，两端采用螺丝端杆锚具，端杆长度为 320 mm，端杆外露出构件端部长度为 120 mm，孔道尺寸为 23.80 m，预应力筋为冷拉 HRB335 级钢筋，直径为 25 mm，冷拉率 4%，弹性回缩率 0.5%，每根钢筋长度为 8 m，张拉控制应力 $\sigma_{con} = 0.85 f_{pyk}$（$f_{pyk} = 500\ N/mm^2$），张拉程序为 $0 \to 1.03\sigma_{con}$，用 YC-60 穿心式千斤顶张拉，试计算：① 钢筋的下料长度；② 张拉时压力表读数。

3. 上例中，若一端张拉，固定端采用帮条锚具，长度 70 mm，冷拉钢筋控制应力为 $500\ N/mm^2$。试计算：① 钢筋的下料长度；② 预应力的冷拉力及冷拉伸长值。

4. 预应力吊车梁，孔道尺寸为 6 m，采用热处理钢筋束，6 根 $\phi^{HT}6$，采用 YC60 型千斤顶张拉，一端张拉，张拉程序为 $0 \to 1.03\sigma_{con}$，张拉控制应力为 $0.70 f_{ptk}$（$f_{ptk} = 1\,400\ N/mm^2$）。试计算钢筋的下料长度和最大张拉力。

5. 某预应力混凝土屋架，孔道长度为 23.80 mm，3 榀屋架叠层生产，下弦截面尺寸为 220 mm × 240 mm，张拉实测第一榀屋架压缩变形为 15 mm，第二榀层架压缩变形为 14 mm，试计算其摩擦阻力。

第六章
防水工程

学习目标

知识目标

了解防水工程的原理及种类，并掌握卷材防水屋面施工、刚性防水屋面施工、地下室防水施工等施工工艺，以及防水工程的施工质量验收要求与标准，并熟悉防水工程安全技术措施。

技能目标

学生能够根据不同工程部位，选择合适的防水工程施工方案，并能确定施工方法和安全措施。

素质目标

通过不同类型的工程施工工艺，培养学生现场综合组织管理能力和协调能力；通过现场实训，锻炼学生动手操作和解决实际问题的能力，培养学生的团队协作能力。

学习方法

通过实训，严格按照《防水施工实训指导书》的要求，熟悉施工工艺、质量验收标准以及安全技术规程。有条件的，联系工程实际，组织1～2次现场认识实习。

第一节　防水工程概述

一、识　图

如图 6.1 所示。

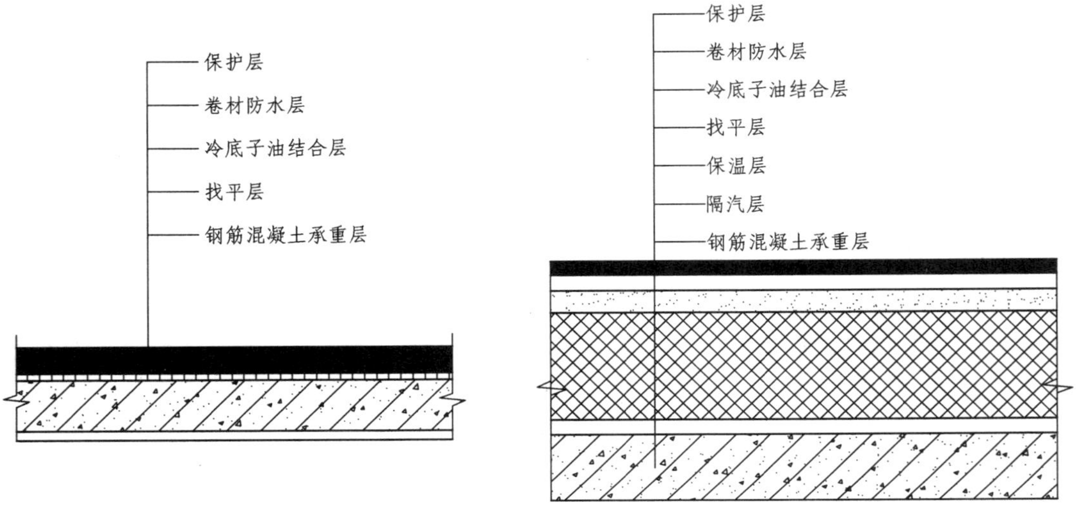

图 6.1　识图图例

二、防水工程基本概念

（一）防水工程的概念

建筑防水工程是保证建筑物（构筑物）的结构不受水的侵袭、内部空间受水的危害的一项分部工程，建筑防水工程在整个建筑工程中占有重要的地位。建筑防水工程涉及建筑物（构筑物）的地下室、墙地面、墙身、屋顶等诸多部位，其功能就是要使建筑物或构筑物在设计耐久年限内，防止雨水及生产、生活用水的渗漏和地下水的浸蚀，确保建筑结构、内部空间不受到污损，为人们提供一个舒适和安全的生活空间环境。

（二）防水工程的分类

1. 按工程防水的部位分

可分为地下防水、屋面防水、厕浴间楼地面防水、桥梁隧道防水及水池、水塔等构筑物防水等。

2. 按构造做法分

可分为结构构件的自防水、刚性防水层防水和用各种卷材、涂膜作为防水层的柔性防水。

（三）屋面防水等级和设防要求

屋面防水工程是房屋建筑的一项重要工程。根据建筑物的性质、重要程度、使用功能要求及防水层耐用年限等，将屋面防水分为四个等级，并按不同等级进行设防（表 6.1）。防水屋面的常用种类有卷材防水屋面、涂膜防水屋面和刚性防水屋面等（表 6.2）。

表 6.1　屋面防水等级和设防要求

项目	屋面防水等级			
	Ⅰ	Ⅱ	Ⅲ	Ⅳ
建筑物类别	特别重要或对防水有特殊要求的建筑	重要的建筑和高层建筑	一般建筑	非永久性的建筑
防水层合理使用年限	25 年	15 年	10 年	5 年
防水层选用材料	宜选用合成高分子防水卷材、高聚物改性沥青防水卷材、金属板材、合成高分子防水涂料、细石混凝土等材料	宜选用高聚物改性沥青防水卷材、合成高分子防水卷材、金属板材、合成高分子防水涂料、高聚物改性沥青防水涂料、细石混凝土、平瓦、油毡瓦等材料	宜选用三毡四油沥青防水卷材、高聚物改性沥青防水卷材、合成高分子防水卷材、金属板材、高聚物改性沥青防水涂料、合成高分子防水涂料、细石混凝土、平瓦、油毡瓦等材料	可选用二毡三油沥青防水卷材、高聚物改性沥青防水涂料等材料
设防要求	三道或三道以上防水设防	二道防水设防	一道防水设防	一道防水设防

表 6.2　各类地下工程的防水等级

防水等级	一级	二级	三级	四级
标准	不允许渗水，围护结构无湿渍	不允许漏水，围护结构有少量、偶见的湿渍	有少量漏水点，不得有线流和漏泥沙，每昼夜漏水量<0.5 L/m^2	有漏水点，不得有线流和漏泥沙，每昼夜漏水量<2 L/m^2
工程名称	医院、餐厅、旅馆、影剧院、商场、冷库、粮库、金库、档案库、通信工程、计算机房、电站控制室、配电间、防水要求较高的生产车间指挥工程、武器弹药库，防水要求较高的人员掩蔽部，铁路旅客站台、行李房、地下铁道车站、城市人行地道	一般生产车间、空调机房、发电机房、燃料库，一般人防掩蔽工程，电气化铁路隧道、寒冷地区铁路隧道、地铁运行区间隧道、城市公路隧道、水泵房	电缆隧道，水下隧道、非电气化铁路隧道、一般公路隧道	取水隧道、污水排放隧道，人防疏散干道涵洞

第二节　防水工程的施工

一、改性沥青防水卷材屋面

（一）卷材防水屋面构造

卷材屋面是采用沥青油毡、再生橡胶、合成橡胶或合成树脂类等柔性材料粘贴而成的一整片能防水的屋面覆盖层。其构造如图 6.2 所示。

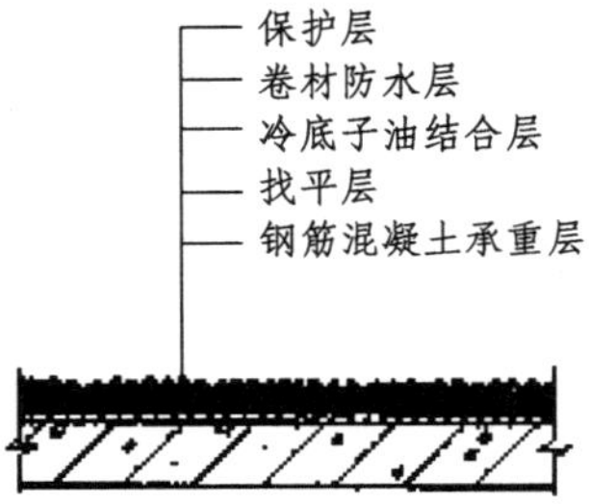

（a）不保温卷材屋面

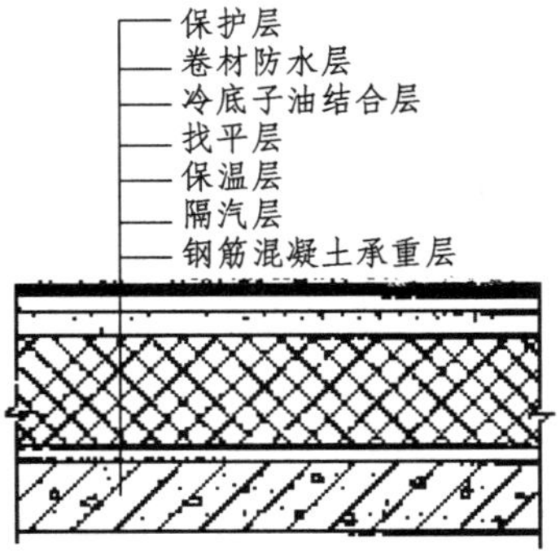

（b）保温卷材屋面

图 6.2　卷材防水屋面构造示意图

（二）卷材防水材料及要求

常用材料包括沥青防水卷材、高聚物（如 SBS、APP 等）改性沥青防水卷材、合成高分子防水卷材。

1. 基层要求

基层施工质量的好坏，将直接影响屋面工程的质量。基层应有足够的强度和刚度，承受荷载时不致产生显著变形。基层一般采用水泥砂浆、细石混凝土或沥青砂浆找平，做到平整、坚实、清洁、无凹凸形及尖锐颗粒。其平整度为：用 2 m 长的直尺检查，基层与直尺间的最大空隙不应超过 5 mm，空隙仅允许平缓变化，每米长度内不得多于一处。铺设屋面隔汽层和防水层以前，基层必须清扫干净。

屋面及檐口、檐沟、天沟找平层的排水坡度，必须符合设计要求，平屋面采用结构找坡应不小于 3%，采用材料找坡宜为 2%，天沟、檐沟纵向找坡不应小于 1%，沟底落水差不大于 200 mm，在与突出屋面结构的连接处以及在基层的转角处，均应做成圆弧或钝角，其圆弧半径应符合要求：沥青防水卷材为 100 ~ 150 mm，高聚物改性沥青防水卷材为 50 mm，合成高分子防水卷材为 20 mm。

为防止由于温差及混凝土构件收缩而使防水屋面开裂，找平层应留分格缝，缝宽一般为 20 mm。缝应留在预制板支承边的拼缝处，其纵横向最大间距，当找平层采用水泥砂浆或细石混凝土时，不宜大于 6 m；采用沥青砂浆时，则不宜大于 4 m。分格缝处应附加 200 ~ 300 mm 宽的油毡，用沥青胶结材料单边点贴覆盖。

采用水泥砂浆或沥青砂浆找平层做基层时，其厚度和技术要求应符合表 6.3 的规定。

表 6.3 找平层厚度和技术要求

类　别	基层种类	厚度/mm	技术要求
水泥砂浆找平层	整体混凝土	15 ~ 20	1∶2.5 ~ 1∶3（水泥∶砂）体积比，水泥强度等级不低于 32.5
	整体或板状材料保温层	20 ~ 25	
	装配式混凝土板、松散材料保温层	20 ~ 30	
细石混凝土找平层	松散材料保温层	30 ~ 35	混凝土强度等级不低于 C20
沥青砂浆找平层	整体混凝土	15 ~ 20	质量比 1∶8（沥青∶砂）
	装配式混凝土板、整体或板状材料保温层	20 ~ 25	

2. 材料选择

（1）基层处理剂

基层处理剂是为了增强防水材料与基层之间的黏结力，在防水层施工前，预先涂刷在基层上的涂料。其选择应与所用卷材的材性相容。常用的基层处理剂有用于沥青卷材防水屋面的冷底子油，用于高聚物改性沥青防水卷材屋面的氯丁胶沥青乳胶、橡胶改性沥青溶液、沥青溶液（即冷底子油）和用于合成高分子防水卷材屋面的聚氨酯煤焦油系的二甲苯溶液、氯丁胶乳溶液、氯丁胶沥青乳胶等。

（2）胶粘剂

卷材防水层的黏结材料，必须选用与卷材相应的胶粘剂。沥青卷材可选用沥青胶作为胶粘剂，沥青胶的标号应根据屋面坡度、当地历年室外极端最高气温按表 6.4 选用，其性能应符合表 6.4 规定。

表 6.4 沥青标号选用表

屋面坡度	历年室外极端最高温度	沥青胶结材料标号
1% ~ 3%	小于 38 °C	S-60
	38 ~ 41 °C	S-65
	41 ~ 45 °C	S-70
3% ~ 15%	小于 38 °C	S-65
	38 ~ 41 °C	S-70
	41 ~ 45 °C	S-75
15% ~ 25%	小于 38 °C	S-75
	38 ~ 41 °C	S-80
	41 ~ 45 °C	S-85

注：① 油毡层上有板块保护层或整体保护层时，沥青胶标号按上表降低 5 号。

② 受其他热影响（如高温车间等）或屋面超过 25%时，应考虑将其标号适当提高。

高聚物改性沥青卷材可选用橡胶或再生橡胶改性沥青的汽油溶液或水乳液作胶粘剂，其黏结剪切强度应大于 0.05 MPa，剥离强度大于 8 N/mm。

合成高分子防水卷材可选用以氯丁橡胶和丁基酚醛树脂为主要成分的胶粘剂或以氯丁橡胶乳液制成的胶粘剂，其黏结剥离强度不应小于 15 N/mm，其用量为 0.4 ~ 0.5 kg/m^2，胶粘剂均为卷材生产厂家配套供应，合成高分子分子卷材配套胶粘剂见表 6.5、表 6.6。

表 6.5 沥青胶的质量要求

<table>
<tr><td rowspan="2">指标名称</td><td colspan="6">标 号</td></tr>
<tr><td>S-60</td><td>S-65</td><td>S-70</td><td>S-75</td><td>S-80</td><td>S-85</td></tr>
<tr><td rowspan="2">耐热度</td><td colspan="6">用 20 mm 的沥青胶粘合两张沥青纸，与不低于下列温度（°C）中，在 1∶1 坡度上停放 5 h 的沥青胶不应流淌，油纸不应该滑动</td></tr>
<tr><td>60</td><td>65</td><td>70</td><td>75</td><td>80</td><td>85</td></tr>
<tr><td rowspan="2">柔韧性</td><td colspan="6">涂在沥青油纸上的 2 mm 厚的沥青胶层，在（18±20）°C 时，围绕下列直径（mm）的圆棒，用 2 s 的时间以均衡速度弯成半周，沥青胶不应有裂纹</td></tr>
<tr><td>10</td><td>15</td><td>15</td><td>20</td><td>25</td><td>30</td></tr>
<tr><td>黏结力</td><td colspan="6">用于将两张粘贴在一起的油纸慢慢地一次撕开，从油纸和沥青胶的粘贴面的任何一面的撕开部分，应不大于粘贴面积的 1/2</td></tr>
</table>

表 6.6 部分合成高分子卷材的胶粘剂

卷材名称	基层与卷材胶粘剂	卷材与卷材胶粘剂	表面保护层涂料
三元乙丙-丁基橡胶卷材	CX-404 胶	丁基黏结剂 A、B 组分（1∶1）	水乳型醋酸乙烯-丙烯酸酯共聚，油溶型乙丙橡胶和甲苯溶液
氯化聚乙烯卷材	BX-12 胶粘剂	BX-12 乙组分胶粘剂	水乳型醋酸乙烯-丙烯酸酯共聚，油溶型乙丙橡胶和甲苯溶液
LYX-603 氯化聚乙烯卷材	LYX-603-3（3 号胶）甲、乙组分	LYX-603-2（2 号胶）	LYX-603-1（1 号胶）
聚氯乙烯卷材	FL-5 型（5 ~ 15 °C 时使用）FL-15 型（5 ~ 40 °C 时使用）		

（3）卷　材

主要防水卷材的分类参见表 6.7。

表 6.7 主要防水卷材分类表

<table>
<tr><td colspan="2">类 别</td><td>防水卷材名称</td></tr>
<tr><td colspan="2">沥青基防水卷材</td><td>纸胎、玻璃胎、玻璃布、黄麻、铝箔沥青卷材</td></tr>
<tr><td colspan="2">高聚物改性沥青防水卷材</td><td>SBS，APP，ABS-APP$_4$ 丁苯橡胶改性沥青卷材；胶粉改性沥青卷材、再生胶卷材、改性煤焦油沥青卷材等</td></tr>
<tr><td rowspan="4">合成高分子防水卷材</td><td>硫化橡胶或橡胶共混卷材</td><td>三元乙丙卷材、氯磺化聚乙烯卷材、丁基橡胶卷材、氯丁橡胶卷材、氯化聚乙烯-橡胶共混卷材等</td></tr>
<tr><td>非硫化型橡胶或橡塑共混卷材</td><td>丁基橡胶卷材、氯丁橡胶卷材、氯化聚乙烯-橡胶共混卷材等</td></tr>
<tr><td>合成树脂系防水卷材</td><td>氯化聚乙烯卷材、PVC 卷材等</td></tr>
<tr><td>特种卷材</td><td>热熔卷材、冷自粘卷材、带孔卷材、热反射卷材、沥青瓦等</td></tr>
</table>

沥青防水卷材的外观质量要求参见表 6.8。

表 6.8　沥青防水卷材外观质量

项　目	质 量 要 求
孔洞、硌伤	不允许
露胎、涂盖不匀	不允许
折纹、皱折	距卷芯 1 000 mm 以外，长度不大于 100 mm
裂纹	距卷芯 1 000 mm 以外，长度不大于 10 mm
裂口、缺边	边缘开裂小于 20 mm，缺边长度小于 50 mm
每卷卷材的接头	不超过 1 处，较短的一段不应小于 2 500 mm，接头处应加长 150 mm

高聚物改性沥青防水卷材的外观质量要求参见表 6.9。

表 6.9　高聚物改性沥青防水卷材外观质量

项　目	质 量 要 求
孔洞、缺边、裂口	不允许
边缘不整齐	不超过 10 mm
胎体露白、未浸透	不允许
撒布材料粒度、颜色	均　匀
每卷卷材的接头	不超过 1 处，较短的一段不应小于 1 000 mm，接头处应加长 150 mm

合成高分子防水卷材外观质量的要求参见表 6.10。

表 6.10　合成高分子防水卷材外观质量

项　目	质 量 要 求
折　痕	每卷不超过 2 处，总长度不超过 20 mm
杂　质	大于 0.5 mm 颗粒不允许，每 1 m^2 不超过 9 mm^2
凹　痕	每卷不超过 6 处，深度不超过本身厚度的 30%，树脂深度不超过 15%
胶　块	每卷不超过 6 处，每处面积不大于 4 mm^2
每卷卷材的接头	橡胶类每 20 mm 不超过 1 处，较短的一段不应小于 3 000 mm，接头处应加长 150 mm，树脂类 20 m 长度内不允许有接头

各种防水材料及制品均应符合设计要求，具有质量合格证明，进场前应按规范要求进行抽样复检，严禁使用不合格产品。

（三）屋面施工要点

1. 沥青卷材防水施工

卷材防水层施工的一般工艺流程如图 6.3 所示。

（1）铺设方向

卷材的铺设方向应根据屋面坡度和屋面是否有振动来确定。当屋面坡度小于3%时，卷材宜平行于屋脊铺贴；屋面坡度为3%～15%时，卷材可平行或垂直于屋脊铺贴；屋面坡度大于15%或屋面受振动时，沥青防水卷材应垂直于屋脊铺贴。上下层卷材不得相互垂直铺贴。

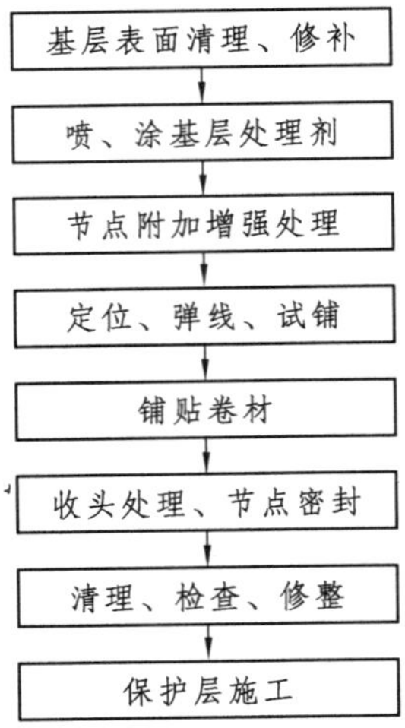

图 6.3　卷材防水施工工艺流程图

（2）施工顺序

屋面防水层施工时，应先做好节点、附加层和屋面排水比较集中部位（如屋面与水落口连接处、檐口、天沟、屋面转角处、板端缝等）的处理，然后由屋面最低标高处向上施工。铺贴天沟、檐沟卷材时，宜顺天沟、檐口方向，尽量减少搭接。

铺贴多跨和有高低跨的屋面时，应按先高后低、先远后近的顺序进行。大面积屋面施工时，应根据屋面特征及面积大小等因素合理划分流水施工段。施工段的界线宜设在屋脊、天沟、变形缝等处。

（3）搭接方法及宽度要求

铺贴卷材采用搭接法，上下层及相邻两幅卷材的搭接缝应错开。平行于屋脊的搭接应顺流水方向；垂直于屋脊的搭接应顺主导风向。叠层铺设的各层卷材，在天沟与屋面的连接处，应采用叉接法搭接，搭接缝应错开，接缝宜留在屋面或天沟侧面，不宜留在沟底。各种卷材搭接宽度应符合表6.11的要求。

表 6.11　卷材搭接宽度　　mm

卷材种类		铺贴方法			
		短边搭接		长边搭接	
		满粘法	空铺、点粘、条粘法	满粘法	空铺、点粘、条粘法
沥青防水卷材		100	150	70	100
高聚物改性沥青防水卷材		80	100	80	100
合成高分子防水卷材	胶粘剂	80	100	80	100
	胶粘带	50	60	50	60
	单缝焊	60，有效焊接宽度不小于25			
	双缝焊	80，有效焊接宽度10×2＋空腔宽			

（4）铺贴方法

沥青卷材的铺贴方法有浇油法、刷油法、刮油法、撒油法等四种。通常采用浇油法或刷油法，在干燥的基层上满涂沥青胶，应随浇涂随铺油毡。铺贴时，油毡要展平压实，使之与下层紧密黏结，卷材的接缝，应用沥青胶赶平封严。对容易渗漏水的薄弱部位（如天沟、檐口、泛水、水落口处等），均应加铺1～2层卷材附加层。

（5）屋面特殊部位的铺贴要求

天沟、檐沟、檐口、水落口、泛水、变形缝和伸出屋面管道的防水构造，必须符合设计要求。天沟、檐沟、檐口、泛水和立面卷材收头的端部应裁齐，塞入预留凹槽内，用金属压条，钉压固定，最大钉距不应大于 900 mm，并用密封材料嵌填封严，凹槽距屋面找平层不小于 250 mm，凹槽上部墙体应做防水处理。

水落口杯应牢固地固定在承重结构上，如系铸铁制品，所有零件均应除锈，并刷防锈漆；天沟、檐沟铺贴卷材应从沟底开始。如沟底过宽，卷材纵向搭接时，搭接缝必须用密封材料封口，密封材料嵌填必须密实、连续、饱满，黏结牢固，无气泡，不开裂脱落。沟内卷材附加层在与屋面交接处宜空铺，其空铺宽度不小于 200 mm，其卷材防水层应由沟底翻上至沟外檐顶部，卷材收头应用水泥钉固定并用密封材料封严，铺贴檐口 800 mm 范围内的卷材应采取满粘法。

铺贴泛水处的卷材应采取满粘法，防水层贴入水落口杯内不小于 50 mm，水落口周围直径 500 mm 范围内的坡度不小于 5%，并用密封材料封严。

变形缝处的泛水高度不小于 250 mm，伸出屋面管道的周围与找平层或细石混凝土防水层之间，应预留 20 mm × 20 mm 的凹槽，并用密封材料嵌填严密，在管道根部直径 500 mm 范围内，找平层应抹出高度不小于 30 mm 的圆台。管道根部四周应增设附加层，宽度和高度均不小于 300 mm。管道上的防水层收头应用金属箍紧固，并用密封材料封严。

（6）排汽屋面的施工

卷材应铺设在干燥的基层上。当屋面保温层或找平层干燥有困难而又急需铺设屋面卷材时，则应采用排汽屋面。排汽屋面是整体连续的，在屋面与垂直面连接的地方，隔汽层应延伸到保温层顶部，并高出 150 mm，以便与防水层相连，要防止房间内的水蒸气进入保温层，造成防水层起鼓破坏，保温层的含水率必须符合设计要求。在铺贴第一层卷材时，采用条粘、点粘、空铺等方法使卷材与基层之间留有纵横相互贯通的空隙作排汽道（图 6.4），排汽道的宽度 30 ~ 40 mm，深度一直到结构层。对于有保温层的屋面，也可在保温层上的找平层上留槽作排汽道，并在屋面或屋脊上设置一定的排汽孔（每 36 m^2 左右一个）与大气相通，这样就能使潮湿基层中的水分蒸发排出，防止了油毡起鼓。排汽屋面适用于气候潮湿，雨量充沛，夏季阵雨多，保温层或找平层含水率较大，且干燥有困难的地区。

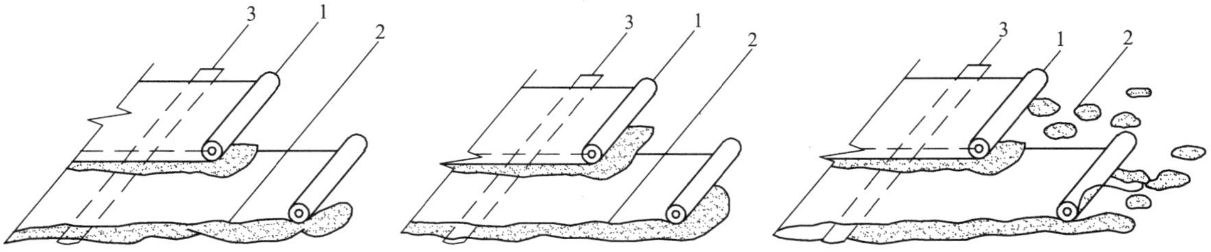

（a）空铺法　　（b）条粘法　　（c）点粘法

图 6.4　排汽屋面卷材铺法

1—卷材；2—沥青胶；3—附加卷材条

2. 高聚物改性沥青卷材防水施工

高聚物改性沥青防水卷材，是指对石油沥青进行改性，提高防水卷材使用性能，增加防水层寿命而生产的一类沥青防水卷材。对沥青的改性，主要是通过添加高分子聚合物实现，其分类品种包括：塑性体沥青防水卷材、弹性体沥青防水卷材、自黏结油毡、聚乙烯膜沥青防水卷材等。使用较为普遍的是 SBS 改性沥青卷材、APP 改性沥青卷材、PVC 改性沥青卷材和再生胶改性沥青卷材等。其施工工艺流程与普通沥青卷材防水层相同。

依据高聚物改性沥青防水卷材的特性，其施工方法有冷粘法、热熔法和自粘法之分。在立面或大坡面铺贴高聚物改性沥青防水卷材时，应采用满粘法，并宜减少短边搭接。

（1）冷粘法施工

冷粘法施工是利用毛刷将胶粘剂涂刷在基层或卷材上，然后直接铺贴卷材，使卷材与基层、卷材与卷材黏结的方法。施工时，胶粘剂涂刷应均匀、不露底、不堆积。空铺法、条粘法、点粘法应按规定的位置与面积涂刷胶粘剂。铺贴卷材时应平整顺直，搭接尺寸准确，接缝应满涂胶粘剂，辊压黏结牢固，不得扭曲，破折溢出的胶粘剂随即刮平封口；也可采用热熔法接缝。接缝口应用密封材料封严，宽度不应小于 10 mm。

（2）热熔法施工

热熔法施工是指利用火焰加热器熔化热熔型防水卷材底层的热熔胶进行粘贴的方法。施工时，在卷材表面热熔后（以卷材表面熔融至光亮黑色为度）应立即滚铺卷材，使之平展，并辊压黏结牢固。搭接缝处必须以溢出热熔的改性沥青胶为度，并应随即刮封接口。加热卷材时应均匀，不得过分加热或烧穿卷材。

（3）自粘法施工

自粘法施工是指采用带有自粘胶的防水卷材，不用热施工，也不需涂胶结材料，而进行黏结的方法。铺贴前，基层表面应均匀涂刷基层处理剂，待干燥后及时铺贴卷材。铺贴时，应先将自粘胶底面隔离纸完全撕净，排除卷材下面的空气，并辊压黏结牢固，不得空鼓。搭接部位必须采用热风焊枪加热后随即粘贴牢固，溢出的自粘胶随即刮平封口。接缝口用不小于 10 mm 宽的密封材料封严。对厚度小于 3 mm 的高聚物改性沥青防水卷材，严禁采用热熔法施工。

3. 合成高分子卷材防水施工

合成高分子卷材的主要品种有：三元乙丙橡胶防水卷材，氯化聚乙烯-橡胶共混防水卷材，氯化聚乙烯防水卷材和聚氯乙烯防水卷材等。其施工工艺流程与前相同。

施工方法一般有冷粘法、自粘法和热风焊接法三种。

冷粘法、自粘法施工要求与高聚物改性沥青防水卷材基本相同，但冷粘法施工时搭接部位应采用与卷材配套的接缝专用胶粘剂，在搭接缝粘合面上涂刷均匀，并控制涂刷与粘合的间隔时间，排除空气，辊压黏结牢固。

热风焊接法是利用热空气焊枪进行防水卷材搭接粘合的方法。焊接前卷材铺放应平整顺直，搭接尺寸正确；施工时焊接缝的结合面应清扫干净，应无水滴，油污及附着物。先焊长边搭接缝，后焊短边搭接缝，焊接处不得有漏焊、缺焊、焊焦或焊接不牢的现象，也不得损害非焊接部位的卷材。

4. 保护层施工

卷材铺设完毕，经检查合格后，应立即进行保护层的施工，及时保护防水层免受损伤，从而延长卷材防水层的使用年限。常用的保护层做法有以下几种：

（1）涂料保护层

保护层涂料一般在现场配制，常用的有铝基沥青悬浮液、丙烯酸浅色涂料或在涂料中掺入铝粉的反射涂料。施工前防水层表面应干净无杂物。涂刷方法与用量按各种涂料使用说明书操作，基本和涂膜防水施工相同。涂刷应均匀、不漏涂。

（2）绿豆砂保护层

在沥青卷材非上人屋面中使用较多。施工时在卷材表面涂刷最后一道沥青胶，趁热撒铺一层粒径为 3 ~ 5 mm 的绿豆砂（或人工砂），绿豆砂应撒铺均匀，全部嵌入沥青胶中。为了嵌入牢固，绿豆砂须经预热至 100 °C 左右干燥后使用。边撒砂边扫铺均匀，并用软辊轻轻压实。

（3）细砂、云母或蛭石保护层

主要用于非上人屋面的涂膜防水层的保护层，使用前应先筛去粉料，砂可采用天然砂。当涂刷最后一道涂料时，应边涂刷边撒布细砂（或云母、蛭石），同时用软胶辊反复轻轻滚压，使保护层牢固地黏结在涂层上。

（4）混凝土预制板保护层

混凝土预制板保护层的结合层可采用砂或水泥砂浆。混凝土板的铺砌必须平整，并满足排水要求。在砂结合层上铺砌块体时，砂层应洒水压实、刮平；板块对接铺砌，缝隙应一致，缝宽 10 mm 左右，砌完洒水轻拍压实。板缝先填砂一半高度，再用 1：2 水泥砂浆勾成凹缝。为防止砂子流失，在保护层四周 500 mm 范围内，应改用低强度等级水泥砂浆做结合层。采用水泥砂浆做结合层时，应先在防水层上做隔离层，隔离层可采用热砂、干铺油毡、铺纸筋灰或麻刀灰、黏土砂浆、白灰砂浆等多种方法施工。预制块体应先浸水湿润并阴干。摆铺完后应立即挤压密实、平整，使之结合牢固。预留板缝（10 mm）用 1：2 水泥砂浆勾成凹缝。

上人屋面的预制块体保护层，块体材料应按照楼地面工程质量要求选用，结合层应选用 1：2 水泥砂浆。

（5）水泥砂浆保护层

水泥砂浆保护层与防水层之间应设置隔离层。保护层用的水泥砂浆配合比一般为 1：(2.5 ~ 3)（体积比）。

保护层施工前，应根据结构情况每隔 4 ~ 6 mm 用木模设置纵横分格缝。铺设水泥砂浆时应随铺随拍实，并用刮尺刮平。排水坡度应符合设计要求。

立面水泥砂浆保护层施工时，为使砂浆与防水层黏结牢固，可事先在防水层表面粘上砂粒或小豆石，然后再做保护层。

（6）细石混凝土保护层

施工前应在防水层上铺设隔离层，并按设计要求支设好分格缝木模，设计无要求时，每格面积不大于 36 m^2，分格缝宽度为 20 mm。一个分格内的混凝土应连续浇筑，不留施工缝。振捣宜采用铁辊滚压或人工拍实，以防破坏防水层。拍实后随即用刮尺按排水坡度刮平，初凝前用木抹子提浆抹平，初凝后及时取出分格缝木模，终凝前用铁抹子压光。

细石混凝土保护层浇筑后应及时进行养护，养护时间不应少于养护期，养护后将分格缝清理干净，待干燥后嵌填密封材料。

（四）质量检查及验收

（1）卷材防水工程不得有渗漏现象和积水现象，且坡度应符合规范规定和设计要求，排水系统应畅通。检查屋面有无渗漏和积水、排水系统是否畅通，一般可在雨后或持续淋水 2 h

以后进行。有可能作蓄水检验的屋面宜作蓄水检验，蓄水时间不宜小于 24 h。

（2）所用的防水卷材与胶粘剂的质量，应符合标准规范规定和设计要求。对进场卷材必须抽样复检，合格后方可使用，并应提供材料质量证明文件和复检报告，存档备查。

（3）卷材防水层的节点构造应符合规范规定和设计要求。卷材末端收头和接缝部位必须粘结牢固，封闭严密，不允许有开缝、翘边、滑移、鼓泡、皱折、裂纹等缺陷存在。

（4）松散材料（如绿豆砂等）保护层、浅色涂料保护层与卷材防水层应粘结牢固、色泽均匀、覆盖严密。刚性整体保护层与防水层之间应设置隔离层，其分格缝和表面分格缝的留设应准确，表面应密实平整。块体材料保护层应铺砌平整、勾缝严密，缝隙应均匀一致，横平竖直，分格缝的留设方法应正确。

（5）卷材的铺贴方法和搭接顺序、搭接宽度、附加层的处理，均应符合规范规定和设计要求。

（6）蓄水屋面、种植屋面的溢水口、过水孔、排水管和泄水孔，应符合设计要求。

（7）卷材防水工程完工后，应由质量监督部门进行检查和核定，合格后方可签字验收。

（8）卷材防水工程验收时，应提供防水工程设计图、设计变更洽商单、防水工程施工方案、技术交底记录、材料准用证、质量复试报告、隐蔽工程验收记录、淋水或蓄水检验记录和验评报告等技术资料，以便存档备查。

（9）卷材防水工程竣工验收后，应由使用单位指派专人负责管理。严禁在有防水设防的部位凿眼打洞。若必须在这些部位增加设施时，应采取有效措施，做好防水处理。

（五）常见质量问题处理及防治措施（表 6.12）

表 6.12　常见质量问题处理及防治措施

现象名称	产生原因	防治方法
开裂（沿预制板支座、变形缝、挑檐处出现规律性或不规则裂缝）	① 屋面板板端或桁架变形，找平层开裂； ② 基层温度收缩变形； ③ 吊车振动和建筑物不均匀沉陷； ④ 卷材质量低劣，老化脆裂； ⑤ 沥青胶韧性差，发脆，熬制温度过高，老化等	在预制板接缝处铺一层卷材作缓冲层；做好砂浆找平层；留分隔缝；严格控制厚材料和铺设质量，改善沥青胶配合比；采取措施，控制耐热度和提高韧性，防止老化；严格操作程序，采取撒油法粘贴； 治理方法：在开裂处补贴卷材
流淌（沥青胶软化，使卷材移动而形成皱褶或被拉空，沥青胶在下部堆积或流淌）	① 沥青胶的耐热度过低，天热软化； ② 沥青胶涂刷过厚，产生蠕动； ③ 未作绿豆砂保护层，或绿豆砂保护层脱落，辐射温度过度，引起软化； ④ 屋面坡度过陡，而采用平行屋脊铺贴卷材	根据实际最高辐射温度、厂房内热源、屋面坡度合理选择沥青胶的型号，控制熬制质量和涂刷厚度（小于 2 mm）做好绿豆砂保护层，减低辐射温度； 屋面坡度过陡，采用垂直屋脊铺贴卷材； 治理方法：可局部切割，重铺卷材
鼓泡（防水层出现大量大小不等的鼓泡、气泡，局部卷材与基层或下层卷材脱空）	①屋面基层潮湿，未干就刷冷底子油或铺卷材；基层窝有水分或卷材受潮，在受到太阳照射后，水分蒸发，体积膨胀，造成鼓泡； ② 基层不平整，粘贴不实，空气没有排净； ③ 卷材铺贴扭歪、皱褶不平，或刮压不紧，雨水、潮气侵入； ④ 室内有蒸汽，而屋面未作隔气层	严格控制基层含水率在 6%以内；避免雨、雾天施工；防止卷材受潮；加强操作程序和控制，保证基层平整，涂油均匀。封边严密，各层卷材粘贴平顺严实，把卷材内的空气赶净；潮湿基层上铺设卷材，采取排气屋面做法； 治理方法：将鼓泡处卷材割开，采取打补钉办法，重新加贴小块卷材覆盖

现象名称	产生原因	防治方法
老化、龟裂（沥青胶出现变质、裂缝等情况）	① 沥青胶的标号选用过低； ② 沥青胶配制时，熬制温度过高，时间过长，沥青碳化； ③ 沥青胶涂刷过厚； ④ 未做绿豆砂保护层或绿豆砂撒铺不匀； ⑤ 沥青胶使用年限已到	根据屋面坡度、最高温度合理选择沥青胶的型号；逐锅检验软化点；严格控制沥青胶的熬制和使用温度，熬制时间不要过长；做好绿豆砂保护层，免受辐射作用；减缓老化，做好定期维护检修； 治理方法：清除脱落绿豆砂，表面加做保护层；翻修
变形缝漏水（变形缝处出现脱开、拉裂、反水、渗水等情况）	① 屋面变形缝，加伸缩缝、沉降缝等没有按规定附加干铺卷材，或铁皮凸棱安反，铁皮向中间泛水，造成变形缝漏水； ② 变形缝缝隙塞灰不严；铁皮没有泛水； ③ 铁皮未顺水流方向搭接，或未安装牢固，被风掀起； ④ 变形缝在屋檐部位未断开，卷材直铺过去，变形缝变形时，将卷材拉裂	变形缝严格按设计要求和规范施工，铁皮安装注意顺水流方向搭接，做好泛水并钉装牢固；缝隙填塞严密；变形缝在屋檐部分应断开，卷材在断开处应有弯曲以适应变形伸缩需要； 方法：变形缝铁皮高低不平，可将铁皮掀开，将基层修理平整，再铺好卷材，安好铁皮顶罩（或泛水），卷材脱开拉裂按"开裂"处理

二、涂膜防水屋面

涂膜防水屋面是在屋面基层上涂刷防水涂料，经固化后形成一层有一定厚度和弹性的整体涂膜从而达到防水目的的一种防水屋面形式。其典型的构造层次如图 6.5 所示。这种屋面具有施工操作简便，无污染，冷操作，无接缝，能适应复杂基层，防水性能好，温度适应性强，容易修补等特点。适用于防水等级为Ⅲ、Ⅳ级的屋面防水，也可作为Ⅰ级、Ⅱ级屋面多道防水设防中的一道防水层。

（一）涂膜防水屋面构造

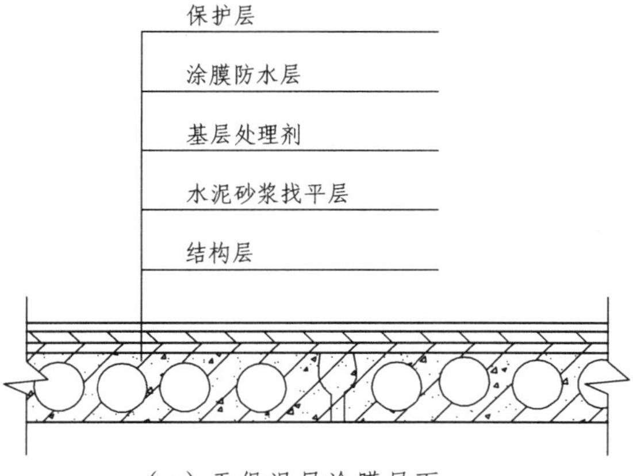

（a）无保温层涂膜屋面

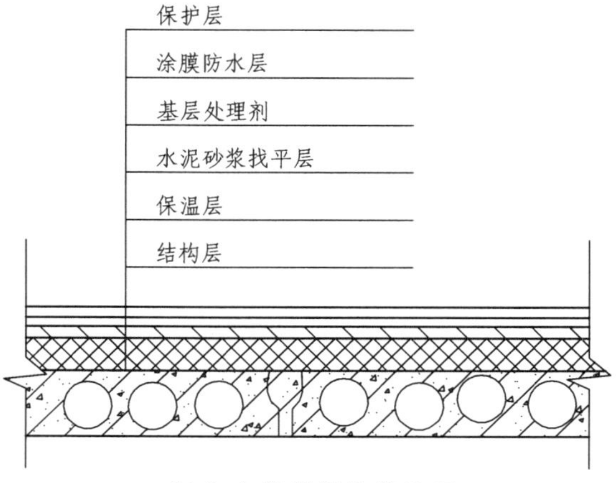

（b）有保温层涂膜屋面

图 6.5　涂膜防水屋面构造图

（二）材料及要求

1. 材料要求

根据防水涂料成膜物质的主要成分，适用涂膜防水层的涂料可分为：高聚物改性沥青防水涂料和合成高分子防水涂料两类。根据防水涂料形成液态的方式，可分为溶剂型、反应型和水乳型三类（表 6.13），各类防水涂料的质量要求分别见表 6.14 ~ 6.17。

表 6.13　主要防水涂料的分类

类　别		材 料 名 称
高聚物改性沥青防水涂料	溶剂型	再生橡胶沥青涂料、氯丁橡胶沥青涂料等
	乳液型	丁苯胶乳沥青涂料、氯丁胶乳沥青涂料、PVC 煤焦油涂料等
合成高分子防水涂料	乳液型	硅橡胶涂料、丙烯酸酯涂料、AAS 隔热涂料等
	反应型	聚氨酯防水涂料、环氧树脂防水涂料等

表 6.14　沥青基防水涂料质量要求

项　目		质 量 要 求
固体含量/%		≥50
耐热度/（80 °C，5 h）		无流淌、起泡和滑动
柔性/［（10±1）°C］		4 mm 厚，绕φ20 mm 圆棒，无裂纹、断裂
不透水性	压力/MPa	≥0.1
	保持时间/min	≥30 不渗透
延伸［（20±2）°C 拉伸］/min		≥4.0

表 6.15　高聚物改性沥青防水涂料质量要求

项　目		质 量 要 求
固体含量/%		≥43
耐热度/（80 °C，5 h）		无流淌、起泡和滑动
柔性/（－10 °C）		3 mm 厚，绕φ20 mm 圆棒，无裂纹、断裂
不透水性	压力/MPa	≥0.1
	保持时间/min	≥30 不渗透
延伸［（20±2）°C 拉伸］/min		≥4.5

表 6.16　合成高分子防水涂料性能要求

项目		质量要求		
		反应固化型	挥发固化型	聚合物水泥涂料
固体含量/%		≥94	≥65	≥65
拉伸强度/MPa		≥65	≥1.5	≥1.2
断裂延伸率/%		≥300	≥300	≥200
柔性/°C		−30 弯折无裂纹	−20 弯折无裂纹	−10，绕ϕ10 mm 圆棒，无裂纹
不透水性	压力/MPa	≥0.3	≥0.3	≥0.3
	保持时间/min	≥30	≥30	≥30

表 6.17　胎体增强材料质量要求

项目		质量要求		
		聚酯无纺布	化纤无纺布	玻纤网布
外观		均匀，无团状，平整无折皱		
拉力（宽 50 mm）/N	纵向	≥150	≥45	≥90
	横向	≥100	≥35	≥50
延伸率/%	纵向	≥10	≥20	≥3
	横向	≥20	≥25	≥3

2. 基层要求

涂膜防水层要求基层的刚度大，空心板安装牢固，找平层有一定强度，表面平整、密实，不应有起砂、起壳、龟裂、爆皮等现象。表面平整度应用 2 m 直尺检查，基层与直尺的最大间隙不应超过 5 mm，间隙仅允许平缓变化。基层与凸出屋面结构连接处及基层转角处应做成圆弧形或钝角。按设计要求做好排水坡度，不得有积水现象。施工前应将分格缝清理干净，不得有异物和浮灰。对屋面的板缝处理应遵守有关规定。等基层干燥后方可进行涂膜施工。

（三）施工准备

1. 技术准备

（1）图纸熟悉、会审、掌握和了解设计意图；搜集该品种涂膜防水的有关资料。
（2）编制屋面防水工程施工方案。
（3）向操作人员进行技术交底或培训。
（4）确定质量目标和检验要求。
（5）提出施工记录的内容要求。
（6）掌握天气预报资料。

2. 材料准备

（1）进场的涂料经抽样复验，技术性能符合质量标准。

（2）防水涂料的进场数量能满足屋面防水工程的使用。

（3）各种屋面防水的配套材料准备齐全。

3. 机具准备

棕扫帚、钢丝刷、衡器、搅拌器、容器、开罐刀、棕毛刷、圆滚刷、刮板、喷涂机械、剪刀、卷尺。

4. 现场条件准备

（1）现场贮料仓库符合要求，设施完善。

（2）找平层已检查验收，质量合格，含水率符合要求。

（3）消防设施齐全，安全设施可靠，劳保用品已能满足施工操作需要。

（4）屋面上安设的一些设施已安装就位。

（四）屋面施工要点

涂膜防水施工的一般工艺流程是：基层表面清理、修理—喷涂基层处理剂—特殊部位附加增强处理—涂布防水涂料及铺贴胎体增强材料—清理与检查修理—保护层施工。

基层处理剂常用涂膜防水材料稀释后使用，其配合比应根据不同防水材料按要求配置。

涂膜防水必须由两层以上涂层组成，每层应刷 2～3 遍，且应根据防水涂料的品种，分层分遍涂布，不能一次涂成，并待先涂的涂层干燥成膜后，方可涂后一遍涂料，其总厚度必须达到设计要求。涂膜厚度选用应符合表 6.18 规定。

表 6.18　涂膜厚度选用表

屋面防水等级	设防道数	高聚物改性沥青防水涂料	合成高分子防水涂料
Ⅰ级	三道或三道以上设防	—	不应小于 1.5 mm
Ⅱ级	二道设防	不应小于 3 mm	不应小于 1.5 mm
Ⅲ级	一道设防	不应小于 3 mm	不应小于 2 mm
Ⅳ级	一道设防	不应小于 2 mm	—

涂料的涂布顺序为：先高跨后低跨，先远后近，先立面后平面。同一屋面上先涂布排水较集中的水落口、天沟、檐口等节点部位，再进行大面积涂布。涂层应厚薄均匀、表面平整，不得有露底、漏涂和堆积现象。两涂层施工间隔时间不宜过长，否则易形成分层现象。涂层中夹铺增强材料时，宜边涂边铺胎体。胎体增强材料长边搭接宽度不得小于 50 mm，短边搭接宽度不得小于 70 mm。当屋面坡度小于 15%时，可平行屋脊铺设。屋面坡度大于 15%时，应垂直屋脊铺设。采用二层胎体增强材料时，上下层不得互相垂直铺设，搭接缝应错开，其间距不应小于幅宽的 1/3。找平层分格缝处应增设胎体增强材料的空铺附加层，其宽度以 200～300 mm 为宜。涂膜防水层收头应用防水涂料多遍涂刷或用密封材料封严。

在涂膜未干前，不得在防水层上进行其他施工作业。涂膜防水屋面上不得直接堆放物品。

涂膜防水屋面的隔汽层设置原则与卷材防水屋面相同。

涂膜防水屋面应设置保护层。保护层材料可采用细砂、云母、蛭石、浅色涂料、水泥砂浆或块材等。采用水泥砂浆或块材时，应在涂膜与保护层之间设置隔离层。当用细砂、云母、蛭石时，应在最后一遍涂料涂刷后随即撒上，并用扫帚轻扫均匀、轻拍粘牢。当用浅色涂料作保护层时，应在涂膜固化后进行。

（五）质量检查及验收

涂膜防水屋面不得有渗漏和积水现象。

所有的防水涂料、胎体增强材料、配套进行密封处理的密封材料及复合使用的卷材和其他材料应有产品合格证书和性能检测报告，材料的品种、规格、性能等必须符合现行国家产品标准和设计要求。材料进场后，应按有关规范的规定进行抽样复验，并提出试验报告；不合格的材料，不得在屋面工程中使用。

屋面坡度必须准确，找平层平整度不得超过 5 mm，不得有酥松、起砂、起皮等现象，出现裂缝应作修补。找平层的水泥砂浆配合比、细石混凝土的强度等级及厚度应符合设计要求。基层应平整、干净、干燥。

水落口和伸出屋面的管道应与基层固定牢固，密封严密。各节点做法应符合设计要求，附加层设置正确，节点封固严密，不得开缝翘边。

防水层与基层应粘结牢固，不得有裂纹、脱皮、流淌、鼓包、露胎体和皱皮等现象，厚度应符合设计要求。

涂膜防水层的质量检验应包括原辅材料、施工过程和成品等几个方面，各方面质量检验应按相关规定进行。

（六）常见质量问题处理及防治措施

涂膜防水屋面常见质量问题产生的原因也是多方面的，包括设计、施工、原材料质量、维修管理等。要提高其防水质量，就必须针对其质量问题进行综合治。涂膜防水屋面常见质量问题有屋面渗漏、粘结不牢、脱皮、流淌、防水层破损等。形成原因及防治方法详见表 6.19。

表 6.19 质量问题形成原因与防治方法

序号	质量问题	形成原因	防治方法
1	屋面渗漏	1. 屋面积水、排水不畅； 2. 涂层厚度不足、胎体外露、皱皮； 3. 结构不均匀将导致防水层撕裂，节点密封不严； 4. 涂料质量不合格、双组分涂料配合比和计量不准确等	1. 屋面基层应平整、干净、干燥，排水坡度符合要求； 2. 按设计要求选定涂料品种，并在使用前进行抽样复检，合格后方可使用。涂料应分成分次涂布，涂布厚度符合设计要求，双组涂料严格按厂方提供的配合比施工，并在规定时间内用完； 3. 基础沉降不均匀可考虑加设钢筋混凝土刚性找平层后再用 APP 卷材进行柔性防水； 4. 节点等细部应用密封胶料仔细封严，防止脱落

续表

序号	质量问题	形成原因	防治方法
2	粘贴不牢	1. 基层起皮、起灰、不干净、潮湿； 2. 涂料结膜不良、成膜厚度不足； 3. 施工遇雨或施工不当等	1. 基层不平、起皮、起灰应扫净后用涂料拌和水泥砂浆修补，潮湿基层应干燥后方可施工； 2. 过期变质涂料或质量低劣产品不易成膜不得使用。底层涂料干透后，方可进行上层涂料施工； 3. 按设计厚度和规定的材料用量、分层、分遍涂刷确保涂膜厚度，雨、雪、雾天不应施工
3	涂膜裂缝	基层刚度不够，找平层开裂导致涂膜开裂	1. 基层刚度不足的应设置配筋的细石混凝土刚性找平层，并按设计要求配置温度分格缝； 2. 找平层开裂后，应用密封材料镶填密实，用 10～20 mm 宽聚酯毡作隔离条，在涂刷 1～2 mm 厚涂料附加层
4	涂膜裂缝	涂料施工温度过高，或一次涂刷过厚，或前次涂刷涂料未干即涂刷后遍涂料	夏天施工温度过高时，应选择早晚施工，分层、分遍涂刷不能一次过厚或间隔时间过短
5	涂膜鼓泡	找平层不干燥或湿度过大的环境中施工，水汽遇热在涂膜层中形成鼓泡	待基层干透后选择晴好天气施工或选择潮湿界面处理剂、基层处理剂等抑制涂膜鼓泡形成
6	涂膜鲁胎体、皱折	基层表面不平、胎体自身铺贴不平、涂膜厚度不足	基层不平可用涂料拌和水泥砂浆修补刮平，铺贴胎体材应松紧有度，应边倒涂料，边推铺、边压实平整，再在其上涂刷两遍涂料，确保涂膜厚度
7	涂膜流淌	主要是涂料质量不符合要求，特别是耐热性差的厚质涂料（沥青基厚涂料目前不再使用）	涂料质量不符合要求的坚决不用，尽量不用厚质涂料而改用其他涂料
8	涂膜破损	涂膜层较薄，施工过程未保护好	按操作规程施工，确保涂膜厚度，做好成品保护

三、刚性防水屋面

刚性防水屋面是指利用刚性防水材料作防水层的屋面。主要有普通细石混凝土防水屋面、补偿收缩混凝土防水屋面、块体刚性防水屋面、预应力混凝土防水屋面等。与卷材及涂膜防水屋面相比，刚性防水屋面所用材料易得，价格便宜，耐久性好，维修方便，但刚性防水层材料的表观密度大，抗拉强度低，极限拉应力变小，易受混凝土或砂浆的干湿变形、温度变形和结构变位而产生裂缝。主要适用于防水等级为Ⅲ级的屋面防水，也可用作Ⅰ、Ⅱ级屋面多道防水设防中的一道防水层，不适用于设有松散材料保温层的屋面以及受较大震动或冲击和坡度大于 15%的建筑屋面。

（一）细石混凝土材料要求

1. 材料要求

防水层的细石混凝土宜用普通硅酸盐水泥或硅酸盐水泥，用矿渣硅酸盐水泥时应采取减少泌水性措施。水泥强度等级不宜低于 32.5 级。不得使用火山灰质水泥。防水层的细石混凝土和砂浆中，粗骨料的最大粒径不宜超过 150 mm，含泥量不应大于 1%；细骨料应采用中砂或粗砂，含泥量不应大于 2%；拌和用水应采用不含有害物质的洁净水。混凝土水灰比不应大于 0.55，每立方米混凝土水泥最小用量不应小于 330 kg，含砂率宜为 35% ~ 40%，灰砂比应为 1：（2 ~ 2.5），并宜掺入外加剂；混凝土强度不得低于 C20。普通细石混凝土、补偿收缩混凝土的自由膨胀率应为 0.05% ~ 0.1%。

块体刚性防水层使用的块体应无裂纹、无石灰颗粒、无灰浆泥面、无缺棱掉角，质地密实，表面平整。

2. 基层要求

刚性防水屋面的结构层宜为整体现浇的钢筋混凝土。当屋面结构层采用装配式钢筋混凝土板时，应用强度等级不小于 C20 的细石混凝土灌缝，灌缝的细石混凝土宜掺膨胀剂。当屋面板板缝宽度大于 40 mm 或上窄下宽时，板缝内必须设置构造钢筋，板端缝应进行密封处理。

（二）构造要求（图 6.6）

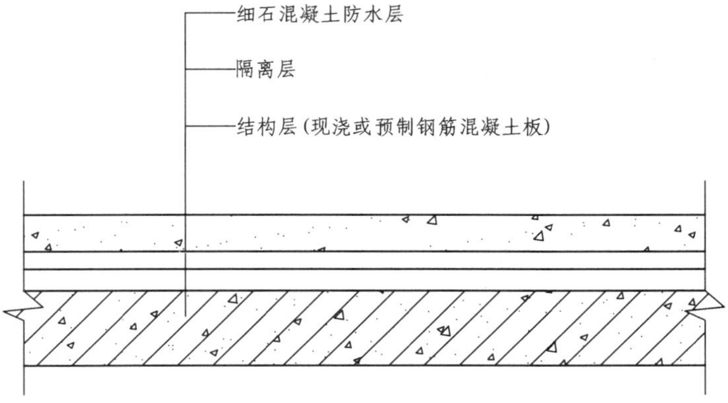

图 6.6 刚性防水屋面构造

（三）细石混凝土防水层施工

混凝土浇筑应按先远后近、先高后低的原则逐格进行施工，每个分格缝内的混凝土必须一次浇筑完毕，不得留施工缝。细石混凝土防水层厚度不小于 40 mm，应配双向钢筋网片，间距 100 ~ 200 mm，但在分隔缝处应断开，钢筋网片应放置在混凝土的中上部，其保护层厚度不小于 10 mm。混凝土的质量要严格保证，加入外加剂时，应准确计量，投料顺序得当，搅拌均匀。混凝土搅拌应采用机械搅拌，搅拌时间不少于 2 min，混凝土运输过程中应防止漏浆和离析。混凝土浇筑时，先用平板振动器振实，再用滚筒滚压至表面平整、泛浆，然后用铁抹子压实抹平，并确保防水层的设计厚度和排水坡度。抹压时严禁在表面洒水、加水泥浆或撒干水泥。待混凝土初凝收水后，应进行二次表面压光，或在终凝前三次压光成活，以提高其抗渗性。混凝土浇筑 12 ~ 24 h 后应进行养护，养护时间不应少于 14 d，养护初期屋面不得上人。施工时的气温宜在 5 ~ 35 °C，以保证防水层的施工质量。

（四）隔离层施工

在结构层与防水层之间宜增加一层低强度等级砂浆、卷材、塑料薄膜等材料，起隔离作用，使结构层和防水层变形互不受约束，以减少防水混凝土产生拉应力而导致混凝土防水层开裂。

1. 黏土砂浆（或石灰砂浆）隔离层施工

预制板缝填嵌细石混凝土后板面应清扫干净，洒水湿润，但不得积水，将按石灰膏：砂：黏土 = 1：2.4：3.6（或石灰膏：砂 = 1：4）配制的材料拌和均匀，砂浆以干稠为宜，铺抹的厚度一般为 10 ~ 20 mm，要求表面平整、压实、抹光，待砂浆基本干燥后，方可进行下道工序施工。

2. 卷材隔离层施工

用 1：3 水泥砂浆将结构层找平，并压实抹光养护，再在干燥的找平层上铺一层 3 ~ 8 mm 干细砂滑动层，在其上铺一层卷材，搭接缝用热沥青胶胶结。也可以在找平层上直接铺一层塑料薄膜。

做好隔离层继续施工时，要注意对隔离层加强保护。混凝土运输不能直接在隔离层表面进行，应采取垫板等措施；绑扎钢筋时不得扎破表面，浇捣混凝土时更不能振疏隔离层。

3. 分格缝的设置

为防止大面积的刚性防水层因温差、混凝土收缩等影响而产生裂缝，应按设计要求设置分格缝。其位置一般应设在结构应力变化较突出的部位，如结构层屋面板的支承端、屋面转折处、防水层与突出屋面结构的交接处，并应与板缝对齐。分格缝的纵横间距一般不大于 6 m。

分格缝的一般做法是在施工刚性防水层前，先在隔离层上定好分格缝位置，再安放分格条，然后按分隔板块浇筑混凝土，待混凝土初凝后，将分格条取出即可。分格缝处可采用嵌填密封材料并加贴防水卷材的办法进行处理，以增加防水的可靠性。

四、厨房、卫生间防水

厨房、卫生间一般有较多穿过楼地面或墙体的管道，平面形状较复杂且面积较小，如果采用各种防水卷材施工，因防水卷材的剪口和接缝较多，很难黏结牢固、封闭严密，难以形成一个有弹性的整体防水层，比较容易发生渗漏水的质量事故。

（一）厨房、卫生间细部构造

如图 6.7 所示。

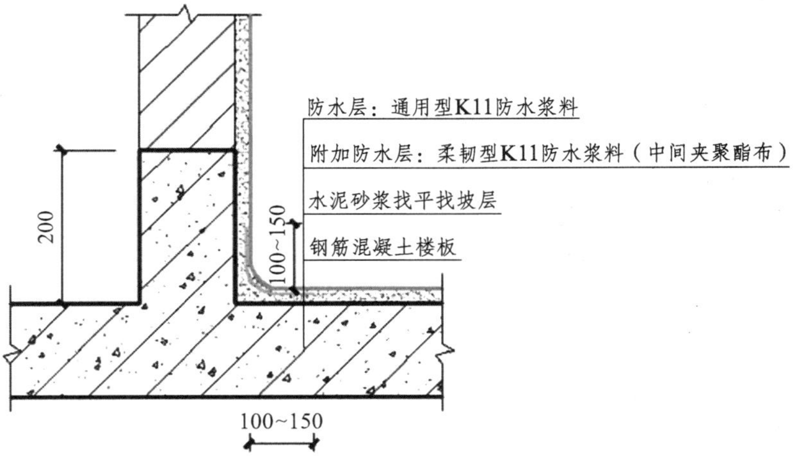

（a）厨房防水构造

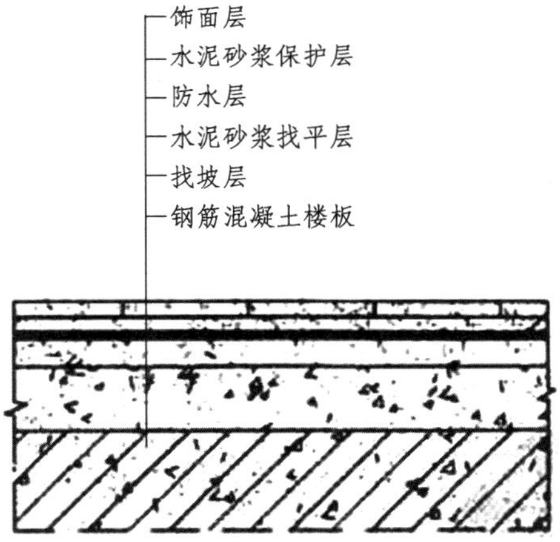

（b）卫生间防水构造

图 6.7 厨房、卫生间细部构造

（二）材料及其要求

厨房、卫生间防水最好用复合防水涂料，建议防水材料使用聚合物水泥基防水涂/浆料，即市场上名称为通用型、柔韧型、K11、JS、GS 防水涂/浆料，这类产品是水性涂料，有无毒无害无污染、施工简单快捷、和水泥基材粘接紧密、使用寿命长、防水效果强、价格适中等显著特点。防水材料的施工厚度需要达到 1.5 mm 涂膜。复合防水涂料是以水为分散介质的涂料，可在干燥或潮湿（无明水）的基层表面进行涂刷施工。因其具有挥发固化和反应固化的双重功能，所以成膜速度快，涂膜的耐磨性能佳；另外与基层的粘结力佳，拉伸强度高，断裂延伸率大，对基层伸缩或开裂变形的适应性强；再就是该涂料无毒、无味、施工安全、简便。

（三）施工工序流程

基层清理→细部附加层施工→第一层涂膜→第二层涂膜→第三层涂膜→第一次试水→保护层施工→第二次试水→工程质量验收。

（四）操作要点

聚氨酯涂膜防水材料是双组分化学反应固化型的高弹性防水涂料，多以甲、乙双组分形式使用。主要材料有聚氨酯涂膜防水材料甲组分、聚氨酯涂膜防水材料乙组分和无机铝盐防水剂等。施工用辅助材料应备有二甲苯、醋酸乙酯、磷酸等。

1. 卫生间楼地面聚氨酯防水施工

（1）基层处理

卫生间的防水基层必须用 1∶3 的水泥砂浆找平，要求抹平压光无空鼓，表面要坚实，不应有起砂、掉灰现象。在抹找平层时，在管道根部的周围，应使其略高于地面，在地漏的周围，应做成略低于地面的洼坑。找平层的坡度以 1%～2%为宜，坡向地漏。凡遇到阴、阳角处，要抹成半径不小于 10 mm 的小圆弧。

与找平层相连接的管件、卫生洁具、排水口等，必须安装牢固，收头圆滑，按设计要求用密封膏嵌固。基层必须基本干燥，一般在基层表面均匀泛白无明显水印时，才能进行涂膜防水层施工。施工前要把基层表面的尘土杂物彻底清扫干净。

（2）施工工艺

① 清理基层

需作防水处理的基层表面，必须彻底清扫干净。

② 涂布底胶

将聚氨酯甲、乙两组分和二甲苯按 1∶1.5∶2 的比例（重量比，以产品说明为准）配合搅拌均匀，再用小滚刷或油漆刷均匀涂布在基层表面上。涂刷量一般为 0.15～0.21 kg/m^2，涂刷后应干燥固化 4 h 以上，才能进行下道工序施工。

③ 配制聚氨酯涂膜防水涂料

将聚氨酯甲、乙组分和二甲苯按 1∶1.5∶0.3 的比例配合，用电动搅拌器强力搅拌均匀备用。应随配随用，一般在 2 h 内用完。

④ 涂膜防水层施工

用小滚刷或油漆刷将已配好的防水涂料均匀涂布在底胶已干固的基层表面上。涂完第一度涂膜后，一般需固化 5 h 以上，在基本不粘手时，再按上述方法涂布第二、第三、第四度涂膜，并使后一度与前一度的涂布方向相垂直。对管子根部、地漏周围以及墙转角部位，必须认真涂刷，涂刷厚度不小于 2 mm。在涂刷最后一度涂膜固化前及时稀撒少许干净的粒径为 2～3 mm 的小豆石，使其与涂膜防水层黏结牢固，作为与水泥砂浆保护层黏结的过渡层。

⑤ 做好保护层

当聚氨酯涂膜防水层完全固化和通过蓄水试验合格后，即可铺设一层厚度为 15～25 mm

的水泥砂浆保护层，然后按设计要求铺设饰面层。

（3）质量要求

聚氨酯涂膜防水材料的技术性能应符合设计要求或材料标准规定，并应附有质量证明文件和现场取样进行检测的试验报告以及其他有关质量的证明文件。聚氨酯的甲、乙料必须密封存放，甲料开盖后，吸收空气中的水分会起反应而固化，如在施工中，混有水分，则聚氨酯固化后内部会有水泡，影响防水能力。涂膜厚度应均匀一致，总厚度不应小于 1.5 mm。涂膜防水层必须均匀固化，不应有明显的凹坑、气泡和渗漏水的现象。

2. 卫生间楼地面氯丁胶乳沥青防水涂料施工

氯丁胶乳沥青防水涂料是以氯丁橡胶和沥青为基料，经加工合成的一种水乳型防水涂料。它兼有橡胶和沥青的双重优点，具有防水、抗渗、耐老化、不易燃、无毒、抗基层变形能力强等优点，冷作业施工，操作方便。

（1）基层处理

与聚氨酯涂膜防水施工要求相同。

（2）施工工艺及要点

二布六油防水层的工艺流程：基层找平处理—满刮一遍氯丁胶沥青水泥腻子—满刮第一遍涂料—做细部构造加强层—铺贴玻璃布，同时刷第二遍涂料—刷第三遍涂料—铺贴玻纤网格布，同时刷第四遍涂料—涂刷第五遍涂料—涂刷第六遍涂料并及时撒砂粒—蓄水试验—按设计要求做保护层和面层—防水层二次试水，验收。

在清理干净的基层上满刮一遍氯丁胶乳沥青水泥腻子，管根和转角处要厚刮并抹平整，腻子的配制方法是将氯丁胶乳沥青防水涂料倒入水泥中，边倒边搅拌至稠浆状即可刮涂于基层，腻子厚度为 2 ~ 3 mm，待腻子干燥后，满刷一遍防水涂料，但涂刷不能过厚，不得漏刷，表面均匀不流淌，不堆积，立面刷至设计标高。在细部构造部位，如阴阳角、管道根部、地漏、大便器蹲坑等分别附加一布二涂附加层。附加层干燥后，大面铺贴玻纤网格布同时涂刷第二遍防水涂料，使防水涂料浸透布纹渗入下层，玻纤网格布搭接宽度不小于 100 mm，立面贴到设计高度，顺水接槎，收口处贴牢。

上述涂料实干后（约 24 h），满刷第三遍涂料，表干后（约 4 h）铺贴第二层玻纤网格布同时满刷第四遍防水涂料。第二层玻纤布与第一层玻纤布接槎要错开，涂刷防水涂料时，应均匀，将布展平无折皱。上述涂层实干后，满刷第五遍、第六遍防水涂料，整个防水层实干后，可进行第一次蓄水试验，蓄水时间不少于 24 h，无渗漏才合格，然后做保护层和饰面层。工程交付使用前应进行第二次蓄水试验。

（3）质量要求

水泥砂浆找平层做完后，应对其平整度、强度、坡度和干燥度进行预检验收。防水涂料应有产品质量证明书以及现场取样的复检报告。施工完成的氯丁胶乳沥青涂膜防水层，不得有起鼓、裂纹、孔洞缺陷。末端收头部位应粘贴牢固，封闭严密，成为一个整体的防水层。做完防水层的卫生间，经 24 h 以上的蓄水检验，无渗漏水现象方为合格。要提供检查验收记录，连同材料质量证明文件等技术资料一并归档备查。

3. 卫生间涂膜防水施工注意事项

施工用材料有毒性，存放材料的仓库和施工现场必须通风良好，无通风条件的地方必须安装机械通风设备。

施工材料多属易燃物质，存放、配料以及施工现场必须严禁烟火，现场要配备足够消防器材。

在施工过程中，严禁上人踩踏未完全干燥的涂膜防水层。操作人员应穿平底胶布鞋，以免损坏涂膜防水层。

凡需做附加补强层的部位应先施工，然后再进行大面防水层施工。

已完工的涂膜防水层，必须经蓄水试验无渗漏现象后，方可进行刚性保护层的施工。进行刚性保护层施工时，切勿损坏防水层，以免留下渗漏隐患。

4. 卫生间渗漏与堵漏技术

卫生间用水频繁，防水处理不当就会发生渗漏，主要表现在楼板管道滴漏水、地面积水、墙壁潮湿渗水，甚至下层顶板和墙壁也出现滴水等现象。治理卫生间的渗漏，必须先查找渗漏的部位和原因，然后采取有效的针对性措施。

（1）板面及墙面渗水

① 原 因

混凝土、砂浆施工的质量不良，存在微孔渗漏；板面、隔墙出现轻微裂缝；防水涂层施工质量不好或被损坏。

② 堵漏措施

a. 拆除卫生间渗漏部位饰面材料，涂刷防水涂料。

b. 如有开裂现象，则应对裂缝先进行增强防水处理，再刷防水涂料。增强处理一般采用贴缝法、填缝法和填缝加贴缝法。贴缝法主要适用于微小的裂缝，可刷防水涂料并加贴纤维材料或布条，作防水处理。填缝法主要用于较显著的裂缝，施工时要先进行扩缝处理，将缝扩展成 15 mm × 15 mm 左右的 V 形槽，清理干净后刮填嵌缝材料。填缝加贴缝法除采用填缝处理外，在缝表面再涂刷防水涂料，并粘纤维材料处理。

当渗漏不严重，饰面拆除困难时，也可直接在其表面刮涂透明或彩色聚氨酯防水涂料。

（2）卫生洁具及穿楼板管道、排水管口等部位渗漏

① 原 因

细部处理方法欠妥，卫生洁具及管口周边填塞不严；管口连接件老化；由于振动及砂浆、混凝土收缩等原因，出现裂隙；卫生洁具及管口周边未用弹性材料处理，或施工时嵌缝材料及防水涂料黏结不牢；嵌缝材料及防水涂层被拉裂或拉离黏结面。

② 堵漏措施

a. 将漏水部位彻底清理，刮填弹性嵌缝材料。

b. 在渗漏部位涂刷防水涂料，并粘贴纤维材料增强。

c. 更换老化管口连接件。

（五）质量检查及验收

（1）防水施工宜用于涂膜防水材料。

（2）防水材料性能应符合国家现行有关标准的规定，并应有产品合格证书。

（3）基层表面应平整，不得有空鼓、起砂、开裂等缺陷。基层含水率应符合防水材料的施工要求。

防水层应从地面延伸到墙面，高出地面 250 mm。浴室墙面的防水层高度不得低于 1 800 mm。

（4）防水水泥砂浆找平层与基础结合密实，无空鼓，表面平整光洁、无裂缝、起砂，阴阳角做成圆弧形。

（5）涂膜防水层涂刷均匀，厚度满足产品技术规定的要求，一般厚度不少于 1.5 mm 不露底。

（6）使用施工接茬应顺流水方向搭接，搭接宽度不小于 100 mm，使用两层以上玻纤布上下搭接时应错开幅宽的二分之一。

（7）涂膜表面不起泡、不流淌、平整无凹凸，与管件、洁具地脚、地漏、排水口接缝严密收头圆滑不渗漏。

（8）保护层水泥砂浆厚度、强度必须符合设计要求，操作时严禁破坏防水层，根据设计要求做好地面泛水坡度，排水要畅通、不得有积水倒坡现象。

（9）防水工程完工后，必须做 24 小时蓄水试验。

五、外墙防水

外墙防水一般规定：突出墙面的腰线、檐板、窗台上部均应做成不小于 3%的向外排水坡，下部应做滴水，与墙面交角处应做成直径 100 mm 的圆角。空心砌块外墙门窗洞周边 200 mm 内的砌体应用实心砌块砌筑或用 C20 细石混凝土填实。阳台、露台等地面应做防水处理，标高应不低于同楼层地面标高 20 mm，坡向排水口的坡度应大于 3%。阳台栏杆与外墙体交接处应用聚合物水泥砂浆做好填嵌处理。外墙体变形缝必须做防水处理。

外墙防水构造：外墙防水构造包括找平层、防水层和饰面层。

外墙防水施工：外墙面涂刷保护性防水涂料；外墙拼接缝密封防水。

六、坡屋顶和地下室防水

地下防水工程是防止地下水对地下构筑物或建筑物基础的长期浸透，保证地下构筑物或地下室使用功能正常发挥的一项重要工程。由于地下工程常年受到地表水、潜水、上层滞水、毛细管水等的作用，所以，对地下工程防水的处理比屋面防水工程要求更高，防水技术难度更大。而如何正确选择合理有效的防水方案就成为地下防水工程中的首要问题。

地下工程的防水等级分 4 级，各级标准应符合表 6.20 的规定。

表 6.20 地下工程防水等级标准

防水等级	标 准
1 级	不允许渗水，结构表面无湿渍
2 级	不允许漏水，结构表面可有少量湿渍 工业与民用建筑：湿渍总面积不大于总防水面积的 1‰，单个湿渍面积不大于 0.1 m^2，任意 100 m^2 防水面积不超过 1 处 其他地下工程：湿渍总面积不大于总防水面积的 6‰，单个湿渍面积不大于 0.2 m^2，任意 100 m^2 防水面积不超过 4 处
3 级	有少量漏水点，不得有线流和漏泥沙 单个湿渍面积不大于 0.3 m^2，单个漏水点的漏水量不大于 2.5 L/d，任意 100 m^2 防水面积不超过 1 处
4 级	有漏水点，不得有线流和漏泥沙 整个工程平均漏水量不大于 2 L/（m^2·d），任意 100 m^2 防水面积的平均漏水量不大于 4 L/（m^2·d）

1. 防水方案

地下工程的防水方案，应遵循“防、排、截、堵结合，刚柔相济，因地制宜，综合治理”的原则，根据使用要求、自然环境条件及结构形式等因素确定。地下工程的防水，应采用经过试验、检测和鉴定并经实践检验质量可靠的新材料，行之有效的新技术、新工艺。常用的防水方案有以下两类：

（1）结构自防水。依靠防水混凝土本身的抗渗性和密实性来进行防水。结构本身既是承重围护结构，又是防水层。因此，它具有施工简便、工期较短、改善劳动条件、节省工程造价等优点，是解决地下防水的有效途径，从而被广泛采用。

（2）设防水层。即在结构物的外侧增加防水层，以达到防水的目的。常用的防水层有水泥砂浆、卷材、沥青胶结料和金属防水层，可根据不同的工程对象、防水要求及施工条件选用。

（3）渗排水防水。利用盲沟、渗排水层等措施来排除附近的水源，以达到防水目的。适用于形状复杂、受高温影响、地下水为上层滞水且防水要求较高的地下建筑。

2. 结构主体防水的施工

（1）防水混凝土结构的施工

防水混凝土结构是指以本身的密实性而具有一定防水能力的整体式混凝土或钢筋混凝土结构。它兼有承重、围护和抗渗的功能，还可满足一定的耐冻融及耐侵蚀要求。

① 防水混凝土的种类

防水混凝土一般分为普通防水混凝土、外加剂防水混凝土和膨胀水泥防水混凝土三种。

普通防水混凝土是以调整和控制配合比的方法，以达到提高密实度和抗渗性要求的一种混凝土。

外加剂防水混凝土是指用掺入适量外加剂的方法，改善混凝土内部组织结构，以增加密实性、提高抗渗性的混凝土。按所掺外加剂种类的不同可分减水剂防水混凝土、加气剂防水混凝土、三乙醇胺防水混凝土、氯化铁防水混凝土等。

膨胀水泥防水混凝土是指用膨胀水泥为胶结料配制而成的防水混凝土。

不同类型的防水混凝土具有不同特点，应根据使用要求加以选择。

② 防水混凝土施工

防水混凝土结构工程质量的优劣，除取决于合理的设计、材料的性质及配合成分以外，还取决于施工质量的好坏。因此，对施工中的各主要环节，如混凝土搅拌、运输、浇筑、振捣、养护等，均应严格遵循施工及验收规范和操作规程的各项规定进行施工。

防水混凝土所用模板，除满足一般要求外，应特别注意模板拼缝严密，支撑牢固。在浇筑防水混凝土前，应将模板内部清理干净。如若两侧模板需用对拉螺栓固定时，应在螺栓或套管中间加焊止水环，螺栓加堵头（如图 6.8 所示钢筋不得用钢丝或铁钉固定在模板上，必须采用相同配合比的细石混凝土或砂浆块作垫块，并确保钢筋保护层厚度符合规定，不得有负误差）。如结构内设置的钢筋确需用铁丝绑扎时，均不得接触模板。

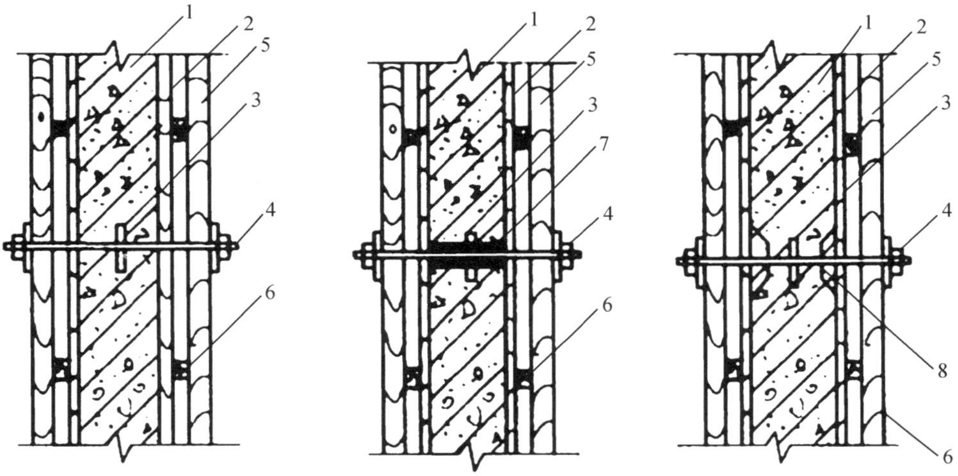

（a）螺栓加焊止水环　　（b）套管加焊止水环　　（c）螺栓加堵头

图 6.8　螺栓穿墙止水措施

1—防水建筑；2—模板；3—止水环；4—螺栓；5—水平加劲肋；6—垂直加劲肋；
7—预埋套管（拆模后将螺栓拔出，套管内用膨胀水泥砂浆封堵）；
8—堵头（拆模后将螺栓沿平凹坑底割去，再用膨胀水泥砂浆封堵）

防水混凝土的配合比应通过试验选定。选定配合比时，应按设计要求的抗渗标号提高 0.2 MPa，防水混凝土的抗渗等级不得小于 S6，所用水泥的强度等级不低于 32.5 级，石子的粒径宜为 5 ~ 40 mm，宜采用中砂，防水混凝土可根据抗裂要求掺入钢纤维或合成纤维，其掺合料、外加剂的掺量应经试验确定，其水灰比不大于 0.55。地下防水工程所使用的防水材料应有产品合格证书和性能检测报告，材料的品种、规格、性能等应符合现行国家产品标准和设计要求，不合格的材料不得在工程中使用。配制防水混凝土要用机械搅拌，先将砂、石、水泥一次倒入搅拌筒内搅拌 0.5 ~ 1.0 min，再加水搅拌 1.5 ~ 2.5 min。如掺外加剂应最后加入。外加剂必须先用水稀释均匀，掺外加剂防水混凝土的搅拌时间应根据外加剂的技术要求确定。对厚度≥250 mm 的结构，混凝土坍落度宜为 10 ~ 30 mm，厚度<250 mm 或钢筋稠密的结构，混凝土坍落度宜为 30 ~ 50 mm。拌好的混凝土应在半小时内运至现场，于初凝前浇筑完毕，

如运距较远或气温较高时，宜掺缓凝减水剂。防水混凝土拌和物在运输后，如出现离折，必须进行二次搅拌，当坍落度损失后，不能满足施工要求时，应加入原水灰比的水泥浆或二次掺减水剂进行搅拌，严禁直接加水。混凝土浇筑时应分层连续浇筑，其自由倾落高度不得大于 1.5 m。混凝土应用机械振捣密实，振捣时间为 10 ~ 30 s，以混凝土开始泛浆和不冒气泡为止，并避免漏振、欠振和超振。混凝土振捣后，须用铁锹拍实，等混凝土初凝后用铁抹子压光，以增加表面致密性。

防水混凝土应连续浇筑，尽量不留或少留施工缝。必须留设施工缝时，宜留在下列部位：墙体水平施工缝不应留在剪力与弯矩最大处或底板与侧墙的交接处，应留在高出底板表面不小于 300 mm 的墙体上；拱（板）墙结合的水平施工缝，宜留在拱（板）墙接缝线以下 150 ~ 300 mm 处；墙体有预留孔洞时，施工缝距孔洞边缘不应小于 300 mm；垂直施工缝应避开地下水和裂隙水较多的地段，并宜与变形缝相结合。施工缝防水的构造形式见图 6.9。

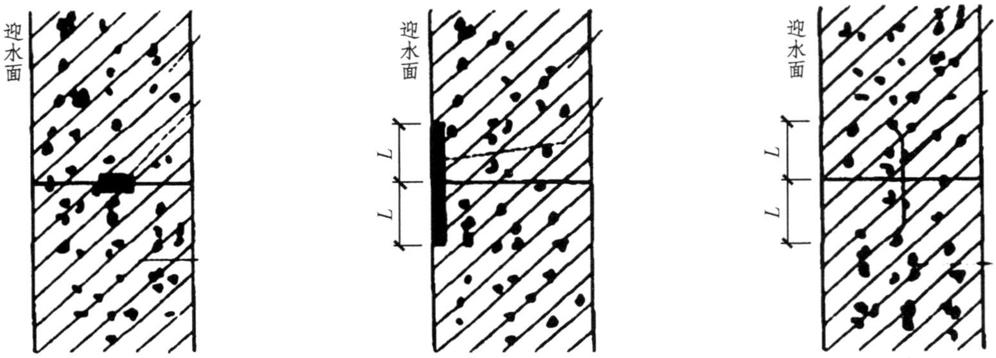

防水基本构造（一）
1—先浇混凝土；2—遇水膨胀止水条；
3—后浇混凝土

防水基本构造(二）
1—先浇混凝土；2—中埋止水带；
3—后浇混凝土

防水基本构造(三）
1—先浇混凝土；2—中埋止水带；
3—后浇混凝土

外贴止水带≥150；钢板止水带≥400；
外涂防水涂料≥200；橡胶止水带≥125；
外抹防水砂浆≥200；钢边橡胶止水带≥120

图 6.9　施工缝防水构造

施工缝浇灌混凝土前，应将其表面浮浆和杂物清除干净，先铺净浆，再铺 30 ~ 50 mm 厚的 1 : 1 水泥砂浆或涂刷混凝土界面处理剂，并及时浇灌混凝土，垂直施工缝可不铺水泥砂浆，选用的遇水膨胀止水条，应牢固地安装在缝表面或预留槽内，且该止水条应具有缓胀性能，其 7 d 的膨胀率不应大于最终膨胀率的 60%，如采用中埋式止水带时，应位置准确，固定牢靠。

防水混凝土终凝后（一般浇后 4 ~ 6 h），即应开始覆盖浇水养护，养护时间应在 14 d 以上，冬季施工混凝土入模温度不应低于 5 °C，宜采用综合蓄热法，蓄热法、暖棚法等养护方法，并应保持混凝土表面湿润，防止混凝土早期脱水，如采用掺化学外加剂方法施工时，能降低水溶液的冰点，使混凝土在低温下硬化，但要适当延长混凝土搅拌时间，振捣要密实，还要采取保温保湿措施。不宜采用蒸汽养护和电热养护，地下构筑物应及时回填分层夯实，以避免由于干缩和温差产生裂缝。防水混凝土结构须在混凝土强度达到设计强度 40%以上时方可在其上面继续施工达到设计强度 70%以上时方可拆模。拆模时，混凝土表面温度与环境温度之差，不得超过 15 °C，以防混凝土表面出现裂缝。

防水混凝土浇筑后严禁打洞，因此，所有的预留孔和预埋件在混凝土浇筑前必须埋设准确。对防水混凝土结构内的预埋铁件、穿墙管道等防水薄弱之处，应采取措施，仔细施工。

拌制防水混凝土所用材料的品种、规格和用量，每工作班检查不应少于两次，混凝土在浇筑地点的坍落度，每工作班至少检查两次，防水混凝土抗渗性能，应采用标准条件下养护混凝土抗渗试件的试验结果评定，试件应在浇筑地点制作。连续浇筑混凝土每 500 m^3 应留置一组抗渗试件，一组为 6 个试件，每项工程不得小于两组。

防水混凝土的施工质量检验，应按混凝土外露面积每 100 m^2 抽查 1 处，每处 10 m^2，且不得不少于 3 处，细部构造应全数检查。

防水混凝土的抗压强度和抗渗压力必须符合设计要求，其变形缝、施工缝、后浇带、穿墙管道、埋设件等设置和构造均要符合设计要求，严禁有渗漏。防水混凝土结构表面的裂缝宽度不应大于 0.2 mm，并不得贯通，其结构厚度不应小于 250 mm，迎水面钢筋保护层厚度不应小于 50 mm。

（2）水泥砂浆防水层的施工

刚性抹面防水根据防水砂浆材料组成及防水层构造不同可分为两种：掺外加剂的水泥砂浆防水层与刚性多层抹面防水层。掺外加剂的水泥砂浆防水层，近年来已从掺用一般无机盐类防水剂发展至用聚合物外加剂改性水泥砂浆,从而提高水泥砂浆防水层的抗拉强度及韧性，有效地增强了防水层的抗渗性，可单独用于防水工程，获得较好的防水效果。刚性多层抹面防水层主要是依靠特定的施工工艺要求来提高水泥砂浆的密实性,从而达到防水抗渗的目的，适用于埋深不大，不会因结构沉降、温度和湿度变化及受振动等产生有害裂缝的地下防水工程。适用于结构主体的迎水面或背水面，在混凝土或砌体结构的基层上采用多层抹压施工，但不适用环境有侵蚀性，持续振动或温度高于 80 °C 的地下工程。

水泥砂浆防水层所采用的水泥强度等级不应低于 32.5 级，宜采用中砂，其粒径在 3 mm 以下，外加剂的技术性能应符合国家或行业标准一等品及以上的质量要求。

刚性多层抹面防水层通常采用四层或五层抹面做法。一般在防水工程的迎水面采用五层抹面做法（图 6.10），在背水面采用四层抹面做法（少一道水泥浆），施工前要注意对基层的处理，使基层表面保持湿润、清洁、平整、坚实、粗糙，以保证防水层与基层表面结合牢固，不空鼓和密实不透水。施工时应注意素灰层与砂浆层应在同一天完成。施工应连续进行，尽可能不留施工缝。一般顺序为先平面后立面。分层做法如下：第一层，在浇水湿润的基层上先抹 1 mm 厚素灰（用铁板用力刮抹 5 ~ 6 遍），再抹找平。第二层，在素灰层初凝后终凝前进行，使砂浆压入素灰层 0.5 mm 并扫出横纹。第三层，在第二层凝固后进行，做法同第一层。第四层，同第二层做法，抹后在表面用铁板抹压 5 ~ 6 遍，最后压光。第五层，在第四层抹压二遍后刷水泥浆一遍，随第四层压光。水泥砂浆铺抹时，采用砂浆收水后二次抹光，使表面坚固密实。防水层的厚度应满足设计要求，一般为 18 ~ 20 mm 厚，聚合物水泥砂浆防水层厚度要视施工层数而定。施工时应注意素灰层与砂浆层应在同一天完成，防水层各层之间应结合牢固，不空鼓。每层宜连续施工，尽可能不留施工缝，必须留施工缝时，应采用阶梯坡形槎，但离开阴阳角处，不小于 200 mm，防水层的阴阳角应做成圆弧形。

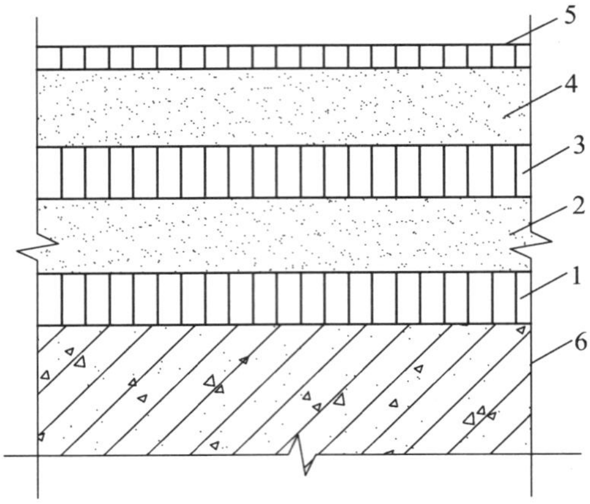

图 6.10　五层做法构造

1，3—素灰层 2 mm；2，4—砂浆层 4～5 mm；5—水泥浆 1 mm；6—结构层

水泥砂浆防水层不宜在雨天及 5 级以上大风中施工，冬季施工不低于 5 °C，夏季施工不应在 35 °C 以上或烈日照射下施工。

如采用普通水泥砂浆做防水层，铺抹的面层终凝后应及时进行养护，且养护时间不得少于 14 d。

对聚合物水泥砂浆防水层未达硬化状态时，不得浇水养护或受雨水冲刷，硬化后应采用干湿交替的养护方法。

（3）卷材防水层施工

卷材防水层是用沥青胶结材料粘贴卷材而成的一种防水层，属于柔性防水层。其特点是具有良好的韧性和延伸性，能适应一定的结构振动和微小变形，对酸、碱、盐溶液具有良好的耐腐蚀性，是地下防水工程常用的施工方法，采用改性沥青防水卷材和高分子防水卷材，抗拉强度高，延伸率大，耐久性好，施工方便。但由于沥青卷材吸水率大，耐久性差，机械强度低，直接影响防水层质量，而且材料成本高，施工工序多，操作条件差，工期较长，发生渗漏后修补困难。

① 铺贴方案

地下防水工程一般把卷材防水层设置在建筑结构的外侧迎水面上称为外防水，这种防水层的铺贴法可以借助土压力压紧，并与结构一起抵抗有压地下水的渗透和侵蚀作用，防水效果良好，采用比较广泛。卷材防水层用于建筑物地下室，应铺设在结构主体底板垫层至墙体顶端的基面上，在外围形成封闭的防水层，卷材防水层为一至二层，防水卷材厚度应满足表 6.21 的规定。

表 6.21 防水卷材厚度表

防水等级	设防道数	合成高分子卷材	高聚物改性沥青防水卷材
一级	三道或三道以上设防	单层：不应小于 1.5 mm	单层：不应小于 4 mm
二级	二道设防	双层：每层不应小于 1.2 mm	双层：每层不应小于 3 mm
三级	一道设防	不应小于 1.5 mm	不应小于 4 mm
	复合设防	不应小于 1.2 mm	不应小于 3 mm

阴阳角处应做成圆弧或 135°折角，其尺寸视卷材品质而定，在转角处，阴阳角等特殊部位，应增贴 1 ~ 2 层相同的卷材，宽度不宜小于 500 mm。

外防水的卷材防水层铺贴方法，按其与地下防水结构施工的先后顺序分为外贴法和内贴法两种。

a. 外贴法

在地下建筑墙体做好后，直接将卷材防水层铺贴在墙上，然后砌筑保护墙（图 6.11）。其施工程序是：首先浇筑需防水结构的底面混凝土垫层，并在垫层上砌筑永久性保护墙，墙下干铺油毡一层，墙高不小于结构底板厚度，另加 200 ~ 500 mm；在永久性保护墙上用石灰砂浆砌临时保护墙，墙高为 150 mm × 油毡层数 + 1；在永久性保护墙上和垫层上抹 1∶3 水泥砂浆找平层，临时保护墙上用石灰砂浆找平；待找平层基本干燥后，即在其上满涂冷底子油，然后分层铺贴立面和平面卷材防水层，并将顶端临时固定。在铺贴好的卷材表面做好保护层后，再进行需防水结构的底板和墙体施工。需防水结构施工完成后，将临时固定的接槎部位的各层卷材揭开并清理干净，再在此区段的外墙外表面上摸水泥砂浆找平层，找平层上满涂冷底子油，将卷材分层错槎搭接向上铺贴在结构墙上，并及时做好防水层的保护结构。

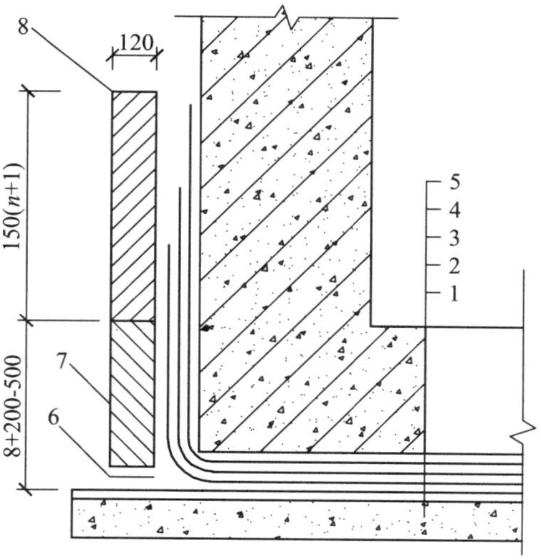

图 6.11 外贴法

1—垫层；2—找平层；3—卷材防水层；4—保护层；5—构筑物；
6—油毡；7—永久保护墙；8—临时性保护墙

b. 内贴法

在地下建筑墙体施工前先砌筑保护墙，然后将卷材防水层铺贴在保护墙上，最后施工并浇筑地下建筑墙体（图 6.12）。其施工程序是：先在垫层上砌筑永久保护墙，然后在垫层及保护墙上抹 1∶3 水泥砂浆找平层，待其基本干燥后满涂冷底子油，沿保护墙与垫层铺贴防水层。卷材防水层铺贴完成后，在立面防水层上涂刷最后一层沥青胶时，趁热粘上干净的热砂或散麻丝，待冷却后，随即抹一层 10 ~ 20 mm 厚 1∶3 水泥砂浆保护层。在平面上可铺设一层 30 mm 厚 1∶3 水泥砂浆或细石混凝土保护层。最后浇筑防水结构的底板和墙体混凝土。

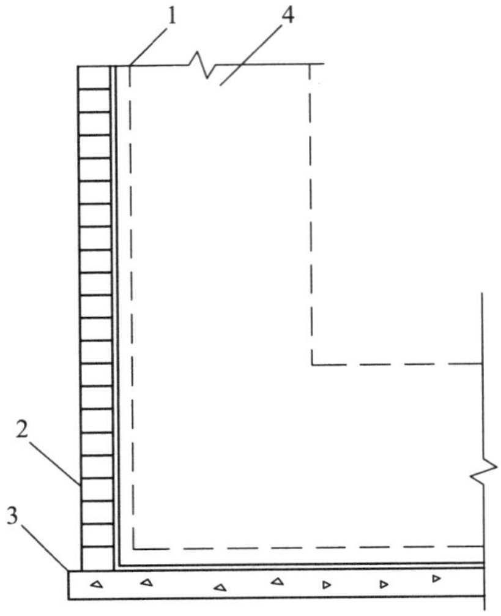

图 6.12 内贴法

1—卷材防水层；2—永久保护墙；3—垫层；4—尚未施工的构筑物

② 施工要点

铺贴卷材的基层必须牢固、无松动现象；基层表面应平整干净；阴阳角处，均应做成圆弧形或钝角。铺贴卷材前，应在基面上涂刷基层处理剂，当基面较潮湿时，应涂刷湿固化型胶粘剂或潮湿界面隔离剂。基层处理剂应与卷材和胶粘剂的材性相容，基层处理剂可采用喷涂法或涂刷法施工，喷涂应均匀一致，不露底，待表面干燥后，再铺贴卷材。铺贴卷材时，每层的沥青胶，要求涂布均匀，其厚度一般为 1.5 ~ 2.5 mm。外贴法铺贴卷材应先铺平面，后铺立面，平、立面交接处应交叉搭接；内贴法宜先铺垂直面，后铺水平面。铺贴垂直面时应先铺转角，后铺大面。墙面铺贴时应待冷底子油干燥后自下而上进行。卷材接槎的搭接长度：高聚物改性沥青卷材为 150 mm，合成高分子卷材为 100 mm，当使用两层卷材时，上下两层和相邻两幅卷材的接缝应错开 1/3 ~ 1/2 幅宽，并不得互相垂直铺贴。在立面与平面的转角处，卷材的接缝应留在平面距立面不小于 600 mm 处。在所有转角处均应铺贴附加层并仔细粘贴紧密。粘贴卷材时应展平压实。卷材与基层和各层卷材间必须黏结紧密，搭接缝必须用沥青胶仔细封严。最后一层卷材贴好后，应在其表面均匀涂刷一层热沥青胶，以保护防水层。铺贴高聚物改性沥青卷材应采用热熔法施工，在幅宽内卷材底表面均匀加热，不可过分加热或烧穿卷材，只使卷材的粘接面材料加热呈熔融状态后，立即与基层或已粘贴好的卷材粘接牢固，但对厚度小于 3 mm 的高聚物改青沥青防水卷材不能采用热熔法施工。铺贴合成高分子卷材要采用冷粘法施工，所使用的胶粘剂必须与卷材材性相容。

如用模板代替临时性保护墙时，应在其上涂刷隔离剂。从底面折向立面的卷材与永久性保护墙的接触部位，应采用空铺法施工，与临时性保护墙或围护结构模板接触的部位，应临时贴附在该墙上或模板上，卷材铺好后，其顶端应临时固定。当不设保护墙时，从底面折向立面的卷材的接茬部位应采取可靠的保护措施。

3. 结构细部构造防水的施工

（1）变形缝

地下结构物的变形缝是防水工程的薄弱环节，防水处理比较复杂。如处理不当会引起渗漏现象，从而直接影响地下工程的正常使用和寿命。为此，在选用材料、做法及结构形式上，应考虑变形缝处的沉降、伸缩的可变性，并且还应保证其在形态中的密闭性，即不产生渗漏水现象。用于伸缩的变形缝宜不设或少设，可根据不同的工程结构、类别及工程地质情况采用诱导缝、加强带、后浇带等替代措施。用于沉降的变形缝宽度宜为 20 ~ 30 mm，用于伸缩的变形缝宽度宜小于此值，变形缝处混凝土结构的厚度不应小于 300 mm，变形缝的防水措施可根据工程开挖方法，防水等级按表 6.21 选用。

对止水材料的基本要求是：适应变形能力强；防水性能好；耐久性高；与混凝土黏结牢固等。防水混凝土结构的变形缝，后浇带等细部构造应采用止水带，遇水膨胀橡胶腻子止水条等高分子防水材料和接缝密封材料。

常见的变形缝止水带材料有：橡胶止水带、塑料止水带、氯丁橡胶止水带和金属止水带（如镀锌钢板等）。其中，橡胶止水带与塑料止水带的柔性、适应变形能力与防水性能都比较好，是目前变形缝常用的止水材料；氯丁橡胶止水带是一种新型止水材料，具有施工简便、防水效果好、造价低且易修补的特点；金属止水带一般仅用于高温环境条件下无法采用橡胶止水带或塑料止水带的场合。金属止水带的适应变形能力差，制作困难。对环境温度高于 50 °C 处的变形缝，可采用 2 mm 厚的紫铜片或 3 mm 厚不锈钢金属止水带，在不受水压的地下室防水工程中，结构变形缝可采用加防腐掺合料的沥青浸过的松散纤维材料，软质板材等填塞严密，并用封缝材料严密封缝，墙的变形缝的填嵌应按施工进度逐段进行，每 300 ~ 500 mm 高填缝一次，缝宽不小于 30 mm，不受水压的卷材防水层，在变形缝处应加铺两层抗拉强度高的卷材，在受水压的地下防水工程中，温度经常处于 50 °C 以下，在不受强氧化作用时，变形缝宜采用橡胶或塑料止水带，当有油类侵蚀时，应选用相应的耐油橡胶或塑料止水带，止水带应整条，如必须接长，应采用焊接或胶接，止水带的接缝宜为一处，应设在边墙较高位置上，不得设在结构转角处，止水带埋设位置应准确，其中间空心圆环与变形缝的中心线应重合。止水带应妥善固定，顶、底板内止水带应成盆状安设，宜采用专用钢筋套或扁钢固定，止水带不得穿孔或用铁钉固定，损坏处应修补，止水带应固定牢固、平直，不能有扭曲现象。

变形缝接缝处两侧应平整、清洁、无渗水，并涂刷与嵌缝材料相容的基层处理剂，嵌缝应先设置与嵌缝材料隔离的背衬材料，并嵌填密实，与两侧黏结牢固，在缝上粘贴卷材或涂刷涂料前，应在缝上设置隔离层后才能进行施工。

止水带的构造形式通常有埋入式、可卸式、粘贴式等，目前采用较多的是埋入式。根据防水设计的要求，有时在同一变形缝处，可采用数层、数种止水带的构造形式。图 6.13 是埋入式橡胶（或塑料）止水带的构造图，图 6.14、图 6.15 分别是可卸式止水带和粘贴式止水带的构造图。

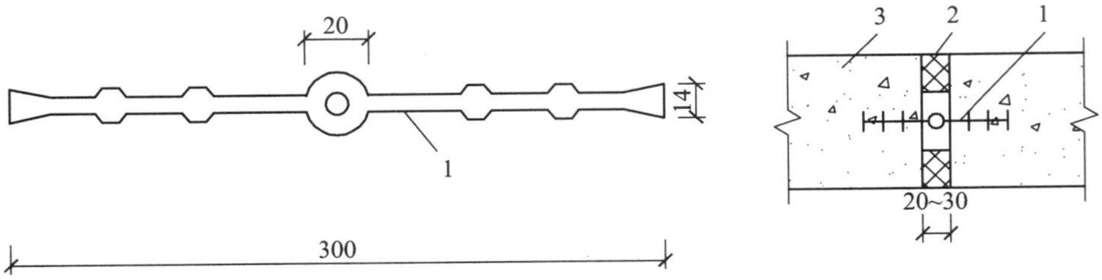

（a）橡胶止水带　　（b）变形缝构造

图 6.13　埋入式橡胶（或塑料）止水带的构造

1—止水带；2—沥青麻丝；3—构筑物

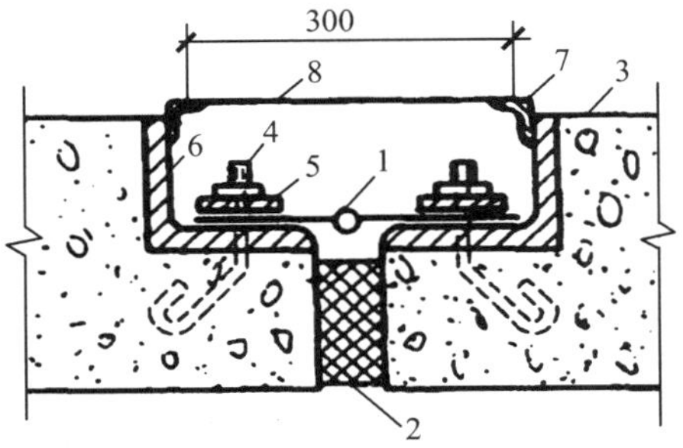

图 6.14　可卸式橡胶止水带变形构造

1—橡胶止水带；2—沥青麻丝；3—构筑物；4—螺栓；
5—钢压条；6—角钢；7—支撑角钢；8—钢盖板

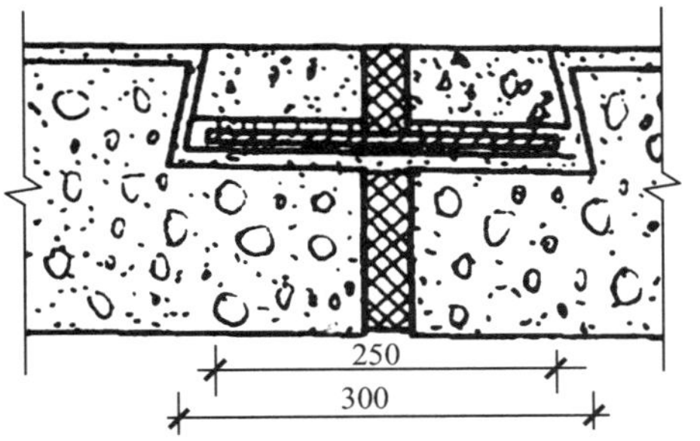

图 6.15　粘贴式氯丁橡胶板变形缝构造

（2）后浇带的处理

后浇带（也称后浇缝）是对不允许留设变形缝的防水混凝土结构工程（如大型设备基础等）采用的一种刚性接缝。

防水混凝土基础后浇缝留设的位置及宽度应符合设计要求。其断面形式可留成平直缝或阶梯缝，但结构钢筋不能断开；如必须断开，则主筋搭接长度应大于 45 倍主筋直径，并应按设计要求加设附加钢筋。留缝时应采取支模或固定钢板网等措施，保证留缝位置准确、断口垂直、边缘混凝土密实。后浇带需超前止水时，后浇带部位混凝土应局部加厚，并增设外贴式或埋入式止水带。留缝后要注意保护，防止边缘毁坏或缝内进入垃圾杂物。

后浇带的混凝土施工，应在其两侧混凝土浇筑完毕并养护 6 个星期，待混凝土收缩变形基本稳定后再进行。但高层建筑的后浇带应在结构顶板浇筑混凝土 14 d 后，再施工后浇带。浇筑前应将接缝处混凝土表面凿毛并清洗干净，保持湿润；浇筑的混凝土应优先选用补偿收缩的混凝土，其强度等级不得低于两侧混凝土的强度等级；施工期的温度应低于两侧混凝土施工时的温度，而且宜选择在气温较低的季节施工；浇筑后的混凝土养护时间不应少于 4 个星期。

4. 地下防水工程渗漏及防治方法

地下防水工程，常常由于设计考虑不周，选材不当或施工质量差而造成渗漏，直接影响生产和使用。渗漏水易发生的部位主要在施工缝、蜂窝麻面、裂缝、变形缝及穿墙管道等处。渗漏水的形式主要有孔洞漏水、裂缝漏水、防水面渗水或是上述几种渗漏水的综合。因此，堵漏前必须先查明其原因，确定其位置，弄清水压大小，然后根据不同情况采取不同的防治措施。

（1）渗漏部位及原因

① 防水混凝土结构渗漏的部位及原因

模板表面粗糙或清理不干净，模板浇水湿润不够，脱模剂涂刷不均匀，接缝不严，振捣混凝土不密实等，致使混凝土出现蜂窝、孔洞、麻面而引起渗漏。墙板和底板及墙板与墙板间的施工缝处理不当而造成地下水沿施工缝渗入。混凝土中砂石含泥量大、养护不及时等，产生干缩和温度裂缝而造成渗漏。混凝土内的预埋件及管道穿墙处未作认真处理而致使地下水渗入。

② 卷材防水层渗漏部位及原因

保护墙和地下工程主体结构沉降不同,致使粘在保护墙上的防水卷材被撕裂而造成漏水。卷材的压力和搭接接头宽度不够，搭接不严，结构转角处卷材铺贴不严实，后浇或后砌结构时卷材被破坏，或由于卷材韧性较差，结构不均匀沉降而造成卷材被破坏，也会产生渗漏，另外还有管道处的卷材与管道黏结不严，出现张口翘边现象而引起渗漏。

③ 变形缝处渗漏原因

止水带固定方法不当，埋设位置不准确或在浇筑混凝土时被挤动，止水带两翼的混凝土包裹不严，特别是底板止水带下面的混凝土振捣不实；钢筋过密，浇筑混凝土时下料和振捣不当，造成止水带周围骨料集中、混凝土离析，产生蜂窝、麻面；混凝土分层浇筑前，止水带周围的木屑杂物等未清理干净，混凝土中形成薄弱的夹层，均会造成渗漏。

（2）堵漏技术

堵漏技术就是根据地下防水工程特点，针对不同程度的渗漏水情况，选择相应的防水材料和堵漏方法，进行防水结构渗漏水处理。在拟定处理渗漏水措施时，应本着将大漏变小漏，片漏变孔漏，线漏变点漏，使漏水部位汇集于一点或数点，最后堵塞的方法进行。

对防水混凝土工程的修补堵漏，通常采用的方法是用促凝剂和水泥拌制而成的快凝水泥胶浆，进行快速堵漏或大面积修补。近年来，采用膨胀水泥（或掺膨胀剂）作为防水修补材料，其抗渗堵漏效果更好。对混凝土的微小裂缝，则采用化学灌浆堵漏技术。

① 快硬性水泥胶浆堵漏法

a. 堵漏材料

- 促凝剂。促凝剂是以水玻璃为主，并与硫酸铜、重铬酸钾及水配制而成。配制时按配合比先把定量的水加热至 100 °C，然后将硫酸铜和重铬酸钾倒入水中，继续加热并不断搅拌至完全溶解后，冷却至 30 ~ 40 °C，再将此溶液倒入称量好的水玻璃液体中，搅拌均匀，静置半小时后就可使用。

- 快凝水泥胶浆。快凝水泥胶浆的配合比是水泥：促凝剂为 1：（0.5 ~ 0.6）。由于这种胶浆凝固快（一般 1 min 左右就凝固），使用时，注意随拌随用。

b. 堵漏方法

地下防水工程的渗漏水情况比较复杂，堵漏的方法也较多。因此，在选用时要因地制宜。常用的堵漏方法有堵塞法和抹面法。

- 堵塞法。堵塞法适用于孔洞漏水或裂缝漏水时的修补处理。孔洞漏水常用直接堵塞法和下管堵漏法。直接堵塞法适用于水压不大，漏水孔洞较小，操作时，先将漏水孔洞处剔槽，槽壁必须与基面垂直，并用水刷洗干净，随即将配制好的快凝水泥胶浆捻成与槽尺寸相近的锥形团，在胶浆开始凝固时，迅速压入槽内，并挤压密实，保持半分钟左右即可。当水压力较大，漏水孔洞较大时，可采用下管堵漏法、孔洞堵塞好后，在胶浆表面抹素灰一层，砂浆一层，以作保护。待砂浆有一定的强度后，将胶管拔出，按直接堵塞法将管孔堵塞。最后拆除挡水墙，再做防水层。裂缝漏水的处理方法有裂缝直接堵塞法和下绳堵漏法。裂缝直接堵塞法适用于水压较小的裂缝漏水，操作时，沿裂缝剔成八字形坡的沟槽，刷洗干净后，用快凝水泥胶浆直接堵塞，经检查无渗水，再做保护层和防水层。当水压力较大，裂缝较长时，可采用下绳堵漏法。

- 抹面法。抹面法适用于较大面积的渗水面，一般先降低水压或降低地下水位，将基层处理好，然后用抹面法做刚性防水层修补处理。先在漏水严重处用凿子剔出半贯穿性孔眼，插入胶管将水导出。这样就使“片渗”变为“点漏”，在渗水面做好刚性防水层修补处理。待修补的防水层砂浆凝固后，拔出胶管，再按“孔洞直接堵塞法”将管孔堵填好。

② 化学灌浆堵漏法

a. 灌浆材料

- 氰凝。氰凝的主体成分是以多异氰酸酯与含羟基的化合物（聚酯、聚醚）制成的预聚体。使用前，在预聚体内掺入一定量的副剂（表面活性剂、乳化剂、增塑剂、溶剂与催化剂等）、搅拌均匀即配制成氰凝浆液。氰凝浆液不遇水不发生化学反应，稳定性好；当浆液灌入漏水部位后，立即与水发生化学反应，生成不溶于水的凝胶体；同时释放二氧化碳气体，使浆液发泡膨胀，向四周渗透扩散直至反应结束。

- 丙凝。丙凝由双组分（甲溶液和乙溶液）组成。甲溶液是丙烯酰胺和甲叉双丙烯酰胺及二甲氨基丙胺的混合溶液。乙溶液是过硫酸铵的水溶液。两者混合后很快形成不溶于水的高分子硬性凝胶，这种凝胶可以封密结构裂缝，从而达到堵漏的目的。

b. 灌浆施工

灌浆堵漏施工，可分为对混凝土表面处理、布置灌浆孔、埋设灌浆嘴、封闭漏水部位、压水试验、灌浆、封孔等工序。灌浆孔的间距一般为 1 m 左右，并要交错布置；灌浆嘴的埋设；灌浆结束，待浆液固结后，拔出灌浆嘴并用水泥砂浆封固灌浆孔。

七、雨季施工及施工现场防雷措施

雨期施工以防雨、防台风、防汛为依据，做好各项准备工作。

雨期不能进行建筑物室外防水施工，室内防水施工应适当延长防水材料养护、干燥时间。

【案例分析】

××学院师范分院行政楼地下室防水工程施工方案

1. 工程概况

本工程为××学院师范分院行政楼位于××市××路。地下一层为人防工程，地上八层，建筑面积 12 000 m^2，建筑高度 31.2 m，结构形式地下室为现浇钢筋混凝土剪力墙，地上为框架结构。地下室防水等级为二级，采用刚性防水与柔性防水相结合。筏板基础与地下室剪力墙均采用 S6 抗渗混凝土，柔性防水采用 4 mm 厚 SBS 防水卷材。

2. 施工方法

2.1　工艺流程：浇筑垫层→筏板、梁侧边砌保护墙→抹找平层→复杂部位加强处理→铺防水层→做保护层→底板和墙体结构→外墙找平层→粘贴防水层→做保护层。

2.1.1　浇筑垫层：垫层浇筑从东往西分两次完成。

2.1.2　基础梁侧砌 120 mm 厚红砖保护墙，筏板侧边（即周圈基础梁外侧）砌 240 mm 厚砖墙，均采用 M5 水泥砂浆。

2.1.3　抹找平层（包括外墙部分）

（1）在垫层、保护墙上抹 20 厚 1∶2.5 水泥砂浆找平层，其表面要抹平压光，不允许有凹凸不平、松动和起砂掉灰等缺陷存在。

（2）阴阳角部位应做成半径约 10 mm 的小圆角，以便涂料施工。

2.1.4　复杂部位加强处理

（1）复杂部位包括转角处、穿墙管道、预埋件、垂直施工缝、变形缝等处。加铺一层 SBS，墙体穿墙螺栓采用止水螺栓。

（2）施工缝采用埋入式橡胶止水带，在施工缝处预留 30 mm 宽槽，浇筑混凝土前把止水带放入。止水带应埋入混凝土≥3 ㎜，并顺墙连续设置。

（3）筏板外侧：在永久性保护墙上加砌 200 mm 高临时保护墙，将 SBS 粘铺在拐角平面（宽 300 mm），平面必须用涂料与垫层混凝土基面紧密粘牢，然后由下而上铺贴 SBS，并使阴角，避免吊空。在永久性保护墙上不刷涂料，仅将网布空铺或点粘密贴永久砖墙身，在临时性保护墙上需用涂料粘铺网布并将它固定在临时保护墙上。

2.1.5　涂刷基层处理剂：基层处理剂应与铺贴的卷材材性相容。可将氯丁橡胶沥青胶粘剂加入工业汽油稀释，搅拌均匀，用长把滚刷均匀涂刷于基层表面上，常温经过 4 h 后，开始铺贴卷材。

2.1.6　附加层施工：采用热熔法施工 SBS 防水层，在阴阳角先做附加层，附加的范围应符合设计和规范的规定。

2.1.7 铺贴卷材：卷材的层数、厚度应符合设计要求。将改性沥青防水卷材剪成相应尺寸，用原卷材卷好备用；铺贴时随放卷随用火焰喷枪加热基层和卷材的交界处，喷枪距加热面 300 mm 左右，经往返均匀加热，趁卷材的材面刚刚熔化时，将卷材向前滚铺、粘贴，搭接部位应满粘牢固，卷材铺贴方向、搭接宽度应符合规范规定。

2.1.8 做保护层（包括墙体部分）

（1）筏板下平面保护层采用 40 mm 厚 C20 细石混凝土；墙外侧筏板上平面采用 120 mm 保护墙；外墙部分采用 60 mm 厚聚乙烯泡沫板。

（2）立墙泡沫板保护层在填土前随层摆放，应紧贴墙面，拼缝严密，以防回填土时损伤防水卷材。

2.1.9 底板与墙体结构施工

（1）绑扎时应按设计规定留足保护层，不得有负误差，留设保护层应以相同配合比的细石混凝土或水泥砂浆制成垫块，将钢筋垫起，严禁以钢筋垫钢筋或将钢筋用铁钉、铅丝直接固定在模板上。

（2）防水混凝土施工要点本工程中混凝土为泵送，所以在运输中除了具有普通混凝土的注意事项外还得注意以下几点：

① 输送以前先用高压水洗管，再压送水泥砂浆，压送第一车混凝土时少增加水泥 100 kg，为顺利泵送创造条件。

② 控制坍落度：在混凝土浇筑地派专人每隔 2 h 测试一次解决坍落度过大或过小的问题。泵送间歇时间可能超过 45 min 或产生离析时，应立即以压力水将管道内残存的混凝土清除干净。

（3）混凝土的浇筑振捣

混凝土浇筑应分层，每层厚度不宜超过 30～40 cm，相领两层浇筑时间间距不应超过 2 h。振捣时一定要严格按规范进行。

（4）混凝土的养护

防水混凝土的养护对其抗渗性能影响很大，特别是早期湿润养护更为重要。在混凝土浇筑后 4～6 h 覆盖，浇水湿润养护不得少于 14 d。

（5）混凝土试块制作

防水混凝土的抗压强度和抗渗压力必须符合设计要求。试件在浇筑地点随机取样制作。抗渗试件每 500 m^3 留置一组（一组为 6 个抗渗试件），基础留置两组；剪力墙每个施工段留置一组。标准养护抗压试件：垫层、保护层、每个施工段墙体各留置一组；基础每 100 m^3 取样一次，留置 9 组；每施工段梁、板留置两组，其中一组为拆模用。同条件养护抗压试件每一强度等级留置 10 组。

习 题

1. 试述沥青卷材屋面防水层的施工过程。
2. 常用防水卷材有哪些种类？
3. 试述高聚物改性沥青卷材的冷粘法和热熔法的施工过程。

4. 简述合高分子卷材施工工艺。
5. 卷材屋面保护层有哪几种做法？
6. 试述涂膜防水屋面的施工过程。
7. 刚性防水屋面的隔离层如何施工？分格缝如何处理？
8. 补偿收缩混凝土防水层怎样施工？
9. 简述屋面渗漏原因及其防治方法。
10. 地下防水工程有哪几种防水方案？
11. 地下构筑物的变形缝有哪几种形式？各有哪些特点？
12. 地下防水层的卷材铺贴方案各具什么特点？
13. 防水混凝土是如何分类的？各有哪些特点？
14. 在防水混凝土施工中应注意哪些问题？
15. 防水混凝土有哪几种堵漏技术？如何施工？
16. 卫生间防水有哪些特点？
17. 聚氨酯涂膜防水有哪些优缺点？有哪些施工工序？
18. 卫生间涂膜防水施工应注意哪些事项？
19. 架空隔热屋面施工要点是什么？
20. 倒置式屋面的保温层应如何施工？
21. 屋面防水工程中规范强制性条文有哪些？
22. 地下防水工程中规范强制性条文有哪些？

第七章
装饰工程

学习目标

知识目标

了解装饰工程的原理及种类，并掌握抹灰工程、饰面工程、裱糊工程施工工艺、机具设备及材料，以及装饰工程的施工质量验收要求与标准，并熟悉装饰工程安全技术措施。

技能目标

学生能够根据不同分项工程，制订装饰工程施工方案，现场指导施工生产作业。

素质目标

通过不同的装饰分项工程施工，培养学生现场综合组织管理能力和协调能力；通过张拉实训，锻炼学生动手操作和解决实际问题的能力，培养学生的团队协作能力。

学习方法

通过实训，严格按照《装饰工程实训指导书》的要求，熟悉相关工艺、质量验收标准以及安全技术规程。有条件的，联系工程实际，组织1～2次现场认识实习。

建筑装饰指建筑饰面，指为了人们视觉要求对建筑主体结构的保护作用而进行的艺术处理及加工，包括抹灰、饰面、玻璃、涂料、裱糊、刷浆、花饰等工程，是房屋建筑施工的最后一个施工工程，具有工程量大、施工工期长、耗用劳动量多、占建筑物总造价高等特点。

第一节 抹灰工程施工技术

一、理论知识

抹灰工程：用灰浆涂抹在房屋建筑的墙、地、顶棚、表面上的一种传统做法的装饰工程。

抹灰工程包括一般抹灰和装饰抹灰的施工。一般抹灰是指石灰砂浆、水泥混合砂浆、水泥砂浆、聚合物水泥砂浆、膨胀珍珠岩水泥砂浆和麻刀石灰、纸筋石灰、石膏灰等抹灰。一般抹灰适用于内墙面抹灰，其中水泥混合砂浆、水泥砂浆、聚合物水泥砂浆抹灰也可用于外墙面抹灰；装饰抹灰是指面层为水刷石、水磨石、斩假石、干粘石、假面砖、拉条灰、洒毛灰、喷砂、喷涂、滚涂、弹涂、仿石和彩色抹灰等。装饰抹灰适用于外墙面，其中水磨石、彩色抹灰也可用于内墙面抹灰。

（一）一般抹灰施工

施工工艺：

墙面抹灰：基层处理→弹线、找规矩、套方→贴饼、冲筋→做护角→抹底灰→抹罩面灰→抹水泥灰窗台板→抹墙裙、踢脚。

顶板抹灰：基层处理→弹线、找规矩→抹底灰→抹中层灰→抹罩面灰。

1. 内墙一般抹灰

（1）找规矩：四角找方、横线找平、竖线吊直，弹出顶棚、墙裙及踢脚板线。根据设计，如果墙面另有造型时，按图纸要求实测弹线或画线标出。

（2）做标筋：较大面积墙面抹灰时，为了控制设计要求的抹灰层平均总厚度尺寸，先在上方两角处以及两角水平距离之间 1.5 m 左右的必要部位做灰饼标志块。可采用底层抹灰砂浆或是采用横向水平冲筋，横向水平冲筋较有利于控制大面与门窗洞口在抹灰过程中保持平整。

（3）做护角：为防止门窗洞口及墙（柱）面阳角部位的抹灰饰面在使用中容易被碰撞损坏，应采用 1∶2 水泥砂浆抹制暗护角，以增加阳角部位抹灰层的硬度和强度。护角部位的高度不应低于 2 m，每侧宽度不应小于 50 mm。

（4）底、中层抹灰：在标筋及阳角的护角条做好后，在墙面标筋之间即可进行底层和中层抹灰。底层抹灰凝结后再进行中层抹灰，厚度略高出标筋，然后用刮杠按标筋整体刮平。待中层抹灰面全部刮平时，再用木抹子搓抹一遍，使表面密实、平整。

（5）面层抹灰：待中层砂浆达到凝结程度，即可抹面层，面层抹灰必须保证平整、光洁、无裂痕。

2. 外墙一般抹灰

（1）找规矩：建筑外墙面抹灰同内墙抹灰一样要设置标筋，但因为外墙面自地坪到檐口的整体灰面过大，门窗、雨篷、阳台、明柱、腰线、勒脚等都要横平竖直，而抹灰操作必须是自上而下住逐一步架地顺序进行，因此，外墙抹灰找规矩需在四大角先挂好垂直通线，然后于每步架大角两侧选点弹控制线、拉水平通线，再根据抹灰层厚度要求做标志块灰饼以及抹制标筋。

（2）贴分格条：外墙大面积抹灰饰面，为避免罩面砂浆收缩后产生裂缝等不良现象，一般均设计有分格缝，分格缝同时具有美观的作用。

（3）抹灰：目前采用较多的为水泥砂浆，配合比通常为水泥：砂 = 1：（2.5 ~ 3）。

3. 顶棚一般抹灰

（1）弹线、找规矩：根据标高线，在四周墙上弹出靠近顶板的水平线，作为顶板抹灰的水平控制线。

（2）抹底灰：先将顶板基层润湿，然后刷一道界面剂，随刷随抹底灰。底灰一般用 1：3 水泥砂浆（或 1：0.3：3 水泥混合砂浆），厚度通常为 3 ~ 5 mm。以墙上水平线为依据，将顶板四周找平。抹灰时需用力挤压，使底灰与顶板表面结合紧密。最后用软刮尺刮平，木抹子搓平、搓毛。局部较厚时，应分层抹灰找平。

（3）抹中层灰：抹底灰后紧跟着抹中层灰以保证中层灰与底灰黏结牢固。先从板边开始，用抹子顺抹纹方向抹灰，用刮尺刮平，木抹子搓毛。

（4）抹罩面灰：罩面灰采用 1：2.5 水泥砂浆（或 1：0.3：2.5 水泥混合砂浆），厚度一般为 5 mm 左右。待中层灰约六七成干时在表面上薄薄地刮一道聚合物水泥浆，紧接着抹罩面灰，用刮尺刮平，再用铁抹子抹平压实压光，使其黏结牢固。

（二）装饰抹灰施工

装饰抹灰主要包括水刷石、斩假石、干粘石和假面砖等项目，如若处理得当并精工细作，其抹灰层既能保持与一般抹灰的相同功能，又可取得独特的装饰艺术效果。

1. 水刷石装饰抹灰

（1）底、中层抹灰：应按设计规定，一般多采用 1：3 水泥砂浆进行底、中层抹灰，总厚度约为 12 mm。

（2）水刷石面层施工：抹水泥石粒浆之前，要等待中层砂浆凝结硬化后，按设计要求弹分格线并粘贴分格条，然后根据中层抹灰的干燥程度适当洒水湿润，用铁抹子满刮水灰比为 0.37 ~ 0.40（内掺适量的胶粘剂）的聚合物水泥浆一道，随即抹面层水泥石粒浆。

（3）喷水冲刷：冲水是确保水刷石饰面质量的重要环节之一，如冲洗不净会使水刷石表面色泽晦暗或明暗不一。当罩面层凝结（表面略有发黑，手感稍有柔软但不显指痕），用刷子刷扫石粒不掉时，即可开始喷水冲刷。喷刷分两遍进行，第一遍先用软毛刷蘸水刷掉面层水泥浆露出石粒；第二遍随即用喷浆机或喷雾器将四周相邻部位喷湿，然后由上往下顺序喷水。

喷射要均匀，喷头距墙面 100 ~ 200 mm，将面层表面及石粒间的水泥浆冲出，使石粒露出表面 1/3 ~ 1/2 粒径，达到清晰可见。冲刷时要做好排水工作，使水不会直接顺墙面流下。

（4）喷刷完成后即可取出分格条，刷光并清理干净分格缝，并用水泥浆勾缝。

2. 斩假石装饰抹灰

斩假石又称剁斧石，是在水泥砂浆抹灰中层上批抹水泥石粒浆，待其硬化后用剁斧、齿斧及钢凿等工具剁出有规律的纹路，使之具有类似经过雕琢的天然石材的表面形态，即为斩假石（錾假石）装饰抹灰饰面。所用施工工具除一般抹灰常用工具外，尚需备有剁斧（斩斧）、单刃或多刃斧、花锤（棱点锤）、钢凿和尖锥等。

二、抹灰施工实训

（一）材料及机具

1. 主要材料

（1）水泥：325 号及以上普通水泥，颜色一致，宜采用同一批号的产品，不同品种的水泥不得混合使用。

（2）砂：平均粒径 0.35 ~ 0.5 mm 的中砂，砂颗粒要求坚硬洁净，不得含有黏土、草根、树叶、碱质及其他有机物等有害物质，砂在使用前应过筛备用。

2. 主要机具

砂浆搅拌机、窄手推车、铁锹、筛子、水桶、灰桶、灰勺、刮杠、木杠、靠尺板、线坠、钢卷尺、方尺、托灰板、铁抹子、压子、木抹子、塑料抹子、八字靠尺、方口尺、阴角抹子、阳角抹子、小压子、金属水平尺、捋角器、喷壶、小线、铁锤、钳子、钉子、托线板等。

（二）外墙抹灰实训工艺

1. 工艺流程

墙面清理→不同材料基体交接处挂网→混凝土面喷浆→浇水湿墙面→吊垂直、套方、抹灰饼、充筋→弹灰层控制线→抹底层砂浆→弹线分格→贴分格条→抹面层砂浆→养护

2. 外墙抹灰的工艺要点

（1）基层处理。将墙面上残存的砂浆、污垢、灰尘等清理干净，用水浇墙，将砖缝中的尘土冲掉，将墙面润湿。浇水湿润墙面应在抹灰前一天进行，抹灰时墙面不得有明水。

（2）挂线、做标志块（灰饼）、冲筋。外墙面抹灰与内墙一样要挂线，做标志块（灰饼）、标筋。但因外墙面由檐口到地面抹灰面积大，门窗、阳台、明柱、腰线等面积都要横平竖直，而抹灰操作则必须一步架一步架往下抹。因此，外墙抹灰找规矩要在四角先挂好自上往下垂

直通线（多层及高层楼房应用钢丝线垂下），然后根据大致决定的抹灰厚度，每步架大角两侧弹上控制线，再拉横向水平通线，横向水平线依据实际尺寸 + 50 cm 线为水平基准线进行交圈控制，并弹水平线，然后按抹灰操作层抹灰饼，每层抹灰时以灰饼做基准冲筋，以保证横平竖直。飘窗侧板、空调侧板、阳台、飘窗板等必须挂自上往下垂直通线。

（3）抹底层砂浆。底层砂浆配合比为水泥：砂 = 1：3，厚度约 12 mm。要用力抹，使砂浆挤入细小缝隙内，分层装档，压实抹平，与冲筋平时，用刮尺垂直水平刮平，不得漏抹，并用木抹子搓毛。然后全面进行质量检查，检查底子灰是否抹平整，阴阳角是否规方整洁，管道后与阴角交接处、墙顶板交接处是否光滑平整，并用 2 m 标尺板检查墙面垂直和平整情况，墙的阴角，先用方尺上下核对方正，然后用阴角器上下抽动扯平，使室内四角方正。

（4）弹线分格、贴分格条。根据图纸要求弹线分格、粘分格条。分格条采用塑料装饰条制作，粘前应用水充分浸透。粘时在条两侧用素水泥浆抹成 45°八字坡形。粘分格条时竖条粘在所弹立线的同一侧，防止左右乱粘，出现分格不均匀。分格条粘好后待底层七八成干后可抹面层灰。

（5）抹面层砂浆。面层砂浆配合比为水泥：砂 = 1：2.5，厚度约 8 mm。将底灰墙面浇水均匀湿润，先刮一层薄薄的素水泥浆，随即抹罩面灰与分格条平，并用木杠横竖刮平，木抹子搓毛，铁抹子溜光、压实。待其表面无明水时，用软毛刷蘸水垂直于地面向同一方向轻刷一遍，以保证面层灰颜色一致，避免出现收缩裂缝。

（6）养护。水泥砂浆抹灰常温 24 h 后应及时喷水养护。

（三）抹灰质量控制与检验标准

（1）基层表面的尘土、污垢、油渍等应清除干净。

（2）抹灰所用材料的品种、性能和砂浆配合比应符合设计要求。水泥凝结时间和安定性复检应合格。

（3）抹灰层与基层之间及各抹灰层之间必须黏结牢固，无脱层、空鼓、面层应无爆灰和裂缝。

（4）抹灰的表面质量：抹灰表面应平整光滑、洁净、接槎平整、颜色均匀，无抹痕，线角和灰线平直、方正，清晰美观。

（5）一般抹灰工程质量的允许偏差和检验方法应符合表 7.1 的规定。

表 7.1　一般抹灰的允许偏差和检验方法

序号	项　目	允许偏差	检验方法
1	立面垂直度	4 mm	用 2 m 垂直检测尺检查
2	表面平整度	4 mm	用 2 m 靠尺和塞尺检查
3	阴阳角方正	4 mm	用直角检测尺检查
4	分格条（缝）直	4 mm	用 5 m 线，不足 5 m 拉通线，用钢直尺检查
5	墙裙、勒脚上口直线度	4 mm	用 5 m 线，不足 5 m 拉通线，用钢直尺检查

注：普通抹灰，本表第 3 项阴角方正可不检查。

（四）成品保护

实训过程中应采取下列成品保护措施：

（1）各工种在实训中不得污染、损坏其他工种的半成品、成品。

（2）材料表面保护膜不得损坏。

（五）注意事项

（1）检查墙面：用靠尺检查墙面平整情况，对局部高出部分可作适当剔凿处理，但不得破坏墙内钢筋。对局部低洼处，可用 1∶2.5 水泥砂浆分层找抹，分层厚度为 6～10 mm，找平总厚度不得大于 25 mm。对厚度大于 25 mm 的抹灰层必须加设网格布，并经质量和技术有关人员论证后方可抹灰。抹灰前必须先进行基层界面处理。

（2）基层界面处理：基层为混凝土的梁、柱、板应对其表面进行“毛化”处理，将光滑的表面清扫干净，用 10%火碱水除去混凝土表面的油污后，将碱液冲洗干净后晾干，采用机械喷涂或用笤帚甩上一层水泥浆（内掺用水量 10%的 108 胶），使其凝固在光滑的基层表面。

（3）必须做标志块（灰饼），不能用铁钉代替标志块（灰饼）。

（4）砂浆搅拌必须在搅拌机搅拌，并严格按照实训图配合比下料，不能私自在楼面搅拌砂浆。

（5）抹灰砂浆应在搅拌后 3 h 内全部用完，每个工作组应根据实际操作情况拌制抹灰砂浆；砂浆必须当天用完，剩余的砂浆第二天不能继续用。

（6）养护：抹灰 24 h 后要及时进行养护，养护采用浇水养护。

（7）成品保护：墙体抹灰后，要注意成品保护，搬运较长的物体要注意碰装墙面，必要时可加设护角保护。

（六）安全注意事项

（1）实训现场必须着实训服、戴好安全帽，系好帽带。

（2）实训现场不得随意动用机械设备，防止触电、机械伤人等安全事故发生。

（3）抹灰用架体必须搭设牢固。

第二节　饰面安装施工技术

一、理论知识

饰面工程是在墙、柱表面镶贴或安装具有保护和装饰功能的块料而形成的饰面层。块料的种类分为饰面砖和饰面板两大类。

（一）饰面砖施工

饰面砖一般在基层上进行粘贴，包括釉面瓷砖、外墙面砖、陶瓷锦砖和玻璃马赛克等。

1. 内墙釉面瓷砖施工

施工工艺：基层处理→抹底子灰→弹线、排砖→贴标志块→选砖、浸砖→镶贴面砖→面砖勾缝、擦缝及清理。

施工注意事项：

（1）基层处理好后，用 1∶3 水泥砂浆或 1∶1∶4 的混合砂浆打底，打底时要分层进行，每层厚度宜为 5～7 mm，总厚度一般为 10～15 mm，以能找平为准。

（2）排砖时水平缝应与门窗口齐平，竖向应使各阳角和门窗口处为整砖。

（3）为了控制表面平整度，正式镶贴前，在墙上粘废釉面瓷砖作为标志块，上下用拖线板挂直，作为粘贴厚度的依据。

（4）面砖镶贴前，应挑选颜色、规格一致的砖。将面砖清扫干净，放入净水中浸泡 2 h 以上，取出待表面晾干或擦干净后方可使用。阴干时间通常为 3～5 h 为宜。

（5）铺贴釉面瓷砖宜从阳角开始，先大面，后阴阳角和凹槽部位，并由下向上、由左往右逐层粘贴。

（6）墙面釉面瓷砖用白色水泥浆擦缝，用布将缝内的素浆擦均匀。

2. 外墙面砖施工

施工工艺：基层处理→抹底子灰→弹线分格、排砖→浸砖→贴标准点→镶贴面砖→面砖勾缝、清理。

施工注意事项：

（1）清理墙、柱面，将浮灰和残余砂浆及油渍冲刷干净，再充分浇水润湿，并按设计要求涂刷结合层，再根据不同基本进行基层处理，处理方法同一般抹灰工程。

（2）打底时应分两层进行，每层厚度不应大于 5～9 mm，以防空鼓，设计无要求时底灰总厚度一般为 10～15 mm。第一遍抹后扫毛，待六七成干时，可抹第二遍，随即用木杠刮平，木抹搓毛，终凝后浇水养护。

（3）排砖时水平缝应与门窗口平齐，竖向应使各阳角和门窗口处为整砖。

（4）浸砖。与内墙釉面瓷砖相同。

（5）在镶贴前，应先贴若干块废面砖作为标志块，上下用托线板吊直，作为粘接厚度的依据。

（6）找平层经检验合格并养护后，宜在表面涂刷结合层，这样有益于满足强度要求，提高外墙饰面砖粘贴质量。

（7）镶贴应自上而下进行。

（8）勾缝应用水泥砂浆分皮嵌实，并宜先勾水平缝，后勾竖直缝。

（二）饰面板施工

饰面板包括石材饰面板、金属饰面板、塑料饰面板、镜面玻璃饰面板等。

1. 石材饰面板施工

石材饰面板一般采用相应的连接构造进行安装，对薄型小规格块材，可采用粘贴方法安装。

粘贴方法施工工艺：基层处理→抹底层灰、中层灰→弹线分格→选料、预排→石材粘贴→嵌缝、清理→抛光打蜡。

粘贴石材一般用环氧树脂胶，先将胶分别涂抹在墙柱面和板块背面上，刷胶要均匀、饱满，然后准确地将板块粘贴于墙上。石材业可用灰浆粘贴，将厚度为 2 ~ 3 mm 的素水泥浆抹在已湿润的块材上直接进行镶贴。

2. 金属饰面板施工

对于小面积的金属饰面板墙面可采用胶粘贴法施工，胶粘贴法施工时可采用木质骨架。先在木骨架上固定一层细木工板，以保证墙面的平衡度与刚度，然后用建筑胶直接将金属饰面板粘贴在细木工板上。粘贴时建筑胶应涂抹均匀，使饰面板黏结牢固。

面积较大的金属饰面板一般通过卡条、螺栓或自攻螺丝等安装在承重骨架上，骨架通过固定及连接件与基体牢固相连。其施工工艺流程一般如下：

放线→饰面板加工→埋件安装→骨架安装→骨架防腐→保温、吸音层安装→金属饰面板安装→板缝打胶→板面清洁。

二、饰面施工实训

在专业教师或者实训老师的带领下，参观附近木饰面装饰工程施工现场进行观摩实习，并要求学生以照片的形式将木饰面安装技术的要点依次展现出来，以 4 ~ 6 人为一组进行。

并要求学生按照以下质量验收标准进行实测，并判定是否合格。

（一）主控项目

（1）胶合板、贴脸板等材料的品种、材质等级、含水率和防腐措施，必须符合设计要求和施工及验收规范的规定。

（2）细木制品与基层或木砖镶钉必须牢固，无松动。

（二）一般项目

（1）制作：尺寸正确，表面平直光滑，棱角方正，线条顺直，不露钉帽，无戗槎、刨痕、毛刺和锤印。

（2）安装：位置正确，割角整齐、交圈，接缝严密，平直通顺，与墙面紧贴，出墙尺寸一致（表 7.2）。

表 7.2　木护墙板、筒子板安装允许偏差

项　次	项　目	允许偏差/mm	检查方法
1	上口平直	3	拉 5 m 线尺量检查
	垂　直	2	吊线坠尺量检查
	表面平整	1.5	用 1 m 靠尺检查
	压缝条间距	2	尺量检查
	垂　直	2	吊线坠尺量检查
2	筒子板表面平整	1	用靠尺检查

第三节　裱糊工程施工技术

一、理论知识

裱糊工程中常用的有普通墙纸、塑料墙纸和玻璃纤维墙布。

塑料壁纸的施工工艺：基层处理→安排墙面分幅和画垂直线→裁纸→焖水→刷胶→纸上墙面→对缝→赶大面→整理纸缝→擦净挤出的胶水→壁纸清理修整。

施工注意事项：

（1）基层处理：基层基本干燥，抹灰层含水率不高于 8%，抹灰面表面坚实、平滑、无飞刺、无砂粒；腻子具有一定强度；在刷底胶（用水稀释的 107 胶）时，宜薄而均匀，不留刷痕，待底胶干后才能进行裱糊。

（2）墙面弹垂直线或水平线：当墙纸水平式裱贴时，弹水平线；当墙纸竖向裱贴时，弹垂直线；如果由墙角开始裱糊，那么第一条垂线离墙角的距离应该定在比墙纸宽度小 10～20 mm 处，使纸边转过阴角的搭接收口；当遇到门窗等大洞口时，一般以立边分划为宜。

（3）裁纸：根据墙纸规格及墙面尺寸统筹规划裁纸，纸幅应编号，按顺序粘贴。

（4）焖水：必须先将墙纸在水槽中浸泡几分钟，或刷胶后叠起静置 10 min，然后再裱糊。

（5）墙纸的粘贴：墙面和墙纸各刷胶粘剂一遍，阴阳角处应增涂胶粘剂 1～2 遍，刷胶要求薄而均匀，墙面涂刷胶粘剂的宽度应比墙纸宽 20～30 mm；先贴长墙面，后贴短墙面；贴每条纸均先对花、对纹拼接由上而下进行，上端不留余量，先在一侧对缝以保证墙纸粘贴垂直，后对花纹拼接到底压实后，再抹平整张墙纸；当采用搭口拼缝时，要待胶粘剂干到一定程度后，才用刀具；粘贴的墙纸应与挂镜线、门窗贴脸板和踢脚板紧接，不得有缝隙；墙纸粘贴后，若发现空鼓、气泡，则可用针刺放气，再用注射针挤进胶粘剂用刮板刮平压密实。

二、裱糊施工实训

在专业教师或者实训老师的指导下，学生以每 4～6 人为一组，按照以上介绍的，裱糊施

工技术要点进行现场实作，每组完成 2 ~ 4 m^2 的裱糊工作。

专业教师或者实训老师按以下质量标准进行检查验收。

（一）保证项目

（1）面层材料和辅助材料的品种、级别、性能、规格、花色必须符合设计、产品技术标准与现行施工验收规范的要求，并符合建筑内装修设计防火有关规定。

检验方法：检查产品证书和现场材料验收记录。

（2）壁纸墙布必须黏结牢固，无空鼓、翘边、皱折等缺陷。

检验方法：观察检查。

（二）基本项目

（1）表面平整，无波纹起伏。壁纸、墙布与挂镜线、贴脸板和踢脚板紧接，无缝隙；色泽一致，无斑污，正斜视无胶痕，无明显压痕。

检验方法：观察检查。

（2）各幅拼接应横平竖直，图案端正，拼缝处图案花纹吻合，距墙 1 m 处正视不显拼缝，阴角处搭接顺光，阳角无接缝，角度方正，边缘整齐无毛边。

检验方法：观察检查。

（3）裱糊与挂镜线、贴脸板、踢脚板、电气槽盒等交接处应交接严密，无缝隙，无漏贴和补贴，不糊盖需拆卸的活动件，活动件四周及挂镜线、贴脸板、踢脚板等处边缘切割整齐、顺直，无毛边。

检验方法：观察检查。

（4）玻纤壁纸、无纺布及锦缎裱糊应表面平整挺秀，拼花正确，图案完整，连续对称，无色差、无胶痕，面层无飘浮，经纬线顺直。

检验方法：观察检查。

第八章
高层建筑施工

学习目标

知识目标

了解高层建筑结构体系及施工特点，高层建筑垂直运输设备和脚手架的搭设，深基坑支护结构形式、水泥土挡土桩施工和地下连续墙施工；掌握浇筑大体积混凝土产生裂缝的主要原因、防止措施和合理的施工方法；熟悉泵送混凝土施工工艺及泵送混凝土的技术要求。

技能目标

掌握高层建筑施工安全技术。

素质目标

会选用高层施工的方案；能运用相关规范及标准对高层工程进行验收。

学习方法

利用学校实训基地，在教师指导下，使用本章节所介绍的高层施工方法选择施工方案、施工顺序，按照本章节所介绍的高层施工方法进行依次验收。

技能点

通过本章节的学习和实训，学生应具备常规高层建筑的施工方法和检验技能。

第一节　高层建筑概述

一、高层建筑的概念及分类

高层建筑：10 层以上的住宅及总高度超过 24 m 的公共建筑和综合建筑。

高层建筑结构按使用材料划分，主要有钢筋混凝土结构、钢结构、钢筋混凝土组合结构，以钢筋混凝土结构在高层建筑中的应用最为广泛。

高层建筑按结构体系划分，有框架体系、剪力墙体系、框架-剪力墙体系和筒体体系（图 8.1）。

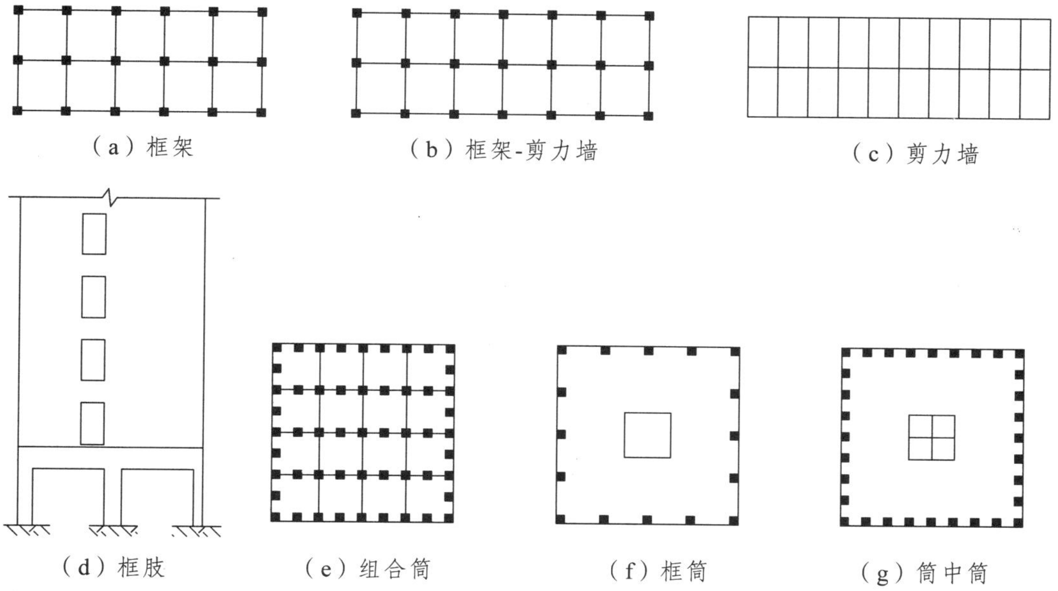

图 8.1　高层建筑结构体系

1. 框架体系

框架体系是我国采用较早的一种梁、板、柱结构体系，其优点是建筑平面布置灵活，可以形成较大的空间，特别适用于各类公共建筑，建筑高度一般不超过 60 m。但由于侧向刚度差，在高烈度地震区不宜采用。

2. 剪力墙体系

剪力墙体系是建筑物的内外纵横墙除了承受竖向荷载外，还要承受由水平荷载所引起的弯矩。它承受水平荷载的能力较框架结构强，刚度大，水平位移小，现已成为高层住宅建筑的主体，建筑高度可达 150 m。但由于承重剪力墙过多，限制了建筑平面的灵活布置。

3. 框架-剪力墙体系

框架-剪力墙体系兼有框架和剪力墙体系的优点。它是在框架结构平面中的适当部位设置钢筋混凝土墙，常用楼梯间、电梯间墙体作为剪力墙而形成框架-剪力墙体系。它具有平面布置灵活，能较好地承受水平荷载，且抗震性能好的特点，适用于 15 ~ 30 层的高层建筑结构。

4. 筒体体系

筒体体系是框架和剪力墙结构发展而成的空间体系，由若干片纵横交错的框架或剪力墙与楼板连接围成的筒状结构。根据其平面布置、组成数量的不同，又可分为框架-筒体、筒中筒、组合筒三种体系。筒体结构在抵抗水平力方面具有良好的刚度，并能形成较大的空间，且建筑平面布置灵活。

二、高层建筑施工的特点

（1）基础埋置深度大。
（2）垂直运输量大。
（3）浇筑钢筋混凝土工程是高层建筑施工的主导工程。

三、高层建筑的控制要点

随着我国社会经济的飞速发展，建筑科学技术的不断提高，建设规模逐渐增大。多方位分析了高层建筑施工的控制要点，制定可实际操作的高层建筑施工控制措施。

控制要点一般来讲，9 ~ 16 层（<50 m）为一类高层，17 ~ 25 层（<75 m）为二类高层，26 ~ 40 层（<100 m）为三类高层，>40 层（>100 m）为超高层。高层建筑的投入相对较大，且施工周期长，混凝土浇筑量大，工程质量及安全等方面有它的特殊性，其施工控制要点如下：

1. 建筑裂缝的控制

从我国的《混凝土结构设计规范》（GB 50010—2002）看出，裂缝宽度在不同的环境下，不同的混凝土结构其裂缝宽度也有不同的控制标准，允许裂缝最大为 0.2 ~ 0.4 mm。但作为裂缝控制来说，应以预控为主，等裂开了、缝增大了再补救那是万不得已。裂缝分为运动、不稳定、稳定、闭合、愈合等几大类型。虽说骨料内部凝固时产生的微观裂缝不可避免，但从质量角度考虑应尽可能减少。

（1）设计措施

①“放”的措施：设置永久性伸缩缝，外墙面适当位置留分隔缝等。

②“抗”的措施：避免结构断面突变带来的应力集中，重视对构造钢筋的配置；对采用混凝土小型空心砌块等轻质墙体，增设间距≤3 m 的构造柱，每层墙高的中部增设厚度

120 mm 与墙等宽的混凝土腰梁；砌体无约束端增设构造柱；预留的门窗洞口采用钢筋混凝土框加强：两种不同基体交接处，用钢丝网（每边搭接≤150 mm）进行处理；屋面保温层与隔气层的合理设置等。

③"放""抗"相结合的措施：合理设置后浇带，采取相应补偿收缩混凝土技术，混凝土中多掺纤维素等。

（2）施工措施

①"放"的措施：砌筑填充墙至接近梁底，留一定高度，砌筑完后间隔至少 1 周，宜 15 d 后补砌挤紧；合理分缝分块施工；在柱、梁、墙板等变截面处宜分层浇捣等。

②"抗"的措施：

a. 尽量避免使用早强高的水泥，积极采用掺合料和混凝土外加剂，降低水泥用量（宜 <450 kg/m^3）。实践经验表明，高层混凝土用量大，有时还有大体积混凝土，从经济、实用角度宜掺入外加剂。当然掺入外加剂后，要预计对早期强度的影响程度。据此可提请设计科研部门予以探讨和评定。

b. 选择合理的最大粒径砂石，这样可减少水和水泥用量，减少泌水、收缩和水化热。

c. 在施工工艺上，应避免过振和漏振，提倡二次振捣、二次抹面，尽量排除混凝土内部的水分和气泡。

③"放""抗"相结合的措施：在混凝土裂缝的预防中，对新浇混凝土的早期养护尤为重要。为使早期尽可能减少收缩，需主要控制好构件的湿润养护，避免表面水分蒸发过快，产生较大收缩的同时，受到内部约束而易开裂。对于大体积混凝土而言，应采取必要的措施（埋设散热孔、通水排热），避免水化热高峰的集中出现；同时在养护过程中对表面、中间、底部温度进行跟踪监测（尤其在前 3 d）。

2. 高层建筑测量控制

测量的控制是高层建筑施工的一大难点。关键是对高层建筑的轴线、标高、垂直度的控制。

（1）轴线的控制

① 基础施工中的轴线控制

高层建筑基础施工一般多为深基坑大开挖施工。根据现场的轴线控制点，将轴线控制网点引出至轴线外边 5 m，设置龙门桩，并保护好轴线控制桩。用经纬仪将轴线投测到基槽内，采用 50 m 钢卷尺对各部位的桩位、承台、基础梁、墙体进行放线，再在基坑四周钉轴线木桩，拉线、小钢尺配合的方法，严格控制各细部的放线尺寸。

② ±0.000 以上结构施工的轴线控制

高层建筑 ±0.000 以上结构施工过程中，由于脚手架与施工层同步向上，导致从外围一些基准点无法引测。因此一般常采用内控法。在 ±0.000 结构施工复核轴线无误后，以经纬仪的视线通透为原则，沿一层楼面最长纵横向轴线偏移 2 m 预埋多块 200 mm × 200 mm × 10 mm 钢板，在钢板上标出控制轴线或主轴线控制点：二层方法测定转角边墙柱模板垂直度。

（2）标高线的控制

每层预控轴线的要求至少 4 个洞口（一般高层至少要由 3 处向上引测）进行标高的定位，因施工过程中模板、浇筑、加载等，洞口标高可能失去基准作用。为此必须确保引测点的可靠性，加强洞口处模板支撑，同时辅以ϕ12 钢筋控制该部位楼面厚度，确保标高的准确性。同时辅以多层标高总和的复核，然后辅以水准仪抄平，复核此四点是否在同一水平面上，以确保标高的准确性。

3. 高层建筑的混凝土控制

（1）严把混凝土材料关，严格把好泵送混凝土配合比关，根据不同的混凝土强度等级由专业试验室设计，通过调整混凝土配合比，掺加外加剂、掺加料配制符合设计和规范要求的混凝土配合比。施工单位结合工程实际情况对配合比进行复查，并进行泵送试验验证，施工中严禁随意改变配合比。

（2）严格养护制度。

① 大体积浇筑量大的混凝土应有养护方案，从养护开始至养护结束应有专人负责，从主观意识上要对养护有足够的认识。养护方案中应从人员、水源、昼夜、覆盖等多方面措施进行考虑，不漏主要关键细节。

② 加强养护期的督查。对养护所采取的措施及现场养护情况进行跟踪记录，及时发现问题，确保养护的有效性。

4. 高层建筑的安全管理

由于高层建筑施工周期长、露天高处作业多、工作条件差，以及在有限的空间要集中大量人员密集工作，相互干扰大，因此安全问题比较突出，在此对安全管理综述以下主要控制点：

（1）基坑支护

① 基坑开挖前，要按照土质情况、基坑深度及环境确定支护方案。

② 深基坑（$h \geq 2$ m）周边应有安全防护措施，且距坑槽 1.2 m 范围内不允许堆放重物。

③ 基坑边与基坑内应有排水措施。

④ 在施工过程中加强坑壁的监测，发现异常及时处理。

（2）脚手架

① 高层建筑的脚手架应经充分计算，根据工程的特点和施工工艺编制的脚手架方案应附计算书。

② 架体与建筑物结构拉结：二步三跨，刚性连接或柔性硬顶。

③ 脚手架与防护栏杆：施工作业层应满铺，密目式安全网全封闭。

④ 材质：钢管 HPB235 钢材，外径 48 mm，内径 35 mm，焊接钢管、扣件采用可锻铸铁。

⑤ 卸料平台：应有计算书和搭设方案，有独立的支撑系统。

（3）模板工程

① 施工方案：应包括模板及支撑的设计、制作、安装和拆模的施工程序，同时还应针对泵送混凝土、季节性施工制定针对性措施。

② 支撑系统：应经过充分的计算，绘制施工详图。

③ 必须设置电房，两级保护，三级配电，施工机械实现“四个一”：施工现场专用的中心点直接接地的电力线路供电系统中心采用 TN-S 系统，即三相五线制电源电缆。

④ 接地与接零保护系统：确保电阻值小于规范的规定。

⑤ 配电箱、开关箱：采取三级配电、两级保护，同时两级漏电保护器应配。

第二节　高层建筑结构施工用机械设备

垂直运输设备是高层建筑机械化施工的主导机械，担负着大量的建筑材料、施工设备和施工人员垂直运输任务。目前，我国高层建筑结构施工用垂直运输设备主要有：塔式起重机、混凝土泵和施工电梯。

一、塔式起重机的选择原则

塔吊参数应满足施工要求，对塔吊各主要参数应逐项检查，务使所选用塔吊的幅度、起重量、起重力矩和起重吊钩高度等与施工要求相适应；塔吊的生产效率应满足施工进度要求；充分利用现有机械设备，充分发挥塔吊效能，做到台班费用最省，经济效益好；选用塔吊要适应施工现场环境要求，便于进场安装、架设和拆除、退场。

二、塔式起重机的选择步骤

根据施工对象特点选定塔吊类型。

根据高层建筑的体型、平面尺寸及标准层面积，确定塔吊应具备的幅度及吊钩高度参数。

根据建筑构件尺寸及质量，确定塔吊起重量和额定起重力矩参数；依据上述参数确定塔吊的型号。

根据施工方法、施工工艺、现场条件及设计要求，确定塔吊单侧或双侧配置方案。

根据计划进度、施工流水段划分及工程量和吊次的计算，确定塔吊配置台数、安装位置及轨道基础走向。

三、注意事项

在确定塔吊形式及高度时，应考虑塔身的锚固点与建筑物的位置；塔臂的平衡臂是否影响臂架正常回转。

多台塔吊作业条件下，务使彼此互不干扰，处理好相邻塔吊的高度差，防止两塔吊碰撞。

塔吊安装时，应保证顶升套架及锚固环的安装位置正确；同时考虑外脚架的搭设形式与挑出建筑物的距离，以免与下回转塔吊转台尾部回转时相撞。

四、附着式塔式起重机和爬升式塔式起重机

根据施工经验，下旋轨道塔式起重机用于 15 层以下的高层建筑，15 层以上的高层建筑常选用附着式塔式起重机，30 层以上的高层建筑优先考虑采用爬升式塔式起重机。

1. 附着式塔式起重机

附着式塔式起重机的塔身固定安装在建筑物外侧的钢筋混凝土基础上，随着塔身的升高，每隔 20 m 左右用一套锚固装置与高层建筑结构相连接，以保证塔身的刚度和稳定。一般高度为 70 ~ 100 m，特点是适合狭窄工地施工。

附着式塔吊的锚固装置由套在塔身上的锚固环、附着杆及固定在建筑结构上的锚固支座构成（图 8.2）。

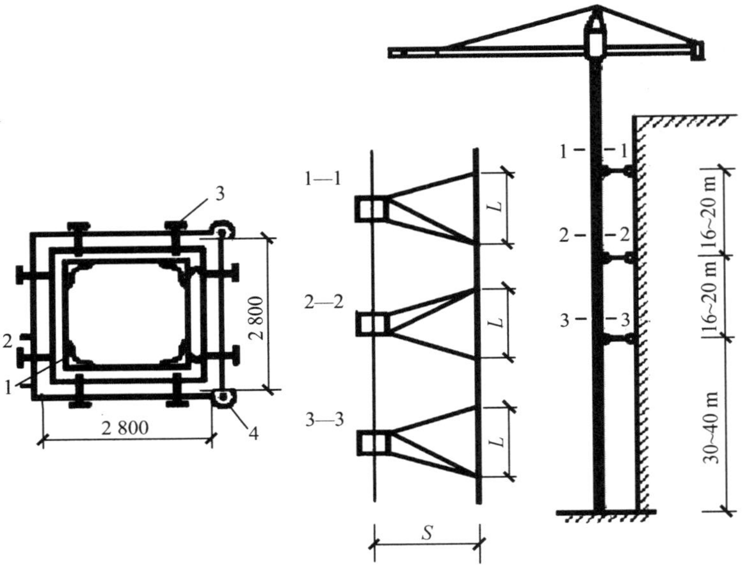

（a）锚固环　　（b）附着装置安装方式

图 8.2　锚固装置

1—塔身；2—锚固环；3—螺旋千斤顶；4—耳环

锚固环必须装设在塔身标准节对接处，或设置在水平腹杆断面处；锚固环必须牢固，紧紧地箍紧塔身结构，不得松脱。

建筑物上的锚固支座可安装在柱上或埋设在现浇混凝土墙板内，锚固点应紧靠楼板，其距离以不大于 20 cm 为宜。

安装和固定附着杆时，必须用经纬仪对塔身结构的垂直度进行检查。

在塔式起重机使用过程中，应经常对锚固装置各个部位及连接件进行检查，如有松动或短缺，应立即加以紧固或补齐。

降落塔身与拆除附着杆系应同步进行，严禁先期拆卸附着杆，再逐节拆卸塔身，以免大风造成塔身扭曲倒毁事故。

2. 爬升式塔式起重机

爬升式塔式起重机特别适宜于超高层建筑结构施工。它通过电梯或楼板预留开孔的空间进行爬升，一次可以爬升一层或二层楼；来自塔吊上部的荷载，通过支承系统和楔紧装置传给楼板结构。

根据爬升孔的尺寸和建筑结构特点，确定楼板开孔尺寸，并准备合适的爬升框架。

通过变幅小车，使塔吊起重臂和平衡臂方向平衡，以便塔身平稳爬升；爬升时，起重臂的指向应与液压爬升系统的横梁相垂直，禁止回转臂架。

风速达 5 级以上时，不得进行爬升作业。

爬升过程中如有异常响声或出现故障，必须立即停机检查，故障未经排除不得继续爬升作业。

爬升到要求的楼层后，应立即伸出塔身底座的支腿并锚固，并通过爬升框架支承塔吊传来的荷载。

爬升作业完成后，必须经过周密检查，确认无异常后，方可投入正式使用。施工电梯是安装于高层建筑物外部，供运送施工人员和建筑器材的垂直提升机械。施工电梯主要有两种，即单笼式和双笼式。一般载重量 1 t，可乘 12 人；重型可载重 2 t，可乘 24 人。

使用时应注意以下事项：

为使施工电梯充分发挥效能，其安装位置应满足：便于施工人员和物料的集散；便于安装和设置附墙装置；靠近电源，有良好的夜间照明。

严格对人货电梯运输的组织与管理。采取施工楼层相对集中，增加作业班次，白天运送人员为主、晚上以运送材料为主等措施，缓解高峰时的运输矛盾。

五、高层建筑施工用脚手架

1. 钢管扣件脚手架

高层建筑钢管扣件脚手架的材料性能和搭拆方法与一般多层脚手架相同，但在搭设高度与立杆间距方面有限制要求：搭设高度在 20 ~ 30 m，单根立杆纵距为 1.8 m；搭设高度在 30 ~ 40 m，单根立杆纵距为 1.5 m；搭设高度在 40 ~ 50 m，单根立杆纵距为 1.0 m。

钢管扣件脚手架的搭设高度大于 30 m 时，应采用钢制可调节连接杆，承受拉力要求不低于 6.8 kN，并与高层建筑物连接，按下列要求施工：

按垂直方向每隔 3.6 m，水平方向每隔 5.4 m 设置一道连墙杆。

按上述位置，在施工中将预埋件埋置在混凝土柱墙、圈梁内，且预埋件应保持上下垂直一线。

连墙杆尽量靠近小横杆与立杆的连接处，但不应将小横杆作连墙杆。

2. 悬挑式外脚手架

悬挑式外脚手架是利用建筑结构外边缘向外伸出的悬挑结构作支承的脚手架。其关键是悬挑结构必须有足够的强度、刚度和稳定性，并能将脚手架的荷载传递给建筑结构。

悬挑脚手架适用于下列三种情况：

±0 以下结构工程不能及时回填土，而主体结构必须进行的工程；否则影响工期；高层建筑主体结构四周有裙房，脚手架不能支承在地面上；超高建筑施工时，脚手架搭设高度超过了容许搭设高度，因此将整个脚手架按允许搭设高度分成若干段，每段脚手架支承在建筑结构向外悬挑的结构上。

将脚手架吊篮的悬挂点固定在建筑物顶部的悬挑装置上，由卷扬机驱动，通过滑轮组和钢丝绳，可使吊篮在建筑物外侧升降，除进行外墙装饰作业外，还能进行建筑设备的安装及外墙清洗等作业。

吊篮脚手架一般由吊篮、支承设施、吊索、滑轮组、升降设备和安全装置组成。

支承设施有两种，一种为由固定挑梁和平衡重组成的支承设施，另一种为可以纵向移动的支承设施。

升降设备为电动驱动机构。

第三节　高层建筑基础施工

高层建筑常用的基础结构可分为片筏基础、箱形基础、桩基础和复合基础。

高层建筑的基础因地基承载力、抗震稳定和功能要求，一般埋置深度较大，且有地下结构。当基础埋置深度不大，地基土质条件好，且周围有足够的空地时，可采用放坡方法开挖。放坡开挖基坑比较经济，但必须进行边坡稳定性验算。在场地狭窄地区，基础工程周围没有足够的空地，又不允许进行放坡时，则采用挡土支护措施。

一、护坡桩的支撑

护坡桩的支撑主要有以下几种形式：

1. 悬臂式护坡桩（无锚板桩）

对于黏土、砂土及地下水位较低的地基，用桩锤将工字钢桩打入土中，嵌入土层足够的深度保持稳定，其顶端设有支撑或锚杆，开挖时在桩间加插横板以挡土。

2. 支撑（拉锚）护坡桩

水平拉锚护坡桩基坑开挖较深施工时，在基坑附近的土体稳定区内先打设锚桩，然后开挖基坑 1 m 左右装上横撑（围檩），在护坡桩背面挖沟槽拉上锚杆，其一端与挡土桩上的围檩（墙）连接，另一端与锚桩（锚梁）连接，用花篮螺栓连接并拉紧固定在锚桩上，基坑则可继续挖土至设计深度，如图 8.3（a）所示。

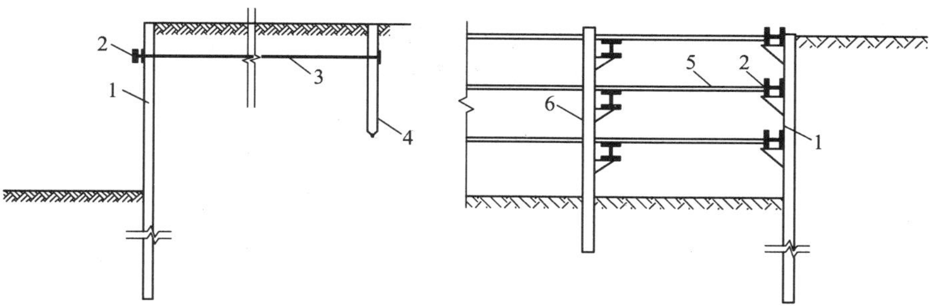

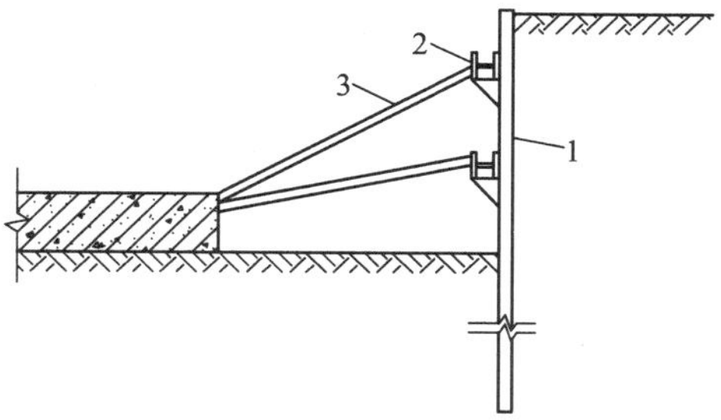

图 8.3　支撑（拉锚）护坡桩

1—护坡桩；2—围檩；3—拉锚杆；4—锚定桩；
5—支撑；6—中间支撑桩支护护坡桩

基坑附近无法拉锚时，或在地质较差、不宜采用锚杆支护的软土地区，可在基坑内进行支撑，支撑一般采用型钢或钢管制成。支撑主要支顶挡土结构，以克服水土所产生的侧压力。支撑形式可分为水平支撑和斜向支撑。水平支撑见图 8.3（b），斜向支撑见图 8.3（c）。

3. 土层锚杆

土层锚杆：将受拉杆件的一端（锚固段）固定在边坡或地基的土层中，另一端与护壁桩（墙）连接，用以承受土压力，防止土壁坍塌或滑坡，如图 8.4 所示。

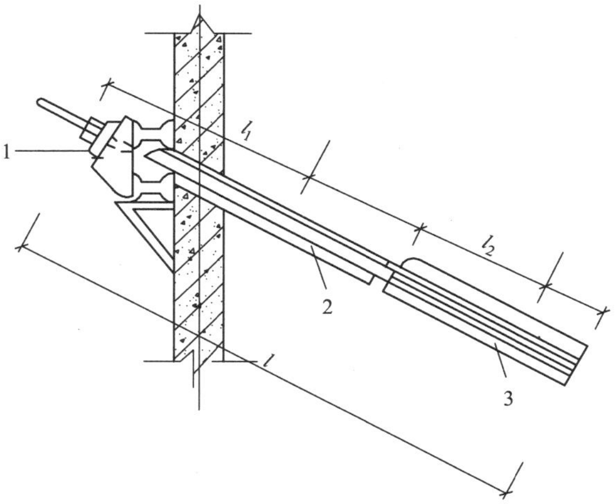

图 8.4　粗钢筋加螺帽锚杆

1—锚头；2—拉杆；3—锚固体

二、常用护坡桩施工

1. 深层搅拌水泥土挡土桩

深层搅拌水泥土挡土桩：利用水泥作固化剂，将土与水泥强制拌和，使土硬结形成具有一定强度和遇水稳定的水泥土加固桩。深层搅拌水泥土挡土桩施工流程如图 8.5 所示。

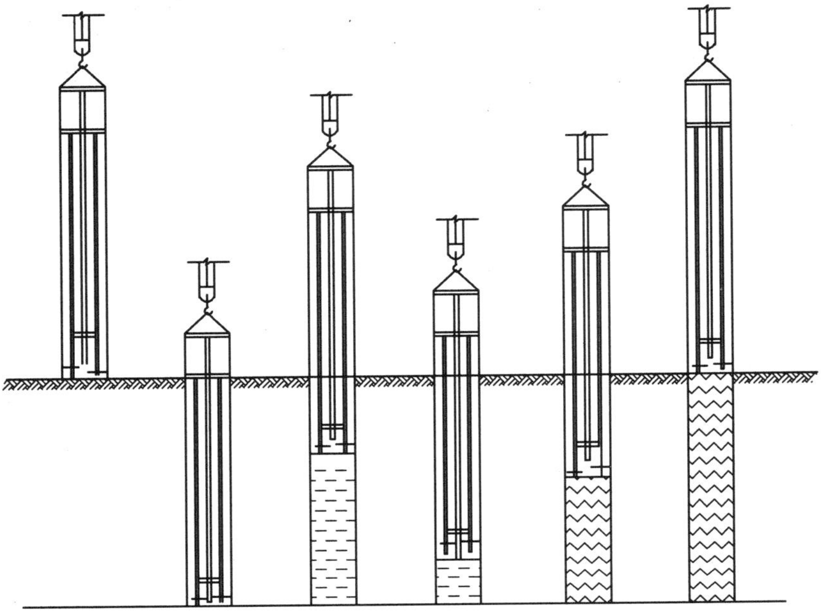

（a）定位 （b）搅拌下沉 （c）提升喷浆 （d）重复向下搅拌 （e）提升向上搅拌 （f）移位

图 8.5 深层搅拌水泥土挡土桩施工流程图

若将深层水泥土单桩相互搭接施工，即形成重力坝式挡土墙。常见的布置形式有：连续壁状挡土墙、格栅式挡土墙（图 8.6）。

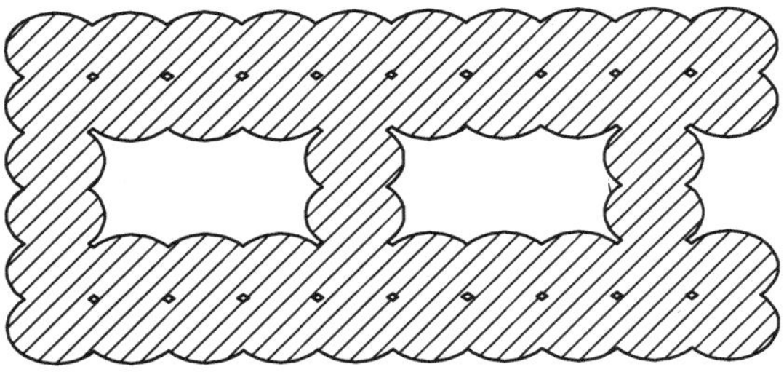

（a）格栅式挡土墙

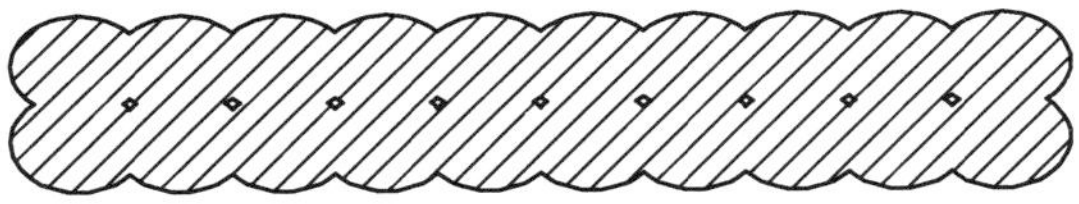

（b）连续壁状挡土墙

图 8.6 水泥土桩布置形式

2. 钢筋混凝土护坡桩

钢筋混凝土护坡桩分为预制钢筋混凝土板桩和现浇钢筋混凝土灌注桩。预制钢筋混凝土护坡桩施工时，沿着基坑四周的位置上，逐块连续将板桩打入土中，然后在桩的上口浇筑钢筋混凝土锁口梁，用以增加板桩的整体刚度。现浇钢筋混凝土护坡桩，按平面布置的组合形式不同，有单桩疏排、单桩密排和双排桩，如图 8.7 所示。

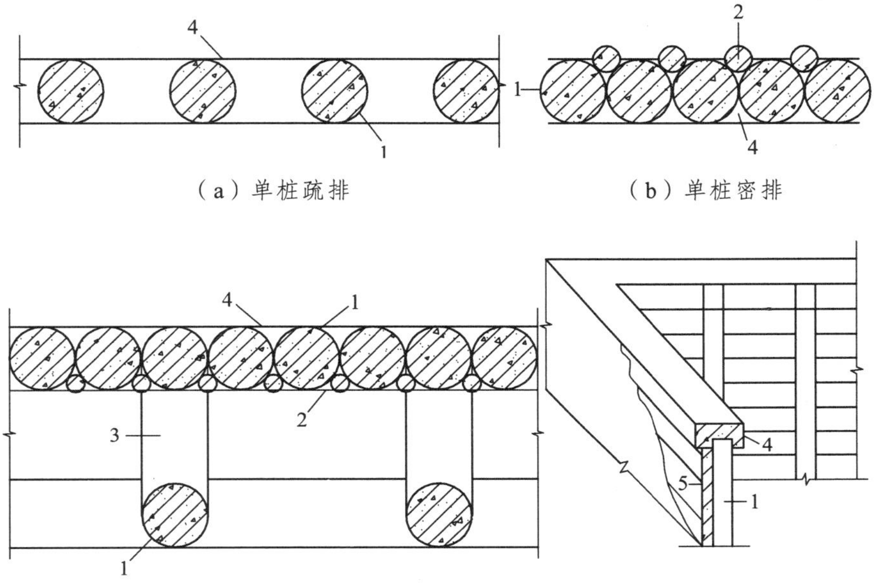

（a）单桩疏排　（b）单桩密排

（c）双排桩　（d）现浇锁扣梁

图 8.7　现浇钢筋混凝土护坡桩布置图

1—现浇灌注桩；2—注浆桩；3—双排桩；4—锁扣梁；5—挡土木板

三、地下连续墙施工

地下连续墙施工：在地面上采用专用挖槽机械设备，按一个单元槽段长度（一般 6～8 m），沿着深基础或地下构筑物周边轴线，利用膨润土泥浆护壁开挖深槽。地下连续墙施工过程主要划分为三个阶段：准备工作阶段、成槽阶段和浇筑混凝土阶段。地下连续墙按单元槽段逐段施工，每段施工程序如图 8.8 所示。

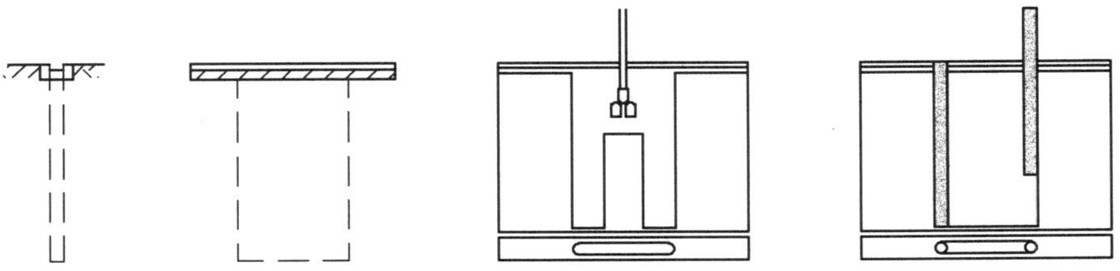

（a）导墙施工　（b）挖土　（c）安放锁扣管

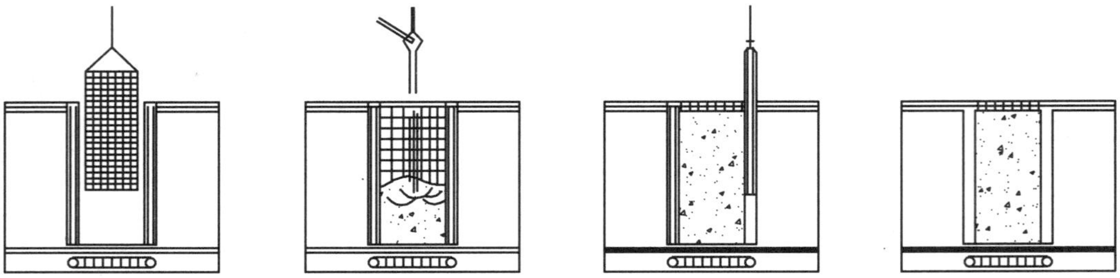

（d）安放钢筋笼　（e）浇筑混凝土　（f）拔出锁扣管　（g）墙段施工完毕

图 8.8　地下连续墙施工程序图

1. 地下连续墙挖槽机械设备的选择

挖槽机械设备主要是深槽挖掘机、泥浆制备搅拌机及处理机具。地下连续墙挖掘机械有多头钻、挖掘机及抓斗式挖掘机，如图 8.9 所示。

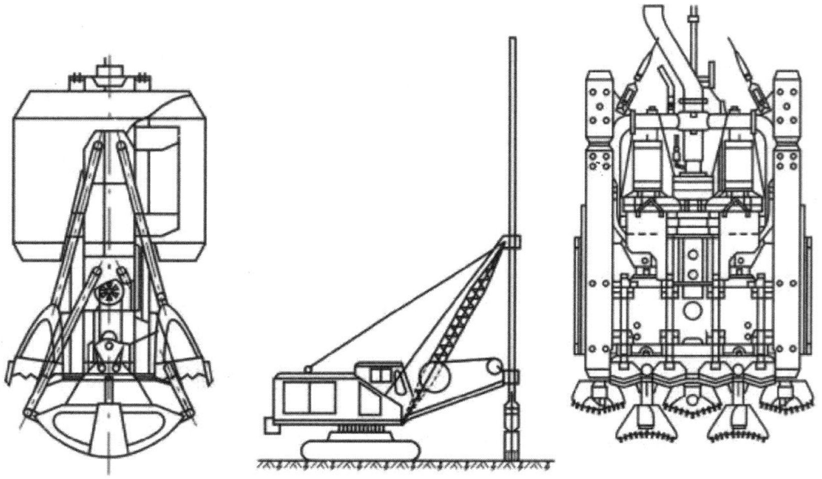

（a）导板抓斗　（b）导杆抓斗　（c）多头钻挖掘机

图 8.9　地下连续墙挖土机械

2. 浇筑导墙结构

为了保证挖槽竖直并防止机械碰撞槽壁，成槽施工之前，在地下连续墙设计的纵轴线位置上开挖导沟，在沟的两侧浇筑混凝土或钢筋混凝土导墙。导墙断面形式如图 8.10 所示。

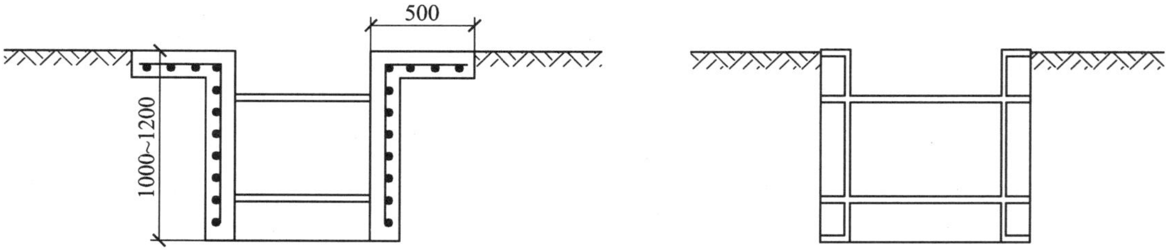

（a）混凝土导墙　（b）钢板组合导墙

图 8.10　导墙断面图

3. 制备护壁泥浆

地下连续墙施工是利用泥浆护壁成槽。泥浆的作用是维持直立槽壁面的稳定性，利用泥浆循环携带出挖掘土渣，同时泥浆还能降低钻具温度，减少磨损。通常用机械将膨润土搅拌成泥浆；控制泥浆性能的指标有密度、黏度、失水量和泥皮性质。

四、成槽施工

地下连续墙施工单元槽段的长度，既是进行一次挖掘槽段的长度，也是浇筑混凝土的长度。

划分单元槽段时，还应考虑槽段之间的接头位置，以保证地下连续墙的整体性。

开挖前，将导沟内施工垃圾清除干净，注入符合要求的泥浆。

机械挖掘成槽时应注意以下事项：

（1）挖掘时，应严格控制槽壁的垂直度和倾斜度。

（2）钻机钻进速度应与吸渣、供应泥浆的能力相适应。

（3）钻进过程中，应使护壁泥浆不低于规定的高度；对有承压力及渗漏水的地层，应加强泥浆性能指标的调整，以防止大量水进入槽内危及槽壁安全。

（4）成槽应连续进行。成槽后将槽底残渣清除干净，即可安放钢筋笼。

槽段接头与钢筋笼：

（1）地下连续墙槽段之间的垂直接头，作为基坑开挖的防渗挡土临时结构时，要求接头密合、不夹泥；作为主体结构侧墙或结构部分的地下墙，除要求接头抗渗挡土外，还要求有抗剪能力。

（2）非抗剪接头常采用接头管的形式。

（3）钢筋笼按单元槽段组成一个整体。

五、高层建筑基础施工要求

高层建筑基础施工整体性要求高，不允许留设施工缝，要求一次连续浇筑完毕。同时，由于结构体积大，混凝土浇筑后水泥的水化热量大，且聚集在大体积混凝土内部不易散发，其内部温度显著升高，更促进水泥水化速度加快，水化热更集中释放，而在混凝土表面散热快，这样就形成了大体积混凝土内外较大的温差，且产生较大的温度应力，当达到一定数值时，混凝土便产生裂缝。因此，如何控制混凝土内外温差和温度变形，防止裂缝产生，提高混凝土结构的抗渗、抗裂和抗侵蚀性能是大体积混凝土施工中的关键问题。

防止大体积混凝土产生温度裂缝的措施：

（1）选用中低热的水泥品种，可减少水化热，使混凝土减少升温。

（2）合理选择混凝土的配合比，在满足设计强度和施工要求条件下，尽量选用 5 ~ 40 mm 石子，增大骨料粒径，尽量减少水泥用量，以减少水泥的水化放热量。

（3）掺用木质素磺酸钙减水剂，不仅能改善混凝土的和易性，还可节约水泥、降低水化热，明显延迟水化热释放的速度。

（4）掺加适量的活性掺和料（如粉煤灰），可替代部分水泥，能改善混凝土的黏聚性，降低水化热。

（5）做好测温工作，控制混凝土内部温度与表面温度、表面温度与环境温度之差，使其均不超过 25 °C。

（6）采用分层分段浇筑混凝土的方法，尽量扩大混凝土浇筑面；控制浇筑速度或减小浇筑厚度，以保证混凝土在浇筑中有一定的散热时间和空间。

（7）浇筑混凝土时，掺加一定量的毛石可以减少水泥用量，同时毛石还可以吸收一定的水化热，但应严格控制砂、石的含泥量。

（8）根据施工季节采用不同的施工方法，以减小混凝土的内外温差。夏季采用降温法施工，即在搅拌混凝土时掺入冰水，一般温度可控制在 5 ~ 10 °C，浇筑后采用冷水降温养护；冬季则可采用保温法施工，防止冷空气的侵入。

大体积混凝土施工，一般在较低温度条件下进行，以最高气温不大于 30 °C 为宜。

为保证结构的整体性，混凝土应连续浇筑，采用分层分段的方法施工。根据结构大小及特点的不同，有全面分层、分段分层和斜面分层等施工方法，参见图 8.11 所示。

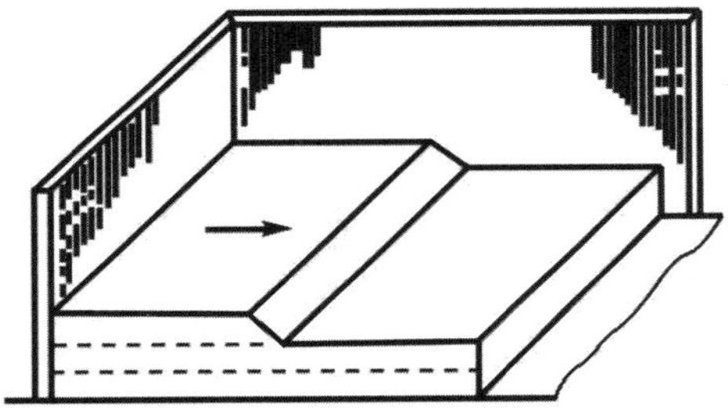

（a）全面分层

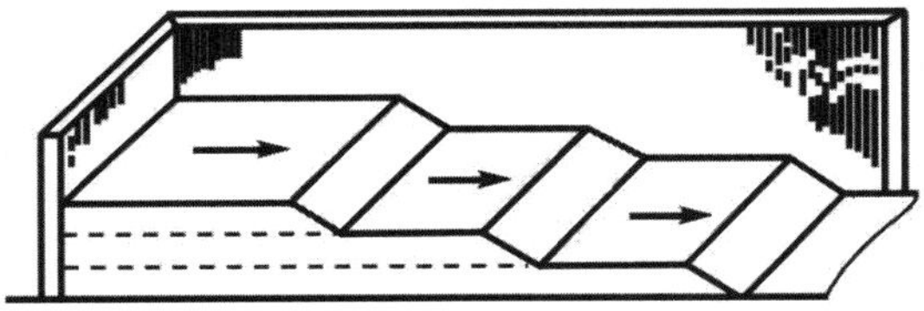

（b）分段分层

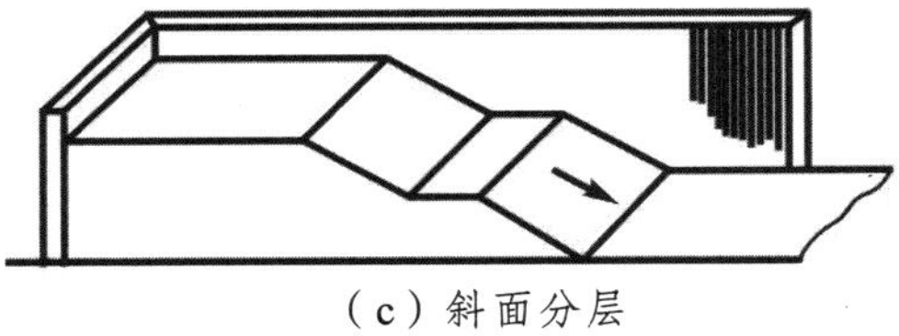

（c）斜面分层

图 8.11　大体积混凝土基础浇筑方案

第四节　高层建筑主体结构施工

我国高层建筑除少数采用钢结构外，大量的仍采用造价较经济、防火性能好的钢筋混凝土作结构材料。其施工工艺大多采用了结构整体性能好，抗震能力强和造价较低的现浇结构和现浇与预制相结合的结构。本节主要介绍高层建筑现浇钢筋混凝土结构的台模和隧道模施工及泵送混凝土施工。

一、台模和隧道模施工

高层建筑现浇混凝土的模板工程一般可分为竖向模板和横向模板两类。

竖向模板，主要指剪力墙墙体、框架柱、筒体等模板。

横向模板，主要指钢筋混凝土楼盖施工用模板，除采用传统组合模板散装散拆方法外，目前高层建筑采用了各种类型的台模和隧道模施工。

1. 台模施工

台模由台架和面板组成，适用于高层建筑中的各种楼盖结构施工，其形状与桌相似，故称台模。台架为台模的支承系统，按其支承形式可分为立柱式、悬架式、整体式等，如图 8.12 所示。

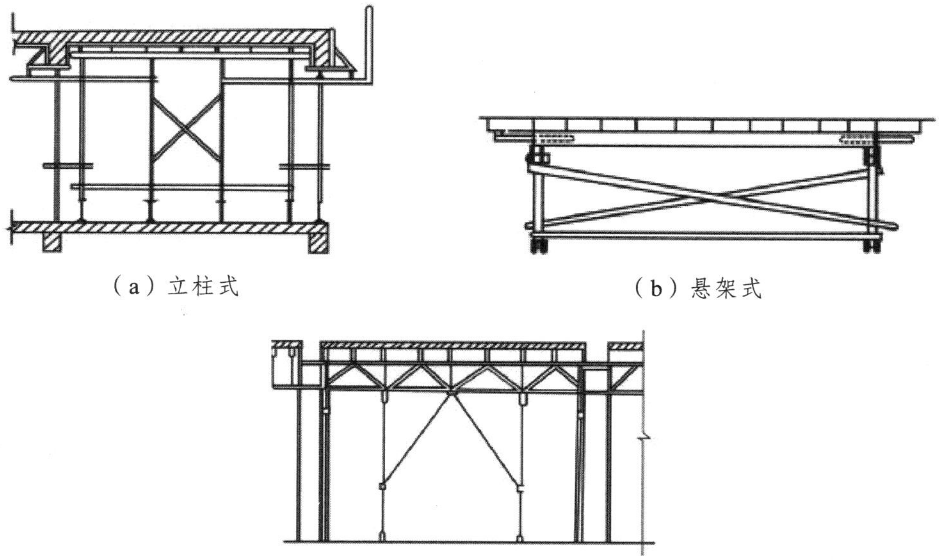

（a）立柱式　　（b）悬架式　　（c）整体式

图 8.12　台模的形式

立柱式台模由面板、次梁和主梁及立柱等组成。

悬架式台模不设立柱，主要由桁架、次梁、面板、活动翻转翼、垂直与水平剪力撑及配套机具组成。

整体式台模由台模和柱模板两大部分组成。整个模具结构分为桁架与面板，承力柱模板、临时支撑，调节柱模伸缩装置，降模和出模机具等。

2. 隧道模施工

隧道模是可同时浇筑墙体与楼板的大型工具式模板，能沿楼面在房屋开间方向水平移动，逐间浇筑钢筋混凝土。

图 8.13 所示隧道模由三面模板组成一节，形如隧道。隧道模可分为整体式和双拼式两种。

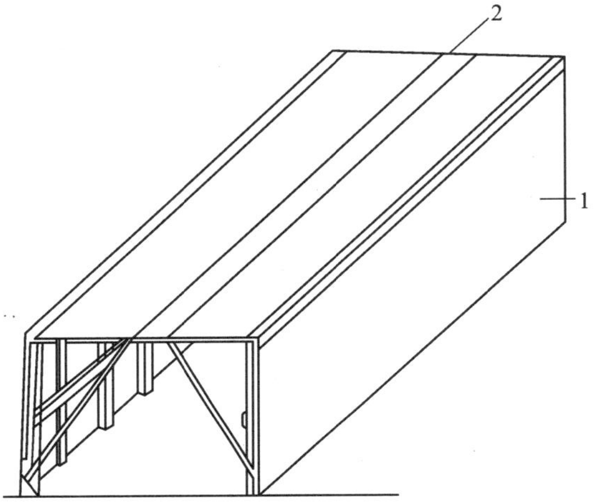

图 8.13 双拼式隧道模

1—半隧道模；2—连接板

双拼式隧道模由竖向横模板和水平向楼板模板与骨架连接而成，还有行走装置和承重装置。

二、泵送混凝土施工

泵送混凝土施工：利用混凝土泵，通过管道将混凝土拌和物输送到浇筑地点，一次连续完成水平运输和垂直运输，配以布料杆或配料机还可方便地进行混凝土浇筑。泵送混凝土工艺具有输送能力大、工效高、劳动强度低、施工文明等特点。

1. 泵送混凝土的管道布置及敷设

输送管道敷设注意事项：

泵机出口有一定长度的地面水平管（水平管长度不小于泵送高度的 1/3 ~ 1/4），然后接 90°弯头，转向垂直运输。

地面水平管用支架支垫，垂直管道用紧固件间隔 3 m 固定在混凝土结构上。竖向管道位置应使楼面水平输送距离最短，尽可能设置在设计的预留孔洞内，且不影响设备安装。

2. 泵送混凝土施工

泵送混凝土除应满足结构设计强度外，还必须具有可泵性。即在管内有一定的流动性和较好的黏聚性，不泌水，不离析，且摩阻力小；因此，要严格控制混凝土原材料的质量。一般选用泌水性小、保水性好的普通硅酸盐水泥。碎石最大粒径与输送管内径之比，宜小于或等于 1∶4，卵石宜小于或等于 1∶2.5。通过 0.315 mm 筛孔的砂应不少于 15%，砂率宜控制在 40%～50%。泵送混凝土宜掺用木质磺酸钙减水剂等外加剂和适量粉煤灰，以增加混凝土的可泵性。泵送混凝土的坍落度宜为 80～180 mm，泵送高度大时还可以适当增大。

第五节　高层建筑施工的安全技术

一、高层脚手架工程安全技术

高层脚手架地基要有足够的承载能力，避免脚手架整体和局部沉降。

高层脚手架应设置足够数量的牢固连墙点，依靠建筑结构的整体刚度，加强整片脚手架的稳定性。

搭设脚手架时要保证质量，并且采取可靠的安全防护。

应将井架一侧中间立柱接高（高出顶端 2 m）作为接闪器，在井架立杆下端设置接地器，同时将卷扬机的金属外壳可靠接地。

建筑工地上的起重机最上端必须安装避雷针，并连接于接地装置上；起重机的避雷针应能保护整个起重机。

二、高层建筑施工其他安全措施

高层建筑施工中，所有楼梯口、电梯口、门洞口、预留洞口和垃圾洞口，必须设围栏或盖板，避免施工人员误入而高空坠落伤亡。

正在施工的建筑物的出入口和井架通道口，必须搭设牢固的顶板棚，其棚的宽度应大于出入口，棚的长度应根据建筑物的高度确定，一般为 5～10 m。

凡未安装栏杆的阳台周边，无脚手架的屋面周边，框架建筑的楼层周边及井架通道的两侧边等必须设置 1 m 高的双层围栏或搭设安全网。

施工人员进入现场必须戴安全帽，高空作业时必须正确使用安全带。

起重机械设备的使用，要严格按照额定起重量起吊重物，不得超载及斜拉重物。

起重机械必须按国家标准安装，经动力设备部门验收合格后，方能使用。使用中应健全保养制度，安全防护装置要保持齐全有效。

参考文献

[1] 上海市建设和管理委员会. GB50202—2002 建筑地基基础施工质量验收规范[S]. 北京：中国计划出版社，2002.

[2] 中华人民共和国建设部. GB50203—2011 砌体工程施工质量验收规范[S]. 北京：中国建筑工业出版社，2011.

[3] 中华人民共和国建设部. GB50204—2002（2011 版）混凝土结构工程施工质量验收规范[S]. 北京：中国建筑工业出版社，2011.

[4] 中华人民共和国建设部. GB50205—2001 钢结构结构施工质量验收规范[S]. 北京：中国建筑资讯网，2001.

[5] 中华人民共和国住房和城乡建设部. GB50207—2012 屋面工程质量验收规范[S]. 北京：中国建筑工业出版社，2002.

[6] 中华人民共和国住房和城乡建设部. GB50208—2011 地下防水工程质量验收规范[S]. 北京：中国建筑工业出版社，2002.

[7] 中华人民共和国建设部. GB50209—2002 建筑地面工程施工质量验收规范[S]. 北京：中国建筑工业出版社，2002.

[8] 中华人民共和国建设部. GB502010—2002 建筑装饰装修工程质量验收规范[S]. 北京：中国建筑工业出版社，2002.

[9] 中华人民共和国住房和城乡建设部. GB50010—2010 混凝土结构设计规范[S]. 北京：中国建筑工业出版社，2010.

[10] 中华人民共和国住房和城乡建设部. GB50011—2010 建筑抗震设计规范[S]. 北京：中国建筑工业出版社，2010.

[11] 中华人民共和国住房和城乡建设部. GB50204—2002（2011 版）钢筋混凝土结构工程施工质量验收规范[S]. 北京：中国建筑工业出版社，2011.

[12] 中国建筑标准设计研究院. 11G101—1—2003 混凝土结构施工图平面整体表示方法制图规则和构造详图[S]. 北京：中国计划出版社，2011.

[13] 中华人民共和国住房和城乡建设部. JGJ18—2013 钢筋焊接及验收规程[S]. 北京：中国建筑工业出版社，2012.
[14] 中华人民共和国住房和城乡建设部. JGJ107—2010 钢筋机械连接通用技术规程[S]. 北京：中国建筑工业出版社，2012.
[15] 李斯. 建筑工程施工工艺与新技术新标准应用手册[M]. 北京：电子工业出版社，2000.
[16] 建筑施工手册编写组. 建筑施工手册[M]. 4 版. 北京：中国建筑工业出版社，2002.
[17] 姚谨英. 建筑施工技术[M]. 3 版. 北京：中国建筑工业出版社，2007.
[18] 瞿义勇. 建筑装饰装修工程质量验收与施工工艺对照使用手册[M]. 北京：知识产权出版社，2007.
[19] GB50411—2007 建筑节能工程施工质量验收规范[S]. 北京：中国建筑工业出版社，2007.